煤资源综合利用化学与技术研究

丁明洁　吕颖捷　著

西安交通大学出版社
XI'AN JIAOTONG UNIVERSITY PRESS

图书在版编目（CIP）数据

煤资源综合利用化学与技术研究 / 丁明洁，吕颖捷
著. -- 西安：西安交通大学出版社，2018.6
ISBN 978-7-5693-0747-4

Ⅰ. ①煤… Ⅱ. ①丁… ②吕… Ⅲ. ①煤炭资源–综
合利用–研究②煤–应用化学–研究 Ⅳ. ①TD849
②TQ530

中国版本图书馆CIP数据核字(2018)第155301号

书　　名	煤资源综合利用化学与技术研究
作　　者	丁明洁　吕颖捷
责任编辑	李迎新　贺彦峰

出版发行	西安交通大学出版社
	（西安市兴庆南路 10 号　邮政编码 710049）
网　　址	http://www.xjtupress.com
电　　话	（029）82668357　82667874（发行中心）
	（029）82668315（总编办）
传　　真	（029）82668280
印　　刷	定州启航印刷有限公司

开　　本	710mm*1 000mm　1/16	印张 14.25	字数 275 千字
版次印次	2019 年 5 月第 1 版　　2019 年 5 月第 1 次印刷		
书　　号	ISBN 978-7-5693-0747-4		
定　　价	53.00 元		

前　言

　　煤是地球上重要的基础能源和化工原料，煤资源的综合高效利用，是关系世界能源安全和经济发展的重要基础产业。中国是世界煤炭生产和消费的大国，对中国国民经济的可持续性发展具有重要的战略意义。

　　虽然人类对煤炭资源的利用由来已久，但是关于煤化学与化工基础理论的建立仅仅是近代的事情。现代煤化学理论就煤大分子相的芳香环网络骨架结构和其中小分子相物质特点达成了共识，而关于煤化学的系统的知识体系的建立还有漫长的路要走。煤是复杂的有机混合体系，煤中有机质富含芳香环结构，这是煤化工利用的重要物质基础，同时煤中所含有的硫、氮等杂原子，在能源利用中生成硫、氮氧化物等造成环境污染，硫元素在煤气化转化等化工利用中又会致使催化剂中毒，以及煤燃烧产生的二氧化碳排放引起的温室效应等问题，使得煤的清洁利用成为目前煤炭科学领域的一个重要课题。

　　煤炭焦化工业是目前工业体量最大的煤化工业，中国焦炭产量居世界之首，煤炭焦化是当前中国煤化工的主体。煤焦化工起源于钢铁工业对焦炭的需求，长期以来只把焦炭作为主要产品，而把煤焦油、煤沥青等大宗产品仅作为副产品。由于煤的不可再生性，必须从资源综合利用的角度出发，做好煤焦油及煤沥青等的综合利用，其前提进行煤资源综合高效利用的化学基础研究，从化学的角度获得对煤及相关资源利用的深刻认识，进而开发新的利用技术途径。

　　本书鉴于煤资源利用化学与技术的现状和存在的问题，旨在丰富煤资源化学研究基础，探索煤综合利用的新方法，为煤资源利用的新途径与新技术开发提供更多的科学基础。本书汇集了河南城建学院教

1

授丁明洁和河南应用技术职业学院副教授吕颖捷两位作者 2008 年以来在煤及煤基有机质化学和相关资源利用方面的主要研究工作，全书共分 5 章：第 1 章探讨了煤炭资源利用行业中存在的问题，提出了建议的发展方向；第 2 章提出了基于煤炭焦化工业的技术产品升级构建中国现代煤化工业体系的设想；第 3 章对煤焦油蒽油馏分分离的溶剂体系及工艺进行了优化研究；第 4 章进行了煤沥青氧化利用技术的基础研究；第 5 章对煤小分子相、煤液化油及煤液化残渣等煤基有机组分进行了分析与分离研究。本书第 1、2 和 5 章由丁明洁撰写，第 3 和 4 章由吕颖捷撰写，全书由丁明洁审核校对，可供从事煤化学化工及资源综合利用领域工作和研究的科技人员、教师和研究生阅读。

作者在长期的个人成长和研究工作中，得到了导师魏贤勇、以及前辈同行专家的指导、支持和帮助，在此表示深深的感谢！同时还要感谢西安交通大学出版社的编辑同志认真、细致的工作，使得此书得以顺利出版！

由于煤资源利用化学及技术是一门处于不断发展中的科学，再加上本人水平和时间有限，书中不足之处在所难免，敬请广大读者批评指正。

丁明洁

2018 年 3 月

于河南城建学院

目 录

I

第1章 煤炭资源利用行业问题分析及发展趋势

1.1 煤资源及其利用概述

中国有着丰富的煤资源，作为世界煤炭生产和消费的大国，煤在中国国民经济发展中起着重要的战略作用，研究煤资源的洁净、合理和高效利用，对中国国民经济的可持续性发展有着深远的意义。

长期以来，煤被大量地用作能源，在中国的能源消费结构中一直占据主导地位，其中绝大部分是直接或间接地用于燃烧[1-2]。由于煤中碳含量高且含有硫、氮等杂原子和无机矿物质以及芳香族类物质等，煤燃烧带来了严重的环境问题，造成大气的污染、土壤及水源的酸化和地球温室效应等。这些环境问题已日益突出，如不采取有力措施，将会更加严峻[3-4]。煤燃烧过程中引起的这些环境问题显示，煤作为洁净能源利用存在着先天不足。

煤作为能源利用，还受到了太阳能、生物质能、风能、海洋能、地热能、水能、氢能和受控热核聚变能等新能源的冲击。这些新能源具有可连续再生和污染少等特点，受到人们的普遍关注。可以预见，随着这些新能源利用技术研究和开发的不断深入，取代煤在能源结构中的主导地位将成为可能。

另一方面，煤不仅是重要的能源，还是重要的化工原料，煤作为能源利用的不足之处同时也是其化工利用的优势所在，煤作为获取高附加值化学品和高性能材料的原料，其优势得天独厚[5]。

煤是复杂的有机混合体系，煤的组成与结构决定了其非燃料利用的物质基础。现代煤化学理论认为[6]，煤中并不存在单一的化学结构，煤是由空间网络状的芳环骨架结构（大分子相）和一些小分子物质（小分子相）构成；其中的小分子相与大分子相相互作用，被"固定"在骨架上，或这些小分子自身相互作用形成较大的分子团簇，镶嵌在网络骨架中；煤的大分子相与小分子相之间存在着复杂的分子间作用力。煤中有机质富含芳环结构[7-11]，煤的大分子相是以含芳环的部分（通常还含有脂环）作为基本结构单元，以 $-(CH_2)_n-$、$-O-$ 和 $-S-$ 等作为桥键将这些基本结构单元连接在一起组成不同种类的有机大分子；随着煤的变质程度的增加，芳环结构单元的尺寸和缩合程度增大，桥键数目相应地减少[12]。煤的小分子相也是复杂的有机混合体系，由脂肪烃、脂环烃、芳烃和杂原子芳香族化合物和含杂原子的其他极性化合物等组成[13-14]。

芳烃类物质有直接或间接的致突变和致癌作用[15-16]，特别是 2-4 环的芳烃拥有相当的挥发性，在燃烧和裂解过程中会进入空气，造成空气的污染[17-23]。因此煤中富含的芳香族组分特别是多环芳烃和杂环芳香族化合物及含杂原子的其他极性化合物等，是其作为洁净燃料使用的不利因素。另一方面，这些组分又是重要的化工原料，多环芳烃和杂原子芳香族化合物是各种芳香族聚合物的前驱物质，如工程塑料、聚酯纤维、聚酰亚胺和液晶聚合物等[24]。显而易见，煤作为燃料利用的不利因素，正是它作为化工原料利用的得天独厚的物质基础。

综上分析，开发煤非能源利用的有效途径，是中国煤炭工业新的发展点和立足点[25-29]。如果以煤炭作为燃料的价值为 1，则加工成煤焦油能增值 10 倍，加工成塑料能增值 90 倍，合成染料能增值 375 倍，制成药品可增值 750 倍，而制成合成纤维增值高 1500 倍[30]。可见，煤的非能源利用能取得巨大的社会效益和经济效益，发展煤化工是当前乃至今后煤炭工业的一个主要方向。

1.2　煤化工利用行业技术现状

煤的主要利用途径可以归纳为能源利用和非能源利用两类。其中，煤的非能源利用主要指煤化工，包括焦化与焦油/焦炉煤气化工、气化与碳一化工、加氢液化与下游化工、电石及乙炔化工等。世界煤化工较为发达的国家有德国、美国、日本、南非和中国。德国在煤炭焦化及焦油加工、煤炭液化及气化等多个方面，从行业规模和技术水平上，都处于世界领先地位；美国和日本拥有煤直接液化制油的研究基础优势；南非拥有世界独一无二的煤气化、间接液化及碳一化工的行业与技术优势。

中国有着庞大且门类齐全的煤化工行业，煤炭消费量占世界的 50% 左右，焦炭产能占世界的 60% 以上，煤气化、间接液化及碳一化工近年来发展迅速，还拥有世界上最大的煤直接液化制油示范工程，部分领域技术领先。中国煤化工行业存在的普遍问题是：以煤炭初加工和粗加工为主，资源利用率低，排放量大，产品附加值低，产品结构单一，关键技术对发达国家依赖性强。

1. 煤焦化及煤焦油 / 焦炉煤气化工

中国焦炭产量居世界之首，煤炭焦化是当前中国煤化工的主体。2017 年中国煤炭消费 38.2 亿吨，其中 75% 左右用于能源；其余主要是用于炼焦及化工生产，当年焦炭产量 4.3 亿吨，折算为原煤约 8 亿吨，约占煤炭消费总量的 22.5%。

煤焦油是煤在炼焦过程中得到的液态副产品，根据煤焦化的温度，煤焦油有高温焦油（1000℃）、中温焦油（700~900℃）和低温焦油（450~600℃）。目前的煤焦油中，高温焦油约占 80%，低温焦油约占 20%[31]。煤焦油是复杂的有机混合体系，据估计含有 2 万多种有机物，大部分为价值较高的稀有种类，是一种珍贵的基础资源，在世界经济中占有重要位置。目前世界上苯、甲苯和二甲苯（合称 BTX）的 1/5 来源于煤焦油，而稠环及稠杂环化合物如萘、联苯、蒽、菲、芘、咔唑、吲哚、喹啉和吡啶等的 90% 以上来自煤焦油[32-33]。许多发达国家如德国，已将煤焦油利用的重点由高含量组分转向低含量组分，以从中获取合成精细化学品所需的高附加值成分，目前可以提取出来的有数百种。我国煤焦油化工尚处于粗加工阶段，国内技术只能提炼出 40 多种产品，其中能够进行工业化生产的产品只有 10 余种。

煤焦油的分离技术是煤焦油化工发展的瓶颈问题。许多发达国家已将煤焦油利用的重点由高含量组分转向低含量组分，以从中获取合成精细化学品所需的高附加值成分，目前可以提取出来的有数百种。我国煤焦油化工只停留在粗加工阶段，目前国内技术只能提炼出 40 多种产品[34]。蒸馏是比较传统和成熟的高温煤焦油加工方法，但其能耗高，效率低，能分离出的品种少，产品成本高，而中低温煤焦油的研究和利用至今还没有受到重视。目前国内大量的煤焦油因为加工水平低而被当作廉价燃料烧掉，既引起了严重的环境污染，又造成了煤焦油这一有限资源的巨大浪费。煤焦油化工还直接受到钢铁工业和炼焦工业发展形势的制约。煤焦油化工的发展依赖于新的条件温和、高效率和低能耗的煤焦油分离技术的研究和开发。

焦炉煤气是煤炭焦化的又一主要产品，经过转化可以作为液化天然气、尼龙化工、碳一化学工业的原料，经过深度加工开发，可获得数倍甚至更高的附加值。焦炉煤气走碳一化工路线深加工利用，既能节约煤炭气化的高昂投资和珍贵的煤炭资源，还能减少温室气体排放，符合国家关于节能降耗与环保的政策要求。

煤焦化工技术发展的思路是：焦化并举、以化养焦，围绕资源节约和高效洁净利用这一核心，开展节能降耗和焦炉煤气与煤焦油的精深加工，延展煤焦化工产业链，使产品结构多元化，探索煤焦化工与盐化工的有机结合，提高行业整体技术和利润水平。

2. 煤的气化及一碳化学工业

煤的气化是使煤在高温下与空气、氧气、水或氢气等反应，使煤中有机质转化为

CO、CO_2、CH_4 和 H_2 等的气体混合物，可作为燃料气使用，也可作为合成气进而合成各种化学品，或利用煤气化生成的合成气进行催化反应，生产液体燃料（又称为煤的间接液化）。从一个碳原子的化合物如 CH_4、CO、CH_3OH 和 $HCHO$ 等出发，合成各种化学品的技术被称为一碳化学技术，最终产品有合成氨、甲醇、乙醇、乙二醇、乙烯和甲酸甲酯等。由于煤炭气化和一碳化学技术的研究和发展，使得煤气化制合成气，进而合成各种化工产品已成为现代煤化工的一个重要分支，即一碳化学工业。大部分化工原料（烷烃、烯烃和芳烃等）均可从合成气合成，30 种重要的有机化工产品中有 24 种可由合成气制得[35]。

近年来，国内碳一化工发展迅速，部分技术世界领先，如大型煤间接液化制油、煤制烯烃项目等；但关键技术靠引进，产业产品结构不合理，如：甲醇产能过剩、行业开工率严重不足，大型气化炉及高灰熔点煤气化技术及设备靠引进等。总的来说，煤的气化工艺复杂，工艺流程长，设备投资大，能耗和产品成本高，污染严重；而且对所用煤种也有一定的限制，一般要求使用不粘煤。

3. 电石与乙炔化工

乙炔是重要的化工原料，目前我国的乙炔生产主要走电石的路线，合称电石与乙炔化工，包括电石工业和电解食盐的氯碱工业。最终产品主要有氯乙烯、醋酸乙烯、氯丁二烯、乙醛、醋酸、三氯乙烯、乙炔炭黑、乙醇、丁醇、丙烯腈、丙烯酸醋、盐酸、纯碱和染料等近百种产品。

而电石的生产以焦炭和石灰石为原料，主要设备是电石炉，存在的主要问题是电石生产的高能耗、高消耗和高污染。目前，等离子体技术在煤化工中的应用，为乙炔的生产开辟了一条新途径。研究表明：煤在富氢高温等离子体中的热解技术是一种具有潜在工业发展前景的煤直接生产乙炔的新工艺，乙炔收率可高达 70%。

4. 煤的裂解

煤的裂解是使煤的大分子结构在一定条件裂解为较小分子的过程，其核心问题主要集中在如何使反应条件温和化、提高总的裂解转化率和裂解产物中特定组分的选择性。在相对较为温和的反应条件下进行的煤的裂解，称为煤的温和裂解，用于这一目的的裂解常在很高的加热速率（1000K/s）下进行，称为煤的闪裂解。煤的闪裂解包括两个反应阶段：第一阶段挥发性组分生成并从煤中脱除的反应和第二阶段的气相转化反应[36]。煤的闪裂解可作为获得小分子化学品的一个途径，控制第一阶段的反应条件可以提高总挥发性馏分的产率，第二阶段的反应决定产物的分布，控制第二阶段的反应条件可以提高某些特定组分的产率[37-52]。

煤的闪解技术存在的主要问题是工艺较为复杂、反应条件苛刻、能耗高以及污染问题等，其反应产物的有效分离仍然是无法回避的问题。

总之，传统的煤化工技术基本上都是以热加工为主导技术，这些技术都不同程度地存在着工艺复杂、反应条件苛刻、过程能耗高、产品成本高而附加值低、经济效益低和环境污染等问题。同时，各种煤转化衍生物都是复杂的有机混合体系，其有效的分离与分析既是煤化学研究的重要课题，更是煤综合高效利用的重要环节和必由环节。

5. 煤的直接液化及存在的问题

相对于传统的煤化工技术，煤直接液化（简称煤液化）的反应条件较为温和。煤的液化是在高压氢气和催化剂存在下将煤溶浆加热至 400~450℃，使煤在溶剂中发生热解、加氢和加氢裂解反应，继而通过气相催化加氢裂解等处理过程，使煤中有机质大分子转化为小分子物质的过程。热解、加氢和加氢裂解是煤液化的基本反应，在这些反应过程中，连接煤中有机质大分子结构单元的较弱的桥键首先断裂成游离基，生成的游离基从溶剂和被催化剂活化的分子氢中获取氢使自身稳定。在催化剂作用下，部分芳环发生加氢反应，生成脂环或氢化芳环；同时，存在于桥键和芳环侧链上的部分 S 和 O 原子以 H_2S 和 H_2O 的形式被脱除，而存在于芳环内的 S、O 和 N 原子的脱除则需要通过深度加氢和加氢裂解反应[6]。

到目前，已开发的煤液化工艺均以获取液体燃料为主要目的[53-55]，和传统煤转化技术一样存在着许多突出问题，包括反应条件苛刻、操作工艺复杂、产品附加值较低、污染较严重、高能耗、煤液化残渣的利用、催化剂回收以及高效催化剂研制等。

更关键的是，煤液化油比相应的石油产品含有较多的芳烃、杂原子芳香族化合物和其他杂原子化合物等，作为燃料利用的品质比石油产品有较大的差距，进一步的提质代价昂贵。事实上，煤液化油用于提取有机化工产品，比作为燃料油使用更有优势，煤液化残渣中也蕴藏着丰富的化工资源。以非能源利用为主导思想设计煤的液化工艺，继而从煤液化油及液化残渣中分离出芳烃及杂原子芳香族化合物等高附加值的化学品，同时副产洁净液体或固体燃料，并制取如炭素制品、炭纤维、针状焦料和粘结剂等产品，应是煤液化技术发展的根本方向。但必须认识到，煤液化产物是复杂的有机物混合体系，其化利用也面临着一定的难题，如煤焦油和煤热解产物等的化工利用一样，从分子水平上对其有机组分进行分离与分析是难题所在。

1.3　煤化工技术发展趋势

1. 煤资源综合高效洁净利用是煤化工技术发展的基本趋势

中国煤化工的持续发展，必须本着节能降耗、环保高效的指导思想，以煤炭资源综合利用和高效洁净利用为出发点，以生产可替代石油产品的化学品为主，同时副产洁净能源，走"煤炭－能源－化工－环保"一体化的道路。比如，煤焦化工长期以来以焦炭为主导产品，目前焦炭产能过剩，整个行业运营艰难；而同时煤焦油、焦油沥青和焦炉煤气等炼焦副产品的综合加工技术跟不上，不仅是资源的浪费，更造成严重的环境污染；焦炉煤气及煤焦油的综合利用，既能生产高附加值的化产品，分担焦炭的生产成本，提高资源利用率；同时，减少排放，变污染为效益，提升煤焦化工的节能与环保水平。

煤化工技术必须往精细化和精深化的方向发展。目前关于煤化工的规模问题，作为一个基础化工行业，普遍的观点是"大"，如设备占地规模宏大、投资巨大、产量极大。但是，对于煤化工这样的资源消耗性行业，应充分考虑单位资金投入的回报率和单位原煤消耗的附加值，实现煤化工规模和收益的统一。因此，中国煤化工必须向精细化和精深化的方向发展，用较少的煤资源、能源、土地、资金和人力等，来获得较大的回报，向煤的精细化、精深化和综合化利用要效益。

2. 煤基有机产品先进分离技术的研发与推广

由于煤结构与组成的复杂性，各种煤转化衍生物都是复杂的有机混合体系，如煤焦油、焦油馏分、煤液化油、煤裂解产物、煤氧化氧解氢解醇解产物等，它们的分离与分析一直是困扰煤化工生产的难题。蒸馏是比较传统和成熟的高温煤焦油加工方法，但其能耗高，效率低，能分离出的品种少，产品成本高。因此，采用先进分离技术是煤化学化工研究的首要课题，更是实现煤综合高效利用获得高附加值产品的必经之路。

3. 炭材料技术状况与发展趋势预测分析

炭材料又被称为炭素材料或者炭质材料，包括炭素原料和炭素制品，天然石墨、无烟煤、冶金焦、煤沥青、煤焦油等属于炭素原料；用以上原料经一定工艺可以制备石墨电极、炭块、炭电极、炭糊、碳纤维、碳分子筛、碳纳米管、纳米碳纤维、纳米碳球等炭素制品。

炭素材料因其良好的导电性、热稳定性、化学稳定性、耐腐蚀性、和高温状态下的高强度、自润滑性等优异性能，在材料领域占有重要地位。

虽然目前中国已是炭素产品生产和出口大国，但高端产品在国际市场上难有话语权，高科技含量的炭素制品，以及部分领域特殊炭素制品，与炭素强国相比还有差距。究其原因，主要在于国内炭材料生产技术和装备的落后。

参考文献

[1]　国家统计局工业交通统计司，国家发展和改革委员会能源局. 中国能源统计年鉴 –2004[M]. 北京：中国统计出版社，2005:281–286.

[2]　国家统计局工业交通统计司，国家发展和改革委员会能源局. 中国统计年鉴 –2005[M]. 北京：中国统计出版社，2006.

[3]　陈学俊. 能源工程的发展与展望 [J]. 西安交通大学学报（社会科学版），2003, 23 (2): 1–7.

[4]　Bert R, Robert T. Status and perspectives of fossil power generation [J]. Energy, 2004, 29(3): 1853–1874.

[5]　魏贤勇，宗志敏，孙林兵，秦志宏，赵炜. 重质碳资源高效利用的科学基础 [J]. 化工进展，2006，25（10）：1134–1142.

[6]　魏贤勇，宗志敏，秦志宏，陈茺. 煤液化化学 [M]. 北京：科学出版社 , 2002.

[7]　Zhao X Y, Zong Z M, Cao J P, Ma Y M, Han L, Liu G F, Zhao W, Li W Y, Xie K C, Bai X F, Wei X Y. Difference in chemical composition of carbon disulfide extractable fraction between vitrinite and inertinite from Shenfu–Dongsheng and Pingshuo coal [J]. Fuel, 2008, 87(5) 565–575.

[8]　Liu C C, Chen H, Sun Y B, Wang X H, Cao J P, Wei X Y. Fractionated extraction and composition of coals [J]. Journal of Jilin University (Science Edition)，2004, 42(3): 442–446.

[9]　Wang X H, Wei X Y, Zong Z M. Study on composition characteristics of Pingshuo coal by solvent fractionated extraction [J]. Coal Convertion, 2006, 29(2): 4–7.

[10]　Yoshida T, Li C Q, Takanohashi T, Matsumura A, Sato S, Saito I. Effect of extraction condition on "HyperCoal" production (2)–effect of polar solvents under hot filtration [J]. Fuel Processing Technology, 2004 86 (1): 61–72

[11]　Butala S J M, Medina J C, Hulse R J, Bartholomew C H, Lee M L. Pressurized fluid extraction of coal [J]. Fuel, 2000, 79(13): 1657–1664.

[12]　Dorrestijn E, Laarhoven L J J, Arends I W C E, Mulder P. The occurrence and reactivity of phenoxyl linkages in lignin and low rank coal [J]. Anal. Appl. Pyrolysis, 2000, 54 (1–2): 153 ～ 192.

[13]　刘长城，陈红，孙元宝，王晓华，曹景沛，魏贤勇. 煤的分级萃取与组成 [J]. 吉林大学学报（理学版）. 2004, 42(7): 442–446.

[14] 王晓华，魏贤勇，宗志敏. 溶剂分级萃取法研究平朔煤的化学组成特征 [J]. 煤炭转化, 2006, 29(2): 4–7.

[15] Mahadevan B, Marston C P, Dashwood W M, Li Y h, et al. Effect of a standardized complex mixture derived from coal tar on the metabolic activation of carcinogenic polycyclic aromatic Hydrocarbons in human cells in culture[J]. Chem. Res. Toxicol, 2005, 18: 224–231.

[16] Maertens R, Yang X F, Zhu J P, Gagne R W, Douglas G R, and White A. Mutagenic and carcinogenic hazards of settled house dust I: Polycyclic aromatic hydrocarbon content and excess lifetime cancer risk from preschool exposure [J]. Environ. Sci. Technol., 2008, 42(5): 1747–1753.

[17] Vulava V M, McKay L D, Driese S G, Menn F M, et al. Distribution and transport of coal tar–derived PAHs in fine–grained residuum [J]. Chemosphere, 2007, 68 (3): 554–563.

[18] Fang G C, Wu Y S, Chen J C, Chang C N, et al. Characteristic of polycyclic aromatic hydrocarbon concentrations and source identification for fine and coarse particulates at Taichung Harbor near Taiwan Strait during 2004–2005 [J]. Science of the Total Environment, 2006, 366 (2–3): 729–738.

[19] Liu S H, Tao S, Liu W X, Liu Y N, et al. Atmospheric polycyclic aromatic hydrocarbons in north China: A winter–tme study [J]. Environ. Sci. Technol, 2007, 41(24): 8256–8261.

[20] Xu S S, Liu W X , Tao S. Emission of polycyclic aromatic hydrocarbons in China [J]. Environ. Sci. Technol., 2006, 40(3): 702–708.

[21] Ravindra K, Sokhi R, Grieken R V. Atmospheric polycyclic aromatic hydrocarbons: Source attribution, emission factors and regulation [J]. Atmospheric Environment, 2007, doi:10.1016/ j.atmosenv.2007.12.010.

[22] Bi X H, Simoneit B R T, Sheng G Y, Fu J M. Characterization of molecular markers in smoke from residential coal combustion in China [J]. Fuel, 2008, 87 (1): 112–119.

[23] Liu M, Cheng S B, Ou D N, Hou L J, et al. Characterization, identification of road dust PAHs in central Shanghai areas, China [J]. Atmospheric Environment, 2007, 41 (38): 8785–8795.

[24] Schobert H H, Song C. Chemicals and materials from coal in the 21st century [J]. Fuel, 2002, 81: 15–32.

[25] 袁新华，熊玉春，宗志敏等. 分子煤化学与煤衍生物的定向转化 [J]. 煤炭转化, 2001, 24(1): 1–4.

[26] 魏贤勇，宗志敏，陈茺等. 面向 21 世纪的煤化工 [J]. 华北地质矿产杂志, 1996, 11(1): 1–8.

[27]　苗真勇 , 张鑫 , 胡卫新 . 煤炭资源的利用前景 [J]. 煤炭技术 , 2003, 22(11): 3–5.

[28]　王大春 , 童仕唐 , 张海禄 . 高质量煤基活性炭炭化料的制备研究进展 [J]. 武汉科技大学学报 (自然科学版), 2003, 26(3): 251–253.

[29]　袁新华 , 宗志敏 , 魏贤勇等 . 从芳香族高分子的研究进展论煤炭发展趋势 [J]. 中国矿业 , 2000, 9(4): 25–28.

[30]　向英温 , 杨光林 . 煤的综合利用基本知识问答 [M]. 北京 : 冶金工业出版社 ,2002: 312–313.

[31]　伍林 . 煤焦油溶剂萃取分离与稠环芳烃的定向转化 [D]. 徐州 : 中国矿业大学 , 2000.

[32]　黄建国 . 煤焦油、苯的加工利用 [J]. 煤化工 , 2005(5):16–18.

[33]　伍林 , 宗志敏 , 魏贤勇等 . 煤焦油分离技术研究 [J]. 煤炭转化 , 2001, 24(2): 17–21.

[34]　Song C, Schobert H H. Opportunities for developing specialty chemicals and advanced materials from coals [J]. Fuel Processing Technology, 1993, 34(2): 157–196.

[35]　应卫勇 , 曹发海 , 房鼎业 . 碳一化工主要产品生产技术 [M]. 北京 : 化学工业出版社 , 2004.

[36]　Tromp P J J. Coal Pyrolysis [D]. Univ. Amsterdam, 1987.

[37]　董美玉 , 朱子彬 , 何亦华 , 丁乃立 , 唐黎华 . 烟煤快速加氢热解研究 [J]. 燃料化学学报 , 2000, 28(1): 55–58.

[38]　Miura K. Mild conversion of coal for producing valuable chemicals, a review [J]. Fuel Processing Technology, 2000, 62(2): 119–135.

[39]　Smith G V, Wiltowski T, Phillips J B. Conversion of coals and chars to gases and liquids by treatment with mixtures of methane and oxygen or nitric oxide [J]. Energy & Fuels, 1989 (3): 536–537.

[40]　Doolan K R, Mackie J C. Products from the rapid pyrolysis of a brown coal in inert and reducing atmospheres [J]. Fuel, 1985, 64(3): 400–406.

[41]　Ren R–C, Itoh H, Makabe M, Ouchi K. Dealkylation of coal–derived oil by hydrogen from methanol decomposition. I: Dealkylation of ethylbenzene as a model of coal–derived oil [J]. Fuel, 1987, 66(5): 643–648.

[42]　Miura K, Mae K, Murata A, Sato A, Sakurada K, Hashimoto K. Flash pyrolysis of coal in solvent vapor for controlling product distribution [J]. Energy & Fuels, 1992, 6(2): 179–184.

[43]　Hashimoto S. Development of coal flash pyrolysis process (first results of 100T/D pilot plant study) [J]. Fuel and Energy Abstracts, 2002, 43(4): 276.

[44]　Tyler J. Flash pyrilysis of coal. devolatilization of bituminous coals in a small fluidized–bed reactor [J]. Fuel, 1980, 59(4): 218–225.

[45] Graff R A, Brandes S D. Modification of coal by subcritical steam: Pyrolysis and extraction yields [J]. Energy Fuels, 1987(1): 84–89.

[46] Brandes S D, Graff R A, Gorbaty M L, Siskin M. Modification of coal by subcritical steam: An examination of modified Illinois No.6 coal [J]. Energy & Fuels,1989,3(4): 494–498.

[47] Ofosu–Asante K, Stock L M, Zabransky R F. Pathwaysfor the decomposition of linear paraffinic materials during coalpyrolysis [J]. Fuel, 1989, 68(5): 567.

[48] 徐全清, 卢雁, 张香平, 张锁江, 林伟刚, 姚建中. 煤热解与制备高价值化学品的研究现状与趋势 [J]. 河南师范大学学报 (自然血液学版), 2006, 34(3): 78–82.

[49] Malino M, 李新登, 张建胜, 岳光溪, 吕俊复. 弱粘煤和不粘煤的快速热解及其团聚研究 [J]. 燃料科学与技术 , 2003, 9(5): 426.

[50] Miura K, Mae K, Yoshimura T, Masuda K, Hashimoto K. Mechanism of radical transfer during the flash pyrolysis ofsolvent–swollen coal [J]. Energy & Fuels, 1991, 5(6): 803–808.

[51] Miura K, Hashimoto K, Mae K, Wakiyasu H. Flash pyrolysis of coal–methanol slurry [J]. Kagaku k ō gaku ronbunsh ū , 1994, 20(6): 926–933.[in Japanese]

[52] 高晋升, 李桂贞, 颜涌捷, 王波, 张建雨. 煤裂解特性研究 [J]. 华东理工大学学报 (自然科学版), 2000, 26(6): 642–645.

[53] 倪中海, 刘毅, 周长春, 张丽芳, 宗志敏, 魏贤勇. 煤液化基础研究进展 [J]. 煤炭转化 , 2002, 25(2): 17–22.

[54] 倪中海, 张丽芳, 王俊玲, 宗志敏, 魏贤勇. 二芳基烷烃的氢转移反应 [J]. 化学通报 , 2002, 65(12): w094.

[55] 肖瑞华 . 煤化学产品工艺学 [M]. 北京 : 冶金工业出版社，2003: 281.

第2章 基于煤炭焦化技术产品升级的中国现代煤化工业体系

2.1 中国焦化工业问题分析及对策

煤炭焦化的主要任务是为钢铁工业和其他冶金工业生产焦炭。中国经济建设对钢铁及其他金属材料的大量需求在今后相当长的时期还将继续，这决定了煤炭焦化在中国国民经济发展中占有不可或缺的重要地位。

中国焦炭产量居世界之首，我国近几年煤炭消费中，约有 70-80% 用于能源途径，其余用于煤化工生产及其他途径，目前主要是用于炼焦。2017 年中国煤炭消费总量 38.2 亿吨；同年，焦炭产量 4.3 亿吨 [2]，按洗精煤 72% 的成焦率估算，炼焦用煤折算为精煤约 6 亿吨，折算为原煤为 8 亿吨左右，约占煤炭消费总量的 20% 以上。由此可见，煤炭焦化是当前中国煤化工的主体，煤焦化工的生产发展和技术进步对中国经济建设意义重大。

2.1.1 中国焦化工业问题分析

目前中国焦化工业面临的主要问题为以下几个方面：

1. 炼焦煤资源逐渐缺乏，焦化工业受上游炼焦煤价格的影响

中国有着丰富的煤炭资源，但炼焦煤储量却相对较少，仅占我国煤炭资源总储量的 27.6%，其中优质的主焦煤和肥煤资源不足 10%[3-6]，而且，中国的炼焦煤资源分布不平衡，主要分布在山西等少数几个省份，远离东南省份的用焦大户。中国焦化工业的持续发展已面临着炼焦煤缺乏的危机，捣固焦技术的推广应用虽能在一定程度上缓解这种危机，但对于如此规模庞大的中国焦化工业，炼焦煤资源的缺乏将是永恒的，这使焦化工业的利润空间受炼焦煤价格波动的影响。

2.产品结构单一，受下游钢铁工业发展形势的制约

长期以来，中国焦化工业以冶金焦炭为主导产品，因而受到下游钢铁工业发展形势的制约，这种产品结构的单一本身就蕴藏着巨大的投资与经营风险。煤炭焦化的主要产品还有焦炉煤气和煤焦油，但他们一直以来都被称为副产品，未得到应有的重视。不少焦炉煤气甚至被放散处理而造成严重的环境污染，煤焦油深加工利用水平不高，炼焦煤资源的综合利用率低，浪费严重。

虽然近年来国家和地方不断出台政策，鼓励企业加强炼焦副产品的综合利用，但要想改变中国焦化工业"有焦无化"或"多焦少化"的产品结构，无论是从技术上还是从经营上都还有很长的路要走。只要焦炉煤气及焦油化产的综合加工利用问题不做好，中国焦化这种"多焦少化、产品单一"的问题就不能改变，中国焦化企业特别是独立焦化企业受制于钢铁工业发展形势、效益波动的这种局面就不可能改变。

3.焦炭产能过剩，行业整体开工率低，造成投资和产能的巨大浪费

虽然国家最近几年一直在致力于淘汰落后焦炭产能，但新增产能更大。各地对煤炭及煤化工的发展规划一直是滞后的，缺少科学的预测，缺乏科学性、长远性、整体性和稳定性，造成了今天中国焦炭产能的严重过剩，而且这种过剩问题还在继续加剧。虽然"十二五"期间淘汰落后产能近千万吨，同时新增产能更大；"十三五"发展规划继续淘汰落后产能5000万吨，但有4000万吨焦化新增产能陆续释放，新增产能的动力仍然高涨。

由于焦炭产能的过剩，中国焦化企业的整体开工率严重不足，造成珍贵投资和产能的巨大浪费。2017年中国焦化企业的整体开工率约66%，除钢铁企业焦化产能利用率较高外，独立焦化企业和煤炭焦化企业的产能利用率平均约60%。"十二五"期间至今，焦化行业企业产能的利用率一直徘徊在60%-70%左右，至今这状况仍未能有大的改变。2017年以来，由于国家环境政策的压力和行业限产保护措施，焦炭价格有所回升，行业运营状况转好，但大量富余产能仍然存在，随时会因为上下游形势变化而陷入艰难处境。

4.能耗高，污染重，面临环境条件和国家政策的制约

煤炭焦化工业是资源性工业，是高煤耗、高能耗和高污染工业，特别是其生产排放量大、排放物中有害物质多、资源浪费和环境污染严重，给国民经济可持续发展带来了巨大的压力，历来是国家产业政策关注的焦点。同时，由于煤炭焦化工业生产规模大，投资大，技术及装备更新缓慢，这种现状又很难在短时间内改变。

近几年，国家相继出台了焦炭工业准入标准，提高出口关税，实行出口配额管理等产业政策，针对焦炭工业的节能减排、淘汰落后产能的政策也不断出台。整个焦化工业所面临的产业政策风险加大，焦化企业必须改造、完善和提高工艺技术装备与环

保设施，调整产品结构和生产规模，达到国家的准入标准。

5. 大型焦化企业少，工业集中度低，抗风险能力差

我国焦炭工业的企业规模分布中，中小企业的比例较大，而大型企业的比例则较少。截止 2017 年底我国焦炭工业具有规模以上焦化企业约 600 家、平均产能约 114 亿吨，其中 400 万吨以上规模的大型企业有 12 家，100 万吨以上规模企业 115 家，其余企业规模为 100 万吨以下，依然存在着多、小散的问题。国家发改委关于焦化企业规模的准入条件是常规机焦炉企业生产能力 100 万 t/a 及以上，热回收焦炉企业生产能力 40 万 t/a 及以上。

中、小型企业数量占有较大比例，他们没有足够能力去很好地组织与实施技术研发与装备更新等工作，如煤焦油及焦炉煤气综合利用；煤焦化工循环经济建设项目；环境综合治理与配套；运营管理及资金运作等。更重要的是，由于这些中小企业的存在，行业集中度低，不利于行业统计和预测，影响了国家宏观发展规划的准确性和有效性。

6. 焦化企业区域分布不合理，"北炭南运"

中国的焦炭生产企业目前主要分为两类：一类是钢铁联合企业内部自有焦化厂，焦炭生产以供应企业钢铁生产为主；二是独立焦炭企业或煤炭焦化企业，焦炭全部作为商品外销。在全国焦炭企业中，前者占 1/3，后者占 2/3。

中国焦化企业主要分布于华北、华东和东北地区，焦炭工业的资产主要集中于山西、河北、山东、云南、内蒙古和黑龙江等煤炭产地，这些地区集中了我国 60% 左右的焦炭企业。而钢铁生产和消费较多的江苏、上海、浙江等东部沿海省市和广东、福建、海南等南方省区，因煤炭资源较少，而焦化企业也较少，于是出现了"北炭南运"的局面，高额的运输费用也成为挤压煤炭焦化企业利润空间的重要因素。

7. 技术研发和专业研发机构的缺失

近年来，随着石油危机的不断加深，煤化工受到了前所未有的重视，但国内在煤化工领域的研发资金和研究力量主要集中在煤直接或间接液化制油、煤炭气化制合成气及由合成气出发的"碳一化工技术"等方面，对传统的煤炭焦化工业的技术研发投入甚微，特别是对焦炉煤气和煤焦油化技术的研发几乎没有投入。数十年来，焦化工业的技术进步，包括大型顶装焦炉、干熄焦技术和捣固焦技术，仍是围绕焦炭生产的目的，整个行业的产品结构、焦炉热工效率、化产回收等没有大的改变。如我国焦炉热工效率没有明显提高，煤焦油加工仍是以精馏为主生产常规几种馏分产品和萘、蒽和咔唑等少数组分产品，富余焦炉煤气作为城市燃气甚至放散处理等。技术研发的缺失使得煤炭焦化工业技术更新缓慢，产品结构不完善，高污染、高能耗和高煤耗，而产品附加值低，受产业链中上下游产业形势的制约，效益波动，运营艰难。

2.1.2 中国焦化工业走出困境的对策

中国焦化工业面临着许多严重的问题，但是焦炭作为冶金工业的重要燃料和还原剂，目前还没有找到可以替代的产品，煤炭焦化在中国煤化工乃至中国经济中的地位依然是不可替代的。因此，必须采取有效的措施，使中国焦化工业走出困境。

1. 煤焦化工的技术进步比新兴工业的兴建更具有经济效益和社会意义

技术研发是任何工业行业生命力的源泉。传统工业的技术创新和更新，将会比新兴工业的兴建更具有显著的经济效益和社会意义，特别是对于煤化工这样的资源型、大规模、高投入、高消耗、高产出和高技术含量的产业。在我国，煤炭焦化工业已经运营了数 10 年，在世界上运行的时间更长，因而我们能够充分地认识其本身存在的各个方面的问题，这些问题都是不同历史条件和时代背景的产物。应立足当前国际国内经济发展的需要，通过技术研发解决这些问题，创新与更新技术，改善产业和产品结构，使传统工业焕发出新的活力，就能利用已有的建设基础获得更大的社会生产力。

相对而言，新兴的煤化工技术，如煤的液化与气化等，也会像煤炭焦化一样，须经过相当时期的运行，才能暴露出其存在的问题。这使得新兴的煤化工行业面临着巨额投入回报不确定的风险。一个新兴工业不经过运转，许多问题甚至是并不复杂的问题就可能不被发现。如我国多个大型煤化工示范工程至今依然存在着不少的技术问题有待解决，而这些项目的技术水平、建设投资、投入产出及其对生态环境和土地水源等方面的影响都与预测有不同程度的差别。

综合以上分析，焦化工业因为巨额的基础建设已完成，又有了数十年的运转经验，焦化工业的技术研发、技术创新与更新将会比新兴煤化工产业具有更大的经济与社会效益，同时具有较小的投资风险。

2. 强化焦炉煤气及煤焦油的深加工利用，以化养焦

产品结构的不合理是目前中国焦化困难较多的主要原因之一。针对这一问题，"以化养焦，延展产品结构"必将是中国焦化工业的出路，必须强化焦炉煤气及煤焦油的深加工，提高煤炭资源综合利用水平，使产品结构多元化。

煤炭焦化工业因钢铁工业而兴起，因而传统上都以焦炭为主导产品，称为"炼焦工业"更为准确。事实上，煤炭焦化的主要产品应该是焦炭、焦炉煤气、煤焦油和其他化学产品：每炼 1t 焦约产焦油 0.04t，富余焦炉煤气 200–250 标准立方米（以下简称标方）。2017 年中国焦炭产量约 4.3 亿 t，粗略折算一下，相应的焦油产量约有 1700 万 t，富余焦炉煤气量约有 800～1000 亿标方。如果能从化工产品生产的角度出发，改进配煤和焦炉工艺，还可在一定范围内增加焦油及煤气的产率，减少焦炭产

量，以适应焦炭产能过剩的行业现状。

煤炭焦化的产品中，焦炭的产率最高，但附加值并不是最高。从煤炭化工利用的角度出发，焦炉煤气和煤焦油中蕴含着丰富的资源和高附加值的加工潜力，他们的回收和深加工能创造出比焦炭高许多的效益。比如近年来焦化行业形势较好的2017年，焦炭含税价约为1800-2100元/t，而精焦煤含税价约为1300～1400元/t，精瘦煤也在1200元/t左右，还要加上能源、人力、水电、操作、环保、管理、营销等各个环节的费用，焦炭1800-2100元/t基本上就是成本价。相比之下，2017年煤焦油价格在2790元/t之间，12月份部分地区成交价突破4000元/t以上。煤焦油如能得到精深的加工，附加值还将更高。焦炉煤气富含氢气，是制合成氨或分离制氢的良好原料，分离氢气后的余气还可用于生产甲醇、二甲醚、乙炔等产品，深加工后的附加值都远远大于焦炭。焦炉煤气与焦油的加工利用可以有效地分担焦炭的生产成本，提升焦炭企业的利润空间，实现"以化养焦"的目的。

综上分析，更新理念，焦化并举，以化养焦，综合利用焦炉煤气和煤焦油，改善煤焦化工的产业与产品结构，必将为传统的中国焦化工业注入新的生命力。具体就是：从化产品生产的角度出发重新设计和构建煤炭焦化工业，加强技术研发，加快技术创新，深化和强化焦炉煤气、煤焦油的深加工利用和能源回收，创出一条多元化产业与产品结构的煤焦化工循环经济模式，提高煤炭资源综合利用水平，抵御来自上下游产业链的经营风险。

3. 焦炉煤气综合有效利用是传统的中国焦化工业与新型煤化工技术的联接点

目前国内从国家到地方、企业，都把"煤炭气化制合成气转而加工制天然气、液体燃料及一系列碳一化工产品"这样一条路线列为"新型煤化工路线"。但是，这条路线的煤化工建设项目投资极高，在发展上受到一定的限制。

再看一下我国焦化工业：2017年中国焦炭产量4.3亿t，相应的焦炉煤气产量应在1600亿标方以上，除焦炉加工自用外，年富余焦炉煤气800亿标方以上，还不包括兰炭生产产生的中低温焦炉煤气。而且，如果需要，通过改变和优化配煤组成和焦炉操作条件，还可以增加焦炉煤气的产量。而全世界每年消费合成气量约3000亿标方。

焦炉煤气与由煤气化生产的合成气相比，有较高的氢气含量，是制氢、乙炔、合成氨、甲醇等碳一化学产品的优良原料。从煤焦化产生的焦炉气利用到其下游产品，与从煤气化制合成原料气到碳一化学产品作一比较，煤炭的焦化与气化在这里却是殊途同归。相对于煤制烯烃、甲醇、乙炔等碳一化工项目的高额投入，焦炉煤气综合高效利用途径的优势显而易见。从此点出发，焦炉煤气综合利用是传统的煤炭焦化行业与现代新型煤化工的联接点。

4.煤焦油加工基本产品的二次精细精加工是煤焦油加工技术的发展方向

目前，煤焦油以其不可替代性在世界经济中占有重要的地位，发达国家视煤焦油为重要的基础资源并加以保护。煤焦油中有利用价值并且可经济地提取的化合物约 50 种，其深加工所获得的轻油、酚、萘、洗油、蒽、咔唑、吲哚、沥青等系列产品是合成塑料、合成纤维、农药、染料、医药、涂料、助剂及精细化工产品的基础原料，也是冶金、有机合成、建设、纺织、造纸、交通等行业的基本原料，许多产品是石油化工中得不到的，因此，煤焦油深加工可促进这些行业的发展；并且能提高煤炭焦化的资源利用率，有利于环境保护和发展循环经济。

目前关于煤焦油加工，受到普遍关注的是投资和生产的规模。事实上，从资源高效洁净利用角度出发，必须关注效益规模。煤焦油深加工，从化产回收、改质沥青到针状焦，在整个焦化行业中，是获得高附加值产品的主要方向，有些组分尽管含量少，没有宏观上的生产规模，但价值高，有很好的效益规模。煤焦油的综合加工、焦油组分的综合利用及焦油加工基本产品的二次精细精加工是煤焦油加工技术的发展方向。

5.加强煤焦化工的能源回收和综合利用，节能降耗

节能降耗是各个煤化工行业的长期课题，没有最优，只有更优。焦化工业是一个发展成熟的传统工业，因而多年来对焦炉系统的热工效率、结构设计、操作工艺、能量综合利用等方面的研究不够。最近几年我国在大型顶装焦炉和捣固炼焦技术方面有较大突破，也有不少企业采用干熄焦技术回收高温红焦的显热，回收高品位的热能用于发电或生产工艺蒸汽，收到了较好的效果。这些技术由于许多专利问题和投资巨大等原因，还没能在整个焦化生产中得到推广。对高温荒煤气所携带的热量，研究者也采用导热油间接冷却技术来回收其中的热能，这项技术已经应用在工业化的试验阶段。关于焦炉的加热系统、加热方式及热工效率则很少有研究。这些都是焦化工业节能降耗的关键点。

6.加强煤焦化工技术研发相关的专业机构的建设，促进行业技术进步

整体上，中国焦化工业技术更新缓慢，技术研发跟不上焦化工业发展形势的需要。从企业主体看，尽管在一些技术领域已形成一定规模优势的企业，但总体上的产业层次较低，多数产品处于产业链的中低端，缺乏高附加值优势产品；二是技术创新不够，研发投入不足，缺乏自主知识产权的关键技术，缺少高技术含量的高新产品，核心竞争力不强；三是煤焦化工相关技术研发机构较少，企业自主创新能力较弱，不足以支撑庞大的中国焦化工业的进一步发展。

因此，应该从研发机构设置、研发基金分配、研究力量和政策导向等方面给予煤焦化工技术研发以应有的支持和重视，组织力量，创造条件，研发、引进、吸收、转化和推广行业新技术，促进中国煤焦化工技术进步，提高行业的整体生产力水平。

7. 长远规划，保护现有优势产能，避免出现更大的产业和产品结构矛盾

从宏观控制上，有关职能部门必须严格把握焦化工业准入制度，继续改造或淘汰落后产能，强化焦化工业市场预测及投资预测的能力，控制新增产能，正确地和科学地引导国家及各方面有限的投资潜能，保护现有的优势产能。如不把好这一关，焦化工业的形势还将继续恶化。

为使中国焦化工业能够尽快回到正常的和健康的轨道上来，避免产能过剩问题的进一步演化，科学规划是关键。国家和地方决策部门及大型企业的决策者必须把眼光放得更远，密切关注国际国内本行业及相关行业的动态，加强预测的准确性，走一步，看十步，由"治病"转换到"治未病"，从企业布局、发展规划、技术研发、技术储备、项目储备、产品储备、人才储备等方面都要做到规划长远。

2.2　基于煤炭焦化技术产品升级的中国现代煤化工业体系

煤炭焦化、煤制电石、煤炭气化生产合成氨等，在我国生产历史悠久，技术成熟度高，被称作传统煤化工。相对地，近年来新投入建设的煤气化及碳一化工、煤炭直接及间接液化制油等被称为新型煤化工。

中国有着世界规模最大的焦化工业[11]，焦炭产量约占世界总产量的70%[12]。2017年中国煤炭消费量38.2亿吨[13]，当年度焦炭产量4.3亿吨[14]，焦化用煤折算为洗精煤约6亿吨、折算为原煤约8亿吨，占煤炭消费总量的20%以上。可见，煤炭焦化是当前中国煤化工的主体。

长期以来中国焦化工业以冶金焦炭为主导产品，由于产品结构不健全、发展模式简单粗放，技术与装备更新缓慢等原因，存在着焦炭产能过剩、能源与资源利用率低、废热废气废水废渣排放量大等问题，受到能源、资源、环境、社会及上下游产业形势等多重因素的制约[15]；而另一方面，煤炭焦化是钢铁生产的源头，在短期内无可替代，通过产品与技术的升级解决存在的问题，别无选择。

与此同时，鉴于世界石油资源的日益枯竭和我国富煤贫油的资源特点，出于寻找石油替代产品的初衷，从"十一五"开始到"十二五"期间，我国多地掀起了大上新型煤化工的热潮，主要是从煤液化出发的煤制油和从煤炭气化出发经碳一化工路线的煤制甲醇、煤制烯烃、煤制天然气、煤制乙二醇等，建设的规模和水平迅速跨入世界领先的行列。但是，我们必须认识到，新型煤化工与传统煤化工一样，都是大规模、

高投入、高消耗、高产出、高技术含量、而生命周期长、技术及装备更新缓慢、转型成本高的资源型工业，都要受到资源、能源、环境和社会等多重因素的制约，而技术成熟度和投资回报的不确定性是新型煤化工建设无法回避的风险[16-17]。相对而言，煤炭焦化在我国已有数十年的生产历史，大规模的基础建设已完成，长期的生产运营积累了较多的经验，其本身存在的问题也得以为我们所认识，通过创新技术与完善产品结构来解决这些问题，必能使传统煤化工业面貌一新，使已有的建设基础发挥出更大的生产力效应。

煤的焦化、液化与气化有着共同的基础，就是煤的热解。狭义地说，煤的焦化是以获得焦炭为主要目的、在隔绝空气条件下的高温热解，煤的直接液化是以获得液体产品为主要目的、在加氢条件下的中低温热解，煤的气化是以获得各类原料气为主要目的、在小分子气化剂存在下的高温热解。我国规模庞大的焦化工业每年产生大量的焦炉煤气和煤焦油，以焦炉煤气作为碳一化工的原料可以获得煤炭气化的各种产品，从煤焦油出发也可以得到煤炭液化的各类产品。因此，煤炭液化、气化及碳一化工领域的新技术成果改进并援引到焦化工业的焦炉煤气及焦油加工中，必将提升焦化工业的资源与能源利用水平。石油化工重油与渣油的加工技术对焦化工业的技术升级也有很好的借鉴作用。

因此，中国新型煤化工的建设必须与煤炭焦化工业的技术升级相耦合，共同构建中国现代煤化工业。本文以环境与生态保护为出发点，从焦化工业技术升级出发，综合能源、煤炭焦化、液化、气化和碳一化工等多个领域的技术成果，勾勒了"能源—炼焦—液化—气化—碳—化工"一体化的中国现代煤化工的产品与技术结构网络，愿能为现代煤化工业的建设与发展提供参考。

2.2.1 中国现代煤化工业的时代特征

煤是能量与质量的统一体，煤炭的转化是煤的能量流与质量流的综合过程，本文暂且把煤的能量流属性称作能源、而把其质量流属性称为资源。煤炭焦化的兴起最初是始于生产冶金焦炭，关注的仅是从煤炭到焦炭的质量流，而焦化过程的能量流利用和焦炉煤气及煤焦油等副产品中的质量流利用一开始就没有受到重视，必然的结果就是能源效率低下、资源利用粗放和环境污染严重，直至今天成为行业、社会和国家宏观政策关注的焦点。

区别于传统的中国煤化工，现代中国煤化工必须能够充分体现"能源与资源高效转化与综合利用、清洁生产和资源循环利用"的时代特征，用较少的能源、资源、环境和资金投入，来获得较大的经济、环境和社会效益。任何的新型煤化工，如果不具备这一特征，就只能是新型煤化工、而不是现代煤化工。

1. 现代煤化工的能源转化利用

现代煤化工建设必须把煤的能量流即能量的转化利用提升到与质量流同等重要的位置。近年来，在《煤炭焦化行业准入条件》等一系列国家宏观政策的诱导下，我国在炼焦节能技术方面有较大突破，焦化工序能耗总体上有明显的下降，但亦然在 150kgce/t 左右。2017 年上半年，我国重点钢铁企业的焦化工序平均能耗约为 99.81kgce/t，同比上升 2.32kgce/t，企业焦化工序能耗最高值达 149.27kgce/t[18]。

目前我国焦化工序能耗的先进值达到 55kgce/t 以下，但落后值仍在 273kgce/t 左右，差距达 5 倍，这意味着我国焦化工业在能源效率的提升上还有极大潜力。若能通过技术升级使焦化工序能耗普遍达到目前的先进值，每年节约的能量相当于 4 亿吨标准煤以上。

焦化工序能耗的 80% 左右集中在焦炉单元上，煤炭储运、备配煤环节能耗约占 5%~8%，其余的消耗在焦炉后的煤气及化产回收等单元[19]；在焦炉单元的能耗中，红焦显热约占 38%、高温荒煤气约占 34%、烟道气带出热量约占 18%、焦炉热损失约占 10%[20]。采用干熄焦技术约可回收红焦显热的 80%，副产高品质蒸汽用于发电或用于焦油加工等化产单元的工艺蒸汽[21]。高温荒煤气的显热回收也取得了一定的研究成果，采用导热油间接冷却技术来回收其中的热能[22]，采用汽化冷却、加热锅炉给水、热管换热、导热油夹套、锅炉和半导体温差发电等可望回收焦炉上升管中荒煤气带出显热的 30% 左右[20]。利用焦炉烟道气余热进行入炉煤调湿或利用废热锅炉使这部分余热转化为蒸汽，可望回收焦炉烟道气余热的 50% 左右[13-24]。焦炉热工优化技术如焦炉火落温度自动控制、焦炉操作与管理的智能化等，可以节约回炉煤气用量的 3%~5% 左右[25-27]。这些技术由于技术成熟度、专利问题和投资巨大等原因，还没能在整个焦化行业普遍推广，它们的综合优化、有序集成和推广应用将带来煤炭焦化工业能源转化效率的飞跃，推动传统煤化工向现代煤化工的转变。

今后建设任何煤化工项目，都必须从设计阶段做好煤炭能量流向的转化、回收和利用。

2. 现代煤化工的资源转化利用

至今为止，不管是传统煤化工、还是近年来新建设的煤化工，资源的利用亦然是极为粗放的：如中国冶金焦炭的产量约占世界总量的 70%，而焦炉煤气、煤焦油及沥青的利用却远远落后于世界水平，很多煤焦油基的精细化学品及高性能沥青基材料要依赖进口；"十一五"以来建设的大型煤液化示范项目，从煤制油的角度上可以说是世界领先水平，但其中的精细化学品的生产及液化残渣的利用却很少受到关注；投资巨大进行煤炭气化来获得碳一化工的原料气，进而制油、制烯烃、制芳烃、制天然气等的重大项目，副产品的利用都鲜有同步。这种质量流向上产品的单一性本身就是对煤炭资源的极大浪费。

另外，关于煤化工的规模问题，普遍的观点是"大"，以占地规模宏大、投资巨大、产量极大为"大"。这种宏观的"大"与煤化工单位能耗、煤耗、水耗等的脱离，必将引起资源与能源的浪费与各种环境问题。对于煤化工这样一个资源消耗性工业，单位资金投入的回报率、单位原料煤消耗的附加值和环境生态的投入问题等，也必须是衡量现代煤化工建设水平的重要标准。

因此，中国现代煤化工建设，不能仅仅关注宏观的规模效益，资源利用粗放的问题必须得到解决，必须向资源的综合利用、精细化和精深化的方向发展。

当前，煤气化获得含 CO、CH_4 和 H_2 等的混合气体、进而作为碳一化工的原料，生产液体或气体燃料、合成各种化学品，被普遍视为"新型煤化工"，煤加氢液化制取燃料油也被认为是寻找石油替代产品的"新型煤化工"[16-17]。众所周知，煤的气化和加氢液化都是规模巨大的高能耗、高煤耗和高排放的过程，与任何传统煤化工一样要受到能源、资源和环境的制约。

另一方面，煤炭焦化所产生的焦炉煤气也是碳一化工的优质原料[28-29]、所产生的煤焦油也是制取液体燃料油和芳香族精细化学品的基础原料[30-33]。按 2017 年我国生产焦炭 4.3 亿吨计[14]，相应的焦炉煤气产量近 2000 亿标方，除焦炉自用外，年富余量也有 1000 亿标方左右；而煤焦油的产量按焦炭产量的 4% 算，也有 1900 万吨左右。这还不包括生产焦炭产生的中低温煤焦油和焦炉煤气。而且如果需要，通过改变和优化配煤组成和焦炉操作条件，还可以增加焦炉煤气及煤焦油的产量。在目前我国焦炭产能过剩、焦炭与原料煤价格几近倒挂的大背景下，只有通过焦炉煤气及煤焦油的加工利用来分担焦炭的生产成本，以化养焦。如能把新型煤化工的建设与煤炭焦化工业的技术升级相耦合，利用碳一化工与煤液化等的新技术成果，以焦炉煤气来替代煤炭气化生产的碳一化工的原料气、以煤焦油替代煤直接液化的初级粗油，不仅能使中国焦化工业焕发出新的生命力，还能节约新建煤气化和加氢液化的巨额资金、减少煤炭资源与能源的消耗、减轻现代煤化工建设所面临的环境与生态的压力，从中国焦化工业的技术升级出发构建一个资源综合高效利用的现代中国煤化工业。

因此，依托中国规模庞大的煤炭焦化工业已有的建设基础，把煤炭液化及碳一化工的技术成果援引进来[34-35]，从焦炉煤气出发进行碳一化工的规划建设，由煤焦油出发生产煤基精细化学品和液体燃料油，从质量流的角度把煤炭中的资源尽可能多地转移到产品中去，这不仅是可行的，更是煤化工可持续发展的必然。

3. 现代煤化的清洁生产与废气废水废热废固的资源化利用

进入 21 世纪，中国化工必须走上绿色化和可持续发展的道路[36]，煤化工以煤有机质的高温热解为核心过程，是废水、废气、废固及废热等的排放大户，清洁生产任务艰巨。另一方面，煤化工排放物中也蕴含着大量的能源和化工资源，其资源化利用既是煤焦化工清洁生产的需要，也是煤炭资源高效利用的需要，还将产生一定的经济效益。

在煤化工的四废资源化利用方面，工业界及学术界已做了大量的工作，废热利用在前面已述及，在质量流方面，废水废气废固的利用也取得了较大的进展。利用焦化废水和炼焦煤洗选过程产生的煤泥等制备水煤浆[37-38]，用于锅炉燃烧、发电或造气等，即使焦化废水和煤泥得到了有效治理，又节约了水和煤资源。焦化过程中，从备煤、配煤、炼焦、熄焦、推焦、输送及烟道排放等环节，排放了大量的粉尘，其中含有大量煤粒、焦粒、无机矿粒、多环芳烃等，对环境及人身健康危害极大，同时这些污染物也是有用的碳源，通过工艺及装备优化设计使这些粉尘汇聚后可以进行资源化利用[39-41]。煤化工因为是二氧化碳的排放大户而倍受关注[42-44]，其实 CO_2 也是可以资源化利用的。谢和平等提出的全球二氧化碳减排的 CCU 理念 (Carbon Dioxide Capture and Utilization)，利用 CO_2 矿化转化天然矿物等，将 CO_2 作为一种碳资源进行有效利用，如氯化镁矿化 CO_2 联产盐酸和碳酸镁、固废磷石膏矿化 CO_2 联产硫基复合肥等[42]。二氧化碳是碳元素的最终氧化物，具有一定的化学惰性，它在常压下、温度为 -78.3℃ 的条件下，不经液体阶段直接变为固体，临界温度适宜，在化工、食品及生物加工中用作惰性气体、冷却剂和超临界溶剂[45]；其分子结构中的羰基，可用于多种含羰基化合物及聚合物的制备，通过加氢还原等还可合成低碳醇、烃类等[46-47]。煤化工产生的煤渣、粉煤灰等，已普遍用于建筑材料，生产氧化铝、二氧化硅及复合材料等的精细化利用研究也取得了一定进展[48-41]。

由于我国科技发展中生产领域与研发领域功能的分离，许多技术成果重研究而不重推广，且这些成果之间缺少匹配和集成。中国现代煤化工的建设中，必须把以上这些技术成果进行继续优化、有效集成和推广应用。

2.2.2　中国现代煤化工的产业与技术体系的构建

如前所述，中国现代煤化工的建设目标是要实现煤的能源与资源高效转化与综合利用、清洁生产和资源循环利用，完善的产业、产品与技术结构是实现这一目标的前提，煤炭焦化的技术升级与液化、气化、碳一化工、芳烃生产、石油化工等方面先进技术的耦合集成，是实现这一目标的有效途径。本文从中国焦化工业的技术及产业升级出发，勾勒了"能源—焦化—液化—气化—碳一化工—精细化学品"一体化的现代煤化工产品与技术结构网络，如图 2-1 所示。

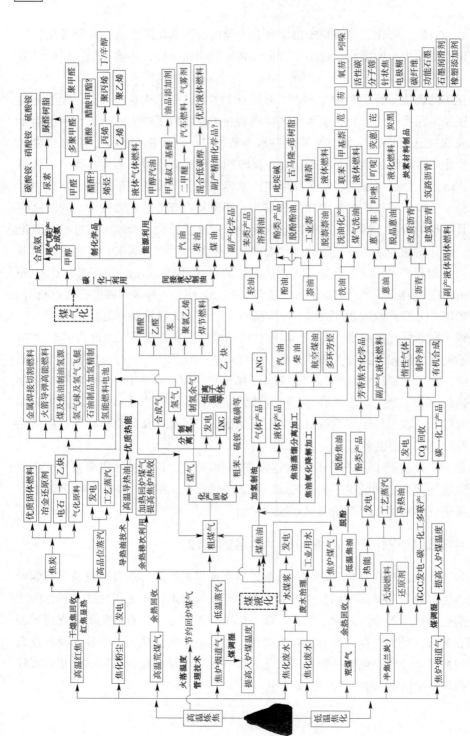

图 2-1 从煤炭焦化产品与技术升级出发的中国现代煤化工产品及技术网络

1. 焦炉煤气到碳一化工的产业链延伸

按干煤计,我国煤炭焦化工业每年生产约 1000 亿标方的富余焦炉煤气,过去用于廉价的城市煤气。随着国家西气东输工程的实施,其作为城市煤气的功能已被取代,急需寻找新的利用途径。同时,目前国内碳一化工发展迅猛,要靠煤炭的气化来提供原料气。焦炉煤气作为碳一化工的原料气进行综合利用,是传统的煤炭焦化与新型煤化工的联接点,由此把煤炭焦化的产业链延伸到碳一化工领域,使得煤炭的焦化与气化殊途而同归。

焦炉煤气与煤气化生产的合成气相比,有较高的氢气含量,是制氢、制乙炔、制合成氨、制甲醇等碳一化学产品的优良原料。焦炉煤气可用于发电,可变压吸附分离制氢,可变换制合成气、经费托合成制天然气和液化石油气、制液体煤料油,可以制乙炔和烯烃,可用于混合低碳醇、氨、二甲醚、乙二醇等。重要的是,碳一化工从原料气的净化、变换、转换与调制,以及各种碳一化学品和它们的下游产品生产的工艺与设备等,在国内外有较多成熟的技术和丰富的经验可供借鉴。这些技术经过改进和优化,并有序地援引和集成到焦炉煤气的加工中,必将展现出惊人的生产力效应。相对于煤炭气化高额的资金投入和环境投入,焦炉煤气综合高效利用的优势是显而易见的。

2. 煤焦油精深加工方向的产品链延伸

煤焦油是世界上多环芳香族化合物的基本来源,发达国家如德国等,能够从煤焦油加工中获得近 200 种产品,我国煤焦油的加工水平远远落后于世界先进水平,目前能够进行工业化生产的产品也就 10 余种,焦油组分的利用率极低;蒸馏的残渣即煤沥青,约占煤焦油重量的 50%,多为劣质沥青,目前的主要用途是生产普通炭素材料和粘结剂[52-53],经过精制获得生产高性能炭素材料的优质沥青的技术也已趋于成熟[54-55]。新型中国煤化工的煤焦油加工,必须引入新的技术元素,如加氢制油、加氢降解、氧化降解等,改变煤焦油加工利用中以蒸馏为主导技术的现状,使其技术路线和产品结构多元化、精细精深化。

煤焦油的加工首先要考虑的是尽可能多地利用其中的芳香族组分。例如,煤焦油中富含的各种芳香族化合物,经过氧化可以得到芳香族的醛、酮、酸、醌、环氧化物和过氧化物等;其中的沥青质大分子,经过氧化解聚,也能生成较小分子的芳香族含氧化合物。现在我国的加工路线是先分离到纯化合物、后氧化转化,能直接从煤焦油中分离出的组分太有限,而且氧化后还是需要经过艰难的分离过程。如能先进行氧化再进行分离,虽然其氧化产物的组成也相当复杂,但比起煤焦油来应该是简单了一些,就可望得到较多的产品及焦油组分较高的利用率。这一路线需要较多的基础研究,如能实施,必将带来焦油加工技术的巨大进步。

援引煤直接液化粗油的加氢提质技术,对煤焦油提取精细化学品以后的剩余部分进行加氢提质，可把煤炭焦化的生产链延伸到煤炭液化领域。我国在大规模煤直接液化制油示范工程的建设中，对煤直接液化粗油加氢提质进行了大量的基础研究，并实现了大规模的工业化。煤焦油和煤直接液化粗油都是芳香族化合物的混合物，替代煤直接液化的粗油加氢提质来制液体燃料油，技术上是可行的，资源优势和成本优势也是显而易见的。近年来我国褐煤低温热解提质工业的快速发展，中低温煤焦油的产率更高，提取酚类等化学品后[52]、加气制燃料油是最好的选择。煤炭直接液化的油收率基本上在 50% 左右，神华煤直接液化总建设规模是年产油品 500 万 t、折算为中间粗油约为每年 750 万 t、用煤规模约每年 1500 万 t。我国焦化工业每年焦油产量约 1900 万 t，加上中低温煤焦油就更多，用其中的一半来进行加氢液化制油，就能达到神华煤直接液化的生产规模。

3. 能量流与资源循环利用的产品链延展

在能量流的产品链上，除了前面已经述及的干熄焦回收高温红焦显热、导热油间冷回收高温荒煤气显热、焦炉烟道气余热回收、副产蒸汽发电、焦炉热工优化及智能化等新技术元素的综合优化、有序集成和推广应用外，还要考虑把煤炭焦化与发电相耦合。过剩的焦炭产量和褐煤低温干馏生产的兰炭需要寻找出路，以焦炭和兰炭为原料，通过 IGCC 发电与化工多联产的耦合[56-57]，进行发电和碳一化工生产，从这里把煤炭焦化的产品链延伸到电力领域，这一耦合在提高能源和资源转化效率的同时，还有利用于有效回收和利用 CO_2。煤化工生产中的焦化废水、煤泥、粉煤灰、煤渣、粉尘等的利用，前已述及，总之是要从质量流的链条上把煤中的元素尽可能多地转化为产品，减少排放。

2.3　结论与展望

中国焦化虽然面临着诸如焦炭产能过剩、产品结构不合理、资源利用率低、环境污染严重、经济效益波动大等多重困境，但是在中国国民经济中却有着无可替代的地位，技术研发是中国焦化行业保持生命力的源泉，而焦炉煤气及煤焦油的综合利用是其新的发展点。中国焦化必须更新理念、创新技术、加强化产、以化养焦，具体就是：传统的中国焦化工业必须更新理念，创新技术，焦化并举，多途径研发、引进、吸收、转化和推广行业最新技术，特别是要开发焦炉煤气及煤焦油的高附加值加工技术及相关的下游精细化产技术，延展煤炭焦化工业的产业链，改善和优化焦化的产业与产品结构，提升行业的资源综合利用水平，促进行业技术进步，创出一个多元化的煤焦化工循环经济模式，以化养焦，基于煤焦化工的产品与技术升级来构建中国现代煤化工业体系。

建设中国现代煤化工必须要充分体现"能源与资源的高效转化与综合利用、清洁生产和资源的循环利用"的时代特征，完整的技术及产业与产品链是实现这一目标的前提。煤炭焦化是当前中国煤化工的主体，存在的主要问题是焦炭产能过剩、资源利用粗放、四废排放量大、加工模式及产品结构较为单一，亟待进行技术与产品的全面升级。我国煤炭焦化工业庞大的基础建设已经存在，每年产生大量的焦炉煤气和煤焦油，可供碳一化工、煤制油的需要，从焦化工业的技术与产品升级出发建设碳一化工和煤制油等新型煤化工，共同构建成具有时代特征的中国现代煤化工，无论是从技术上、还是能源与资源的利用上、还是从环境与生态安全上，都有重要的意义。

　　作者综合能源、化工、煤炭焦化、液化、气化、碳一化工和石油化工等多个领域的技术成果，勾勒了中国现代煤化工的轮廓，从煤炭焦化的技术升级出发，从焦炉煤气的加工利用把煤炭焦化的产业链延伸到碳一化工领域，从焦油的加工利用把煤炭焦化的产业链延伸到煤液化和精细化学品生产领域，利用过剩的焦炭产量和低阶煤低温焦化生产的兰炭，通过 IGCC 发电和碳一化工多联产的耦合，把煤炭焦化的产品链延伸到发电及碳一化工领域，从能量流利用与四废资源化利用上进一步提升煤化工生产的清洁度，旨在从能量流和物质流的链条上充分利用煤炭，用较少的资源、能源、环境和资金投入，来获得较大的经济、环境和社会效益。

参考文献

[1]　《2017 年中国能源行业形势分析与 2018 年展望》之煤炭篇 [EB/OL]. 中国煤炭新闻网. http://www.cwestc.com, 2018–02–26/2018004–19.

[2]　2017 年 1–12 月焦炭产量数据分析：产量为 43142.6 万吨 [EB/OL]. 中华商情网. http:// www.askci.com，2018–01–23/2018–04–19.

[3]　申明新. 中国炼焦煤的资源与利用 [M]. 北京：化学工业出版社, 2007:23 –27.

[4]　黄文辉，杨起，唐修义，等. 中国炼焦煤资源分布特点与深部资源潜力分析 [J]. 中国煤炭地质, 2012, 22(5):1–6.

[5]　王胜春，张德祥，陆鑫，等. 中国炼焦煤资源与焦炭质量的现状与展望 [J]. 煤炭转化, 2011, 34(7):92 –96.

[6]　毛节华，许惠龙. 中国煤炭资源分布现状和远景预测 [J]. 煤田地质与勘探, 1999, 27(3):1–4.

[7]　2011 年焦炭新增产能规模更大. 21 世纪经济报道. (2011–07–13)[2013–04 –05]. http:/ /finance. eastmoney. com.

[8] 蔡丽娟，孙延辉，闫辉．现代煤化工行业发展趋势及其应对策略的分析 [J]. 现代化工，2012, 32(8): 5–8.

[9] 罗进成，门长贵，贺根良，等．基于焦化工艺的焦炭 – 甲醇 – 清洁燃料油联产系统初探 [J]. 现代化工，2010, 30(12): 69–72.

[10] 丁明洁，陈思顺，陈新华等．中国焦化工业问题分析及对策研究 [J]. 现代化工，2013, 33(8): 13–17.

[11] 郑文华，刘洪春，周科．中国焦化工业现状及发展 [J]. 钢铁，2004, 39(3): 67–73

[12] 中国煤炭经济研究院．转方式调结构，激发产业活力 [J]. 中国煤炭报,2014–2–17, 第 2006 版．

[13] 《2017 年中国能源行业形势分析与 2018 年展望》之煤炭篇 [EB/OL]. 中国煤炭新闻网 . http://www.cwestc.com, 2018–02–26/2018004–19

[14] 2017 年 1–12 月焦炭产量数据分析：产量为 43142.6 万吨 [EB/OL]. 中华商情网 . http://www.askci.com，2018–01–23/2018–04–19

[15] 丁明洁，陈思顺，陈新华等．中国焦化工业问题分析及对策研究 [J]. 现代化工，2013, 33(8): 13–17.

[16] 李雪梅，李长峰，赵军．我国新型煤化工项目选择风险分析 [J]. 化工进展，201130(增刊): 393–396.

[17] 李红星．国内新型煤化工发展现状和前景分析 [J]. 现代化工，2014, 34(8): 3–5, 7.

[18] 王维兴．2017 年上半年中钢协会员单位能源利用评述 [J]. 世界金属导报，2017–09–26：第 B13 版

[19] 杜长林．焦化工序能耗分析 [J]. 冶金能源，1983, 2(1): 9–10, 16.

[20] 张欣欣，张安强，冯妍卉，刘健，张长青，于振东．焦炉能耗分析与余热利用技术 [J]. 2012, 47(8): 1–4, 12.

[21] 张秋强，谭豫章，董兴宏．我国干熄焦技术的回顾与现状分析 [J]. 燃料与化工，2012, 41(5): 4 .

[22] 韩培．焦炉荒煤气显热的余热利用 [J]. 中国高新技术企业，2015(19): 103–105.

[23] 于春令，杨国华．利用焦炉烟道气废热对煤进行气力分级与调湿一体化机组及应用 [J]. 环境工程，2009, 27(1): 97–99.

[24] 熊江君，唐春，廖在明，龙素安．焦炉烟道气余热利用的不足与改进 [J]. 燃料与化工，2013, 44(4): 36–37.

[25] 武荣成，许光文．焦化过程煤调湿技术发展与应用 [J]. 化工进展，2012, 31(51): 149–153.

[26] 金珂，冯妍卉，张欣欣，林蔚，张长青，杨俊峰，马小波 . 耦合燃烧室的焦炉炭化室内热过程的数值分析 [J]. 化工学报，2012, 63(3): 788–795.

[27] 王伟，吴敏，雷琪，曹卫华 . 炼焦生产过程质量产量能耗的集成优化控制 [J]. 化工学报，2008, 59(7): 1449–1454.

[28] 张春桃，刘帮禹，王海蓉，吴晓琴 . 焦化甲醇下游衍生品研发进展 [J]. 现代化工，2014, 34(2): 54–58.

[29] 易群，吴彦丽，范洋，胡长淳，褚琦，冯杰，李文英 . 焦炉煤气 – 甲醇产业链延伸技术方案的经济分析 [J]. 化工学报，2014, 65(3): 1003–1010.

[30] 张晓静 . 中低温煤焦油加氢技术 [J]. 煤炭学报，2011, 36(5): 840 – 844.

[31] 姚春雷，全辉，张忠清 . 中、低温煤焦油加氢生产清洁燃料油技术 [J]. 化工进展，2013, 32(3): 501 – 507.

[32] Kan Tao, Sun Xiaoyan, Wang Hongyan, et al. Production of Gasoline and Diesel from Coal Tar via Its Catalytic Hydrogenation in Serial Fixed Beds[J]. Energy Fuels, 2012, 26(6): 3604 – 3611.

[33] Kusy J, Andel L, Safarova M, et al. Hydrogenation Process of the Tar Obtained from the Pyrolisis of Brown Coal[J]. Fuel, 2012, 101(1): 38 – 44.

[34] 许建文，王继元，堵文斌，陈韶辉，杨爱武 . 煤直接液化技术进展 [J]. 化工进展，2012, 31(增刊): 119–123.

[35] 李涛 . 碳一化工的技术、产品现状及其发展方向 [J]. 化工进展，2012, 31(增刊): 124–128.

[36] 王静康，龚俊波，鲍颖 .21 世纪中国绿色化学与化工发展的思考 [J]. 化工学报，2004, 55(12): 1944–1949.

[37] 徐志强，涂亚楠，孙南翔等 . 利用焦化废水制备水煤浆的试验研究 [J]. 中国煤炭，2013, 39(6): 105–109, 121

[38] 王彦彪，郭晓静，周国江 . 利用焦化废水制备煤泥水煤浆 [J]. 山东科技大学学报自然科学版 [J].2011, 30(4): 80–85.

[39] 唐锐 . 焦化粉尘中多环芳烃赋存规律的研究 [D]. 河北理工大学，2009.

[40] 尤文茹 . 焦化厂粉尘和烟尘治理实践 [J]. 河北冶金，2013（4）：74–75.

[41] 吴宗旺 . 重钢集团焦化生产系统改进研究及应用 [D]. 重庆大学，2008.

[42] 谢和平，谢凌志，王昱飞，朱家骅等 . 全球二氧化碳减排不应是 CCS, 应是 CCU. 四川大学学报 (工程科学版), 2012, 44(4): 1–4.

[43] 杨文书，吕建宁，叶鑫，丁干红 . 煤化工二氧化碳减排与化学利用研究进展 [J]. 化工进展，2009, 28(10): 1728–1733.

[44] 毛玉如，张晓晓，沈鹏，孙启宏．焦化行业 CDM 节能减排实证研究 [C]．第十届中国科协年会第 18 分会二氧化碳减排和绿色化利用与发展研讨会论文集，2008.

[45] 郑岚，陈开勋．超临界 CO_2 技术的应用和发展新动向 [J]．石油化工，2012, 41(5): 501–508.

[46] 杨烽，王睿．温室气体 CO_2 资源化催化转化研究进展 [J]．煤炭学报，2013, 38(6): 1060–1071.

[47] 秦玉升，顾林，王献红．二氧化碳基脂肪族聚碳酸酯的功能化研究进展 [J]．高分子学报，2013(5): 600–608.

[48] 易龙生，王浩，王鑫，彭杰．粉煤灰建材资源化的研究进展 [J]．硅酸盐通报，2012, 31(1): 88–91.

[49] 马壮，陶莹，羊娟，李智超．粉煤灰复合材料研究进展 [J]．硅酸盐通报，2014, 33(4): 826–830.

[50] 胡勤海，张辉，白光辉，徐鹏，王占修，朱建航．高铝粉煤灰精细化利用的研究进展 [J]．化工进展，2011, 30(7): 1613–1617.

[51] 李来时，翟玉春，秦晋国，吴艳，刘瑛瑛．以粉煤灰为原料制备高纯氧化铝 [J]．化工学报，2006, 57(9): 2189–2193.

[52] 李艳红，赵文波，夏举佩，刘庆新等．煤焦油分离与精制的研究进展 [J]．石油化工，2014, 43(7): 848–854.

[53] 水恒福，张德祥，张超群．煤焦油分离与精制 [M]．北京：化学工业出版社，2007.

[54] 周建石，魏贤勇，李鹏，丛兴顺，窦有权，宗志敏．煤焦油的分离和优质煤沥青的制备，河北师范大学学报 (自然科学版)，2011, 35(5): 493–497, 514.

[55] 许斌，李铁虎．高性能炭材料生产用煤沥青的研究 [J]．武汉科技大学学报自然科学版，2005, 28(2): 15–161.

[56] 金红光，王宝群，刘泽龙，郑丹星．化工与动力广义总能系统的前景 [J]．化工学报，2001, 52(7): 565–570.

[57] 李召召，代正华，林慧丽，龚欣，王辅臣．IGCC– 甲醇多联产系统节能分析 [J]．中国机电工程学报，2012, 32(20): 1–7.

第3章 煤焦油蒽油馏分分离溶剂体系及工艺优化的研究

炼焦是煤炭转化的重要技术之一，要副产大量的煤焦油。近年来我国焦炭产量一直在4亿吨以上，2017年全国焦炭产量达到4.3亿吨，由此粗略估算的高温煤焦油资源量应在1600万吨左右，如加上煤气化焦油和中低温干馏焦油，数量还要可观[1]。

Ⅰ蒽油（Anthracene Oil）是煤焦油蒸馏时切取的280–360℃的馏分，产率约为煤焦油的16–22%，密度约为1.05–1.13g/cm³。蒽、菲、咔唑都是煤焦油中的重要组分，在煤焦油中的含量分别为蒽1%–1.8%；菲4.5%–5%；咔唑0.5%–1.8%[1-2]。在煤焦油初馏时，以上组分主要富集在Ⅰ蒽油中。在Ⅰ蒽油中，一般含蒽4%–7%，菲10%–15%，咔唑5%–8%[4]。此外还含有荧蒽、芘、芴等组分。

蒽和咔唑是染料、颜料、医药、农药和导光导电特种材料的重要原料。它们都是合成精细化学品的重要中间体。目前，全世界90%的蒽来自焦化副产品粗蒽，咔唑则100%来自煤焦油[5]。随着精细化工的发展及有机合成技术的进步，对蒽和咔唑的需求日益增加，菲的用途也在不断开发。

目前国内精蒽、精咔唑生产厂家很少，主要采用硫酸法、溶剂法、溶剂–精馏法、化学分离法、区域熔融法分离。这些工艺都不同程度地存在着工艺流程长、能耗高、收率低、加工成本高等问题[6]。因此，提高煤焦油蒽馏分的分离精制水平，优化现有的粗蒽加工工艺以充分回收利用煤焦油中宝贵的蒽、菲、咔唑资源，具有重要的经济价值和现实意义。

3.1 蒽油馏分利用技术现状

3.1.1 蒽、菲、咔唑的理化性质及用途

1.蒽、菲、咔唑的理化性质

（1）蒽的理化性质

蒽 (anthracene)，分子式为 $C_{14}H_{10}$，分子量 178.22，结构式：⬡。蒽是片状或针状单斜晶体，无色无味。固态和液态时都有明显的紫外光，不纯时呈黄绿色，无荧光。蒽在水中几乎不溶，27℃时仅溶解 0.0075g/L 水中。蒽在真空中易升华。

（2）菲的理化性质

菲 (phenanthrene) 分子式 $C_{14}H_{10}$，分子量 178.22，结构式为⬡。菲最初的制备是将甲苯通过赤热的管道生成。1872 年由 E.Ostermayer 和 R.Fittig 发现菲和蒽、咔唑一起存在于煤焦油的蒽油中。菲在煤焦油中的含量约为 5%，仅次于煤焦油中萘含量，是煤焦油中的第二位多量组分。菲为无色片状结晶，不溶于水，溶于乙醚、苯、氯仿、丙酮、二硫化碳、四氯化碳，尚溶于乙醇、甲醇、醋酸、石油醚。在大多数情况下，较其伴生物蒽与咔唑易溶。固体的菲带有荧光，易升华呈小叶状，菲和蒽及咔唑能生成混合结晶。

（3）咔唑的理化性质

咔唑 (carbazale)，又名二苯并吡咯，9- 氮杂芴，分子式 $C_{12}H_9N$，分子量 167.20。咔唑为白色片状有特殊气味的晶体。能升华。易溶于丙酮，微溶于苯、醚、醇，难溶于氯仿、醋酸、四氯化碳及二硫化碳。溶于二氧化硫液体中或浓硫酸中呈黄色，而纯净的咔唑则生成无色溶液；浓硫酸溶液中有氧化剂 (HNO_3, 卤素 ,CrO_3) 时，呈蓝色；有芳醛、呋喃或葡萄糖时，呈红蓝紫色。

蒽、菲与咔唑的主要物化性质见表 3-1。

表3-1　蒽、菲与咔唑的主要物化性质

化合物	分子式	分子量	结构式	沸点／℃	熔点／℃	升华温度／℃
蒽	$C_{14}H_{10}$	178.22		340.7	218.0	150–180
菲	$C_{14}H_{10}$	178.22		340.2	374.0	90–120
咔唑	$C_{12}H_9N$	167.20		354.76	244.8	200–240

2. 蒽、菲、咔唑的用途

（1）蒽的应用 [4,7]

蒽的最主要的用途是经过氧化得到蒽醌 ($C_{14}H_8O_2$)。蒽醌经过磺化、氯化、硝化可得蒽醌系酸性染料、媒染染料、还原染料等广泛的染料中间体，蒽醌还可用于造纸行业做蒸煮助剂及脱硫剂 ADA 的原料。国内引进的较先进的蒽醌工艺装置，由鞍山焦耐院设计已在上海宝钢投产运转。

除氧化制蒽醌外，还作为高分子合成单体、润滑剂、乳化剂和耐高温树脂合成工业的原料等。此外，蒽的一些新的应用领域仍在继续扩大。

蒽用作合成氢化镁的催化剂　氢作为 21 世纪的新能源其重要性不言而喻。金属氢化物是储氢的重要手段，如氢化镁 (MgH_2) 的含氢量 150g/L，在 250℃ – 300℃时释放出氢。研究发现，蒽和镁的加成物是合成氢化镁的优良催化剂。

此外，蒽和镁的加成物还可用于制备有机合成用的过渡金属催化剂及蒽的衍生物。

蒽醌用于木材分解　木材分解的目的是将纤维素与木质素分开，以生产纤维素。1971 年发现蒽醌通过氧化还原反应可加速木质素的破坏过程，具有促进木材分解的作用，从而为蒽醌开辟了一个很有前途的新应用领域。

研究发现添加 0.1% 蒽醌可加速脱木质素的反应，提高纤维素收率，从而提高设备处理能力。还可减少 Na_2S 的添加量，降低排污量。此法在日本、美国、加拿大、北欧用得较多，值得推广。

（2）咔唑的应用 [4,8]

咔唑 ($C_{12}H_9N$) 也是重要的染料和颜料中间体，可合成海昌蓝、复写纸用染料等。尤其精咔唑是生产称为紫色染料之王的永固紫 RL 的基础原料。此外，咔唑还可作为合成树脂、贵金属矿石浮选剂、减水剂、润滑油和导热油的稳定剂、表面活性剂、荧光增塑剂等的原料。21 世纪，咔唑在导光导电特种高科技材料（以咔唑为基料合成的 N– 乙炔咔唑具有导光性；N– 甲基咔唑与苯甲醛的缩聚物、3，6– 二溴咔唑与咔唑的缩聚产物聚咔唑具有导电性）及生物活性物质（杀虫剂的稳定剂、植物生长素、消炎药、治疗心脏病等药物）的应用将更加引人注目。

N– 乙基咔唑：以 N– 乙基咔唑为主的 N– 烷基咔唑是咔唑深加工的主要中间体。传统工艺是咔唑 KOH 在 240℃反应生成咔唑钾，然后与氯乙烷或溴乙烷在 1MPa 以上压力下反应 8h，所得产物纯度不高。采用相转移催化剂 (PhaseTransferCatalyst，简称 PTC) 使这一合成工艺取得突破性进展，反应在常压、略高于室温、2–3h 即可完成，产物纯度也有所提高。常用的 PTC 为三乙基苄基氯化铵。

N– 乙烯基咔唑：咔唑和乙炔在 150℃ –250℃、压力 2.5MPa 下反应，或在 350℃和苛性碱存在下反应，可得 N– 乙烯基咔唑。咔唑和环氧乙烷反应并脱水也可得上述产物。N-乙烯基咔唑可进一步加工成聚 N-乙烯咔唑，用于生产诸如光导纤维之类特种高分子材料和电子工业用材料。

（3）菲的应用 [3,4]

精菲和试剂菲的制取在溶剂法制取精蒽中，经溶剂油洗涤粗蒽得到的菲渣中含 50% 左右的菲。用精馏塔减压精馏，切取 333–343℃（常压下沸点）的馏分，可得含菲 75–80% 的工业菲。工业菲再用 75% 硫酸处理除去咔唑和二苯并噻吩，然后以碱溶液和水洗至中性，最后冷却结晶即可得纯度 90% 的精菲。

精菲中的主要杂质为蒽，欲进一步精制，可用升华法处理，还可利用顺丁烯二酸酐与蒽可形成加成物的特性，对精菲用顺丁烯二酸酐处理，再用碱洗除去多余的顺丁烯二酸酐，然后用酒精重结晶，则可得纯度 98% 的试剂菲。

菲具有广泛用途：菲可作为合成染料、液晶、医药和表面活性剂的化工原料，菲也可制成抗光的纤维素涂料、纸张胶料及聚苯乙烯绝缘材料的增塑剂；菲也可作炸药的稳定剂及化学试剂有机中间体。在染料工业中，用菲制取 2-氨基菲醌；塑料工业中，用菲作耐高温的聚酰亚胺树脂的主要中间体；医药上，用菲可合成生物碱；菲经氧化制得的菲醌，则用于生产高效、低毒合成农药；近年来又开发出用菲生产树脂眼镜片。

由于制法困难，过去国内多数企业停留在制取粗菲的水平上，仅用作制炭黑或作为一般燃料，部分粗菲被用作混凝土添加剂，效益低下。因此，关注附加值高的菲的下游产品的研究、开发、生产，对国内焦化企业的煤焦油加工十分重要。

1）菲氧化制菲醌：有空气催化氧化、重铬酸钾和硫酸电解氧化等工艺。菲醌具有抑菌作用，可作为农药，对谷子、玉米的黑穗病及棉花、甜菜的苗期病等有一定作用；还可用作染料。

2）菲氧化制联苯二甲酸：用菲氧化制联苯二甲酸 (DPA) 是菲利用的一条重要途径。DPA 是用途十分广泛的化工产品，可制造聚酯树脂和聚酰胺树脂，性能优于相应的脂肪酸树脂；DPA 可作为合成聚酯纤维和聚酰胺纤维的单体；DPA 还可生产增塑剂。DPA 的单酯或双酯都具有增塑性，尤其是 DPA 的二正丁酯、二己酯、二苄酯等都是良好的增塑剂，可应用在聚氯乙烯塑料和聚苯乙烯塑料中，性能优于邻苯二甲酸酯类；DPA 二烷酯，尤其是氟化醇的酯，具有很高的热稳定性且没有腐蚀性，可用来合成高温润滑剂和高沸点溶剂；可用来制备牢度和脆化温度等指标优良的胶粘剂；许多 DPA 的单酯钠盐、单酰胺钠盐，以及某些双酯化合物可作为杀虫剂和除锈剂；由 DPA 出发，可合成消炎药、抗炎镇痛药、抗麻痹症药、局部麻醉药及抗痉挛药物。

由于 DPA 的广泛用途，引起了对用菲氧化制取 DPA 技术路线的重视，各国相继开展了大量的研究工作。综述各种文献，制备 DPA 的方法主要有高锰酸钾法、过氧乙酸法、臭氧法、次氯酸钠法和液相催化氧化法。在以上方法中，过氧乙酸法和臭氧法在 90 年代初都已有中试结果，离工业化已为期不远。日本新研究成功的液相氧化法有一定吸引力，其技术核心是该公司发明的一种可获得高转化率、高选择性和高纯度产品的催化剂。进一步研究、改进、完善菲的氧化法是一项很有价值的研究课题。

3）菲催化加氢：菲具有较好的加氢性能，经催化加氢可得 9，10- 二氢菲、八氢菲和全氢菲。9，10- 二氢菲为供氢溶剂，八氢菲可异构化为八氢蒽，氧化即得均苯四甲酸酐。9，10- 二氢 -9- 菲甲酸是一种植物生长激素。

3.1.2　蒽油加工分离现状

1. 传统分离工艺

（1）溶剂洗涤结晶法

根据蒽、菲、咔唑在不同溶剂中溶解度差异，从粗蒽中分别或同时除去菲和咔唑，可得纯度大于 90% 或大于 95% 的精蒽。蒸出溶剂后，得到的菲渣和咔唑渣可进一步精制成菲和咔唑。

① 溶剂的选择

在用溶剂法处理粗蒽时，溶剂的选择显得非常重要。目前应用较广的溶剂有：a. 含氮的吡啶、吡咯、胺类；b. 含氧的酮、醛、酸、酯类；c. 含硫或磷的砜、磷酸酯类。一般来讲，苯类溶剂对菲、芴具有较好的溶解性，为除去菲，多用 200 号石油溶剂油和重苯溶剂油，最好是粗苯低温加氢溶剂油 (165-190℃)；咔唑属于芳香杂环化合物，分子内含有 N 原子，具有一定极性，根据相似相溶原理，对咔唑具有良好溶解性的溶剂首推吡咯、吡啶或含 N 的胺类；其次是能够使分子内的极性与含 N 原子的咔唑极性相近的含氧、硫、磷原子的化合物如酮、醇、醛、酯、砜及磷酸酯类。新日铁化学公司的安井博等人在芳香烃杂志上发表的 "用再结晶法从蒽油馏分中分离精制蒽" 一文介绍了 24 种溶剂的性能和对蒽、咔唑的选择比，有一定的参考价值。表 3-2 列出了一些参考文献报道过的溶剂对粗蒽的精制纯度结果 [5,9]。

表3-2　溶剂种类与粗蒽精制纯度／%

溶剂	纯度／	溶剂	纯度／
N-N 二甲基乙酰胺	98.8	N- 甲基吡咯烷酮	95
丙酮	90	磷酸酯	83.2
苯乙酮（吕特格公司采用）	96	二甲基亚砜 + 甲苯	95

溶剂	纯度 /	溶剂	纯度 /
N– 甲基 –2– 己内酰胺	92	E– 己内酰胺 + 二甲基亚砜	97
白节油 +N,N– 二酰基二甲胺（乌克兰煤化工研究院）	99（收率 87%–90%）	丁醇（波兰布利亚霍夫纳化学公司）	95(收率 70%–80%)

②北京焦化厂新溶剂在生产中的应用[9-10]

我国溶剂法蒽精制工艺一般先以苯类溶剂除去菲、芴等杂质，然后再用醛类或醇类溶剂除去咔唑，得到纯度 90% 以上的精蒽。北京焦化厂精蒽生产一直采用糠醛 – 重芳烃（重质苯）作溶剂，存在诸多问题。北京焦化厂研究所研究开发了单一非质子型溶剂二甲基甲酰胺 (DMF)，可得纯度大于 90% 精蒽，且收率高于原工艺 20% 以上的工艺，并于 1997 年 4 月投入生产应用。用单一的 DMF 作为溶剂所得的精蒽纯度虽较高，但蒽的收率却只有 50% 左右。考虑到蒽纯度 90% 就可满足蒽醌原料要求，为进一步增加蒽的收率，充分利用蒽资源，引入了第二种溶剂 A，并通过试验取得了溶剂 A 最佳加入量为 5% 左右，不超过 10%。

在中试研究成果基础上，1997 年 4 月到 1998 年 5 月，在现生产装置上进行了 DMF 溶剂提取精蒽的生产试验，验证了小试及中试结果，溶剂消耗由 1.00t/t 下降到 0.40t/t，生产周期由原工艺三洗降为二洗，操作温度降低了 25℃，取得一定效益。

（2）精馏法

精馏法包括共沸蒸馏和萃取蒸馏。共沸精馏是通过加入一种挥发性添加物与液体混合物中的一种或几种组分生成新的恒沸点混合物而从精馏塔顶蒸出，另一组分则从塔底取出。萃取精馏可分离恒沸点混合物或组分挥发相近的混合物。

华东冶金学院与马钢焦化厂合作，采用轻苯为萃取剂，乙二醇为共沸剂，进行从粗蒽中提取精蒽和咔唑的研究，蒽和菲与乙二醇等溶剂形成共沸混合物，而咔唑不能留在蒸馏残液中。所得的精蒽纯度达到 94%。

李建等[11]以含菲 15%–20% 的脱晶蒽油为原料，利用减压间歇蒸馏法得到含菲 70–80% 的馏份，将此馏份和作为添加剂的顺丁烯二酸酐、乙醇在反应釜中反应后，在结晶器中重结晶、抽滤，可得到含菲 95% 以上的精菲，再用溶剂进行一次洗涤抽滤可得含菲 98% 以上的精菲。

（3）结晶与精馏联合法

目前，国外较先进的蒽油分离技术有结晶—蒸馏法和蒸馏—溶剂法。

捷克某焦化厂从法国引进了蒽精制技术，以蒽油为原料，采用苯加氢精制中副产的溶剂油对蒽油洗涤结晶，使菲溶于溶剂油而蒽和咔唑则富集在结晶中。含菲溶剂油蒸馏再生后，溶剂油返回萃取结晶系统，残留物为粗菲，可进一步精制。结晶部分先送闪蒸塔除去溶剂，然后在减压精馏塔中精馏，该塔共 80 块塔板，从下往上数在第 67 块塔板上抽出含量 95% 的精蒽，塔底则排出咔唑馏份。波兰研制的方法是：粗蒽先从溶剂中重结晶提取菲，然后用化学方法分开蒽和咔唑。美国的方法是先用化学方法提取咔唑，然后用重结晶法从溶剂中分开蒽和菲。

宝钢引进 "Praobd" 技术，即以 I 蒽油为原料，先加入溶剂进行分步结晶（简称溶剂结晶法）、再进行减压蒸馏，获得精蒽（含蒽达 95% 以上）与精咔唑（纯度为 90% 以上）。

杨建民[12] 介绍了法国 BEFS 公司采用蒽油一步结晶法和减压蒸馏技术联合分离蒽和咔唑，是世界上最先进的蒽精制工艺之一。该方法可不制取粗蒽，直接制取精蒽，简化了生产过程；同时综合利用了蒽、菲、咔唑、萘、脱晶蒽油等产品，可有效降低成本，改善劳动条件，减少环境污染。整个工艺过程没有废水、废渣排出，废气经焚烧炉后，NO、SO_2 含量远低于国家标准；能量的综合利用合理，能耗低。蒽的收率 > 70%，咔唑的收率 > 60%，产品收率高。

（4）溶剂 – 蒸馏联合法

朱富斌等[13] 提出了一种新的初馏 – 溶剂 – 精馏法工艺生产精蒽和精咔唑，具有工艺流程简单、处理能力大、设备要求不高、投资较少、产品回收率高、生产灵活的特点。该工艺选择具有选择性好的溶剂油，只需一次洗涤、结晶和离心分离，即得一次脱菲半粗蒽（蒽、咔唑的含量为 90% 左右）。与溶剂法的 4 – 5 次洗涤相比，其溶剂耗量大幅度下降，回收率有很大的提高。

刘爱花等[14] 以粗蒽为原料，非极性溶剂作溶剂经过溶剂萃取，去除菲及少量的药品，然后共沸蒸馏得到精蒽。主要步骤是根据它们在各种溶剂中溶解度的不同，用苯洗涤粗蒽除去其中的菲，滤饼加入共沸剂（DEG）共沸蒸馏得到精蒽。该方法工艺流程主要包括溶剂洗涤、常压共沸蒸馏两个阶段，工艺流程简单、分离效率高、成本低、溶剂可循环使用，产物纯度达到 98.01%，收率达到 58.6%。产品的颜色纯正，对环境污染小。

2. 新的分离方法

（1）区域熔融法[5,15]

该方法的原理是：熔融的液体混合物冷却时，结晶出来的固体物不同于原液体混合物的组成，一般地固体物纯度稍高。使晶体反复熔化和析出，晶体纯度不断提高，相当于精馏过程。波兰先以二甲基亚砜将粗蒽进行四次结晶，使咔唑含量降到 0.005% 以下并脱除芘，然后采用 150 个流股进行区域熔融结晶，将其他杂质含量降到 0.005% 以下可得分析纯蒽。科学家运用数学方法计算了区域熔融法精制粗蒽过程中通过加热区的最佳相数，进而根据精制程度和主要组分与杂质的熔点差讨论了杂质含量与通过加热区域流股数的关系。

谢秋生[16]报道了用联苯作载体，区域熔融从多环芳烃分离蒽、菲和咔唑的研究情况。该法使用的 Shibayamass2950 高速区域（分级）精制机，可用于任何一种区域熔融过程。分离效果取决于样品混合的均匀程度和原料的纯度等因素。现代结晶工艺具有能耗低、收率高、污染小和操作方便等优点，蒽、菲和咔唑的熔点相差较大，区域熔融分步结晶法是一个待工程化的粗蒽加工方向。

（2）乳化液膜法[17]

乳化液膜分离技术 (Liquid Emulsion Membranes) 是由美国埃克森研究与工程公司的技术人员于 1968 年首先发明的。将两个互不相溶的液相制成乳状液，然后将其分散到第三相中就形成了乳化液膜体系（包括内部相、液膜相、外部相）。由于乳化液膜是一个高分散体系，因而能提供很大的传质比表面积。待分离的物质通过膜相在内部相和外部相之间进行传输，在传质过程结束后，将内外相分离开并采取适当方法对乳化液进行破乳以回收膜相，并对内外相进行适当处理，以回收被浓缩的物质和溶剂。液膜分离过程最大特点是萃取和反萃取同时进行，一步完成。

近年来国内太原理工大学也在进行乳化液膜法精制粗蒽的研究：通过调制由粗蒽、水、糠醛、表面活性剂和助剂等组成的乳化液膜体系，实现蒽与菲和咔唑的选择性分离[2]。先以溶剂结晶法从粗蒽中将绝大多数的菲提取出来。经蒸馏获得精菲；再利用液膜分离法中蒽与咔唑具有较高分离系数的特点获得精蒽，最后采用化学和电破乳的方法从乳状液中回收咔唑和其他有用成分。

（3）溶剂萃取—恒沸蒸馏—升华法[2]

华东冶金学院与马钢焦化厂合作，采用"溶剂萃取—恒沸蒸馏—升华"方法，进行了以粗蒽为原料，从中提取精蒽和精咔唑的研究。整个过程分为溶剂洗涤、常压恒沸蒸馏提取精蒽、升华法提取咔唑、蒽和咔唑的精制四个阶段。所得精蒽纯度达 94%，精咔唑纯度 91%。

① 溶剂洗涤：用溶剂萃取粗蒽的目的是去除粗蒽中的菲、芴和油类杂质，以富集蒽和咔唑组分。经过选择性试验，最后选择了焦化轻苯作为萃取溶剂，并进行了溶剂用量、洗涤次数（洗涤次数增加虽可提高杂质去除率，但蒽的洗涤损失也相应增加，因此存在一个最佳洗涤次数）、洗涤温度及其他条件的确定。

② 恒沸蒸馏提取精蒽：选择一缩二乙二醇为恒沸剂，为防止蒽和咔唑高温下缩合成焦，炉膛温度控制在 380℃以下。确定了恒沸剂用量及投料比，优选了最佳工艺生产参数。

③ 升华提取粗咔唑：为防止咔唑升华蒸汽遇冷结晶而堆积在釜内和堵塞管线，

应注意整个装置的良好保温。为顺利引出升华的咔唑，建议选用真空抽吸。通过试验确定了加热炉温度、升华釜温度、升华时间、升华室吸力等操作参数。

④ 精制过程：将恒沸蒸馏所得含蒽 90.4% 的精蒽用 90~95℃ 热水洗涤，以除去蒽结晶表面的恒沸剂进行蒽的精制，可得含蒽 93.7% 的产品精蒽。粗咔唑精制过程是为了除去灰褐色咔唑结晶中的少量恒沸剂和油性杂质。精制过程包括热水洗涤和二甲苯重结晶两个阶段。其中二甲苯重结晶的目的是除去结晶夹带的蒽和菲等杂质。

该方法工艺流程简单、操作方便、对设备要求不高；产品纯度可根据用户要求调整，并能取得较高的蒽和咔唑提取率；利用焦化厂自产轻苯作溶剂，价廉易得。

（4）反应 – 水解法

柳来检[18] 提出将咔唑与氢氧化钾在有机溶剂中反应生产咔唑钾，利用咔唑钾和蒽在有机溶剂中溶解度差异极大的特点，来实现蒽与咔唑的分离，采用二甲苯为溶剂、KOH 溶液作反应物，用反应 – 水解法可以从蒽、咔唑馏份中得到纯度为 97% 的咔唑，收率为 80.4%，比单纯的溶剂法和蒸馏法更有效，使分离工艺简单化，并降低了能耗和生产成本。

张永华等[19] 选用氯苯为溶剂，在不同的温度下用 50% 的氢氧化钾、90% 的硫酸和活性白土处理工业菲，然后冷却、结晶，获得了纯度 98.4~99.2% 的菲，收率 83% 以上。此法可用于菲的工业化提纯的规模生产，溶剂可以通过蒸馏回收，母液可以循环使用。

（5）压力晶析法

压力晶析法是使用机械能进行分离操作，因此节能效果较好。而且在晶析时压榨和固液分离同时进行，所以一次操作就可得到较高纯度的产品。从煤焦油制成蒽饼的过程考虑，首先通过蒸馏法分离出蒽油，然后采用冷却晶析法结晶出蒽饼，主要成分是沸点接近的蒽、菲、咔唑。这 3 种物质对溶剂的溶解度有很大的差别，因此可根据这些化合物对各种溶剂的特性，选择适当的溶剂，可经一次操作就能生成高纯度结晶产品。

日本神户制钢所开发成功的压力晶析法分离新技术，根据大部分化合物加压熔点上升的原理，采用加压的方法，使结晶形成、长大而达到分离的目的。

（6）超临界萃取法

超临界流体萃取是近年来兴起的一种新型分离技术。就是利用临界温度及临界压力附近具有特殊性能的气体溶剂在接近或超过临界点的低温高压条件下具有高密度时，对有效成分进行萃取，然后采取恒压升温或恒温降压的方法，将溶剂和所萃取到的有效成分加以分离的一种分离方法，它兼有蒸发和溶液萃取两个作用。常用的超临界流体有丙烷、丙烯和氨等。

Sako T 等[20]在 35℃/14MPa 压力下，使用超临界液体 CO_2 或 C_2H_4 溶解工业菲，在 55℃结晶出纯净菲。Zoran Markovic 等[21]以 CO_2 为溶剂，考察了在超临界条件下温度、压力对抽出物产率和抽提量的影响。结果表明，在 20MPa、125℃的条件下，可以得到接近 50% 的最大抽出率，当压力增加、抽提时间延长之后，产率还能进一步提高。

（7）解离萃取法

解离萃取的提出和应用可追溯到 1924 年 Warnes 对酚类混合物的分离，目前逐渐开始在煤焦油分离中应用。解离萃取是分离有机酸或有机碱的一种特殊技术，它主要是依据待分离物质在水相的解离平衡常数及分配系数的差异而达到分离目的。对于采用传统的方法难以分离的体系，如近沸点有机混合物、同分异构体等，解离萃取常常能获得较好的分离效果。

3.1.3 几种常用的蒽油分离工艺评述[2,4,22]

工业上分离精制蒽、菲和咔唑主要有三种方法：溶剂洗涤结晶法、精馏－溶剂法、溶剂精馏法。

1. 溶剂洗涤法

该法以粗蒽为原料进行加工，主要工艺过程：使用第 1 类溶剂（苯类）从粗蒽中分离菲、芴等杂质，富集蒽、咔唑并完成第一母液再生循环；使用第 2 类溶剂（吡啶类）用于萃取提出咔唑。经两种溶剂萃取后的萃余相即为精制的蒽，再经离心干燥得含蒽 90% 以上精蒽固体产品；2 号溶剂萃取的咔唑产品，主要杂质为菲等，进一步用第 1 类溶剂洗涤数次，精制后的咔唑产品经离心干燥可得含咔唑 90% 以上固体产品。

该法存在缺点：① 在萃取菲时，带出一定量的蒽和咔唑，降低蒽和咔唑的产率；② 该法是以增加洗涤次数来提高产品质量的，工艺流程长；③ 传统的粗蒽洗涤精制法基本上是基于蒽、菲、咔唑彼此分离的设想，对其他杂质的排除并未做更多的考虑；④ 工艺过程中使用大量的低挥发性溶剂，存在环境污染问题；⑤ 整个生产过程为间歇操作，自动化程度提高受客观条件限制较大。中国由于生产规模小，一直沿用溶剂法生产精蒽和咔唑，优化溶剂体系，寻找高效低毒的溶剂体系，优化现有溶剂体系，简化工艺，是这种方法的出路。

2. 溶剂－精馏法

该法是法国 BEFS 公司的技术，以 I 蒽油为原料直接进行加工。分为结晶（间歇操作）和蒸馏（连续操作）两大部分。结晶部分为多段结晶，一段结晶采用多级进料（每一级进料的操作均可使 I 蒽油中的有效组分蒽和咔唑最大限度地富集在结晶箱内）。结晶物再通过溶剂油进行洗涤，可得到基本上为蒽和咔唑的混合物；此物料在精馏塔中负压连续蒸馏，蒽（96% 以上）和咔唑（98%）馏分均从侧线采出，经结片机连续结片得最终固体产品。

捷克斯洛伐克乌尔斯工厂是一家煤焦油集中加工的专业性工厂，煤焦油加工能力45 万吨 / 年，其中蒽、咔唑精制装置即采用该技术，萃取剂采用苯加氢溶剂油。精蒽生产能力 2400 吨 / 年，收率可达 60%。国内鞍山焦耐院也设计了该工艺装置并在上海宝钢投产运转，经生产考核，结晶工艺设备方面仍需调整。

该工艺关键步骤是结晶，实现这一步骤的核心设备是结晶箱。BEFS 公司具有特殊结构的列管式结晶箱，极大地强化了传热效率，可充分保证产品质量，目的产物的收率也较高；与以粗蒽为原料的溶剂法相比，从工序上少一道程序，简化了工艺流程；连续蒸馏分离蒽和咔唑产品的工艺路线，有利于自动化程度的提高，是一种处理量大，技术和经济指标比较先进的工艺。这种方法的主要缺点是，能耗高，精馏塔板数要达到 82 块之多，蒽菲咔唑都是易升华的化合物，沸点又较高，对塔的设计和运行条件要求较为苛刻。

3. 精馏溶剂法

该工艺主要包括蒸馏系统和溶剂洗涤结晶系统。蒸馏系统：粗蒽加热熔化并升温至 150℃，进入精馏塔（采用泡罩塔）中部，精馏塔直径 2.4m，78 层。菲在塔顶切取，含蒽 55%–60% 的半精蒽从 52 层（从下往上数塔板数）处切取。粗咔唑（55%–60%）从第 3 层塔板上抽出。溶剂洗涤结晶系统：半精蒽和加热到 120℃的苯乙酮以1 ∶ 1.5–10（质量）加入洗涤器，加热至 120℃并维持一段时间，然后送卧式结晶机冷却结晶。最后经离心分离和真空烘干，即得 96% 的精蒽。

德国吕特格公司用减压精馏 – 苯乙酮洗涤结晶工艺，年产精蒽 8000t，是当前世界上最大精蒽生产装置。

此工艺采用连续真空蒸馏，处理量大，同时可得菲、蒽和咔唑的富集馏分。溶剂苯乙酮对咔唑和菲的选择性溶解性能好，所以只需洗涤结晶一次，就可得纯度 95% 以上的精蒽，是一条具有特色的工艺。若溶剂苯乙酮来源充足，价格适中，可以考虑。

溶剂法由于采用的是间歇式生产，自动化程度受到很大限制，故推广前景较小，研究价值具有一定的局限性。而单纯的精馏法只能将咔唑从蒽、菲中分离出来。并且由于蒽、菲、咔唑的沸点相差程度有限，比较经济的方法是采用减压精馏。所以比较有价值的思路，即使将减压精馏与溶剂法结合起来。

其中精馏法适宜大规模连续生产，且污染小，自动化程度较高，应得到更多重视。但在我国，溶剂法的比重仍然很大，并且在精馏与溶剂法相结合的领域还没有进行过深入的讨论与探索。这种方法的主要缺点是，能耗高，蒽菲咔唑都是易升华的化合物，沸点又较高，对塔的设计和运行条件要求较为苛刻。

3.1.4 高速逆流色谱（HSCCC）概况

高速逆流色谱（High Speed Countercurrent Chromatography ,HSCCC）是国际上于 20 世纪 80 年代以来在液 – 液分配色谱基础上发展起来的新型分离结束，高速逆流色谱利用螺旋柱在高速行星运动时产生的巨大离心力，是螺旋柱中互不相溶的两相不断混合，同时保留其中的一相作为固定相，并将一相作为流动相用恒流泵连续输入，随流动相进入螺旋柱的溶质在两相间反复分配，按在流动相中的分配系数大小而依次得到分离[23-25]。

高速逆流色谱作为一种新型的分离技术，与传统液 – 固色谱相比具有许多优点。

① 避免了样品在分离过程中的不可逆吸附、分解等可能的样品变性问题。

② 滞留在柱中的样品可以通过多种洗脱方式予以完全回收。

③ 粗样可以直接上样而不会对柱子造成任何伤害。

④ 柱子可以用合适的溶剂（如甲醇）很容易地清洗，用空气或氮气干燥，然后注入新的溶剂后构成新的柱体，可重复使用。

⑤ 通过改变溶剂体系，实现对不同极性物质的分离。

⑥ 被分离组分在柱中的保留时间或保留体积，可以通过其分配系数进行预测。

⑦ HSCCC 的制备量可以比 HPLC 大，而且费用低，因为其不需要昂贵的色谱柱。

另外，HSCCC 在操作方面所表现出的灵活性和多功能性也是其他许多色谱方法不能比拟的。比如：

① 几乎任何不相溶的两相溶剂体系都可以使用，只是有的溶剂体系可能在一些特殊型号的 HSCCC 一起上可以取得更好的分离效果。通常在这些两相溶剂体系中有一相是水相，但是非水相两相体系如正庚（己）烷 – 乙腈（甲醇）体系对于分离脂溶性样品非常有用，而双水相体系如磷酸盐 – 聚乙二醇体系、葡聚糖 – 聚乙二醇体系则适合与蛋白质等亲水性样品的分离。但是后者只有在正交轴逆流色谱仪上才能获得比较好的分离效果。

② 洗脱方式灵活多样，可以以正向或反向进行洗脱，也就是说流动相可以是上相或下相、有机相或水相。甚至可以使两相溶剂同时逆向流动，实现真正的连续逆流色谱过程。还可以实现多种形式的梯度洗脱过程，如 pH 梯度、极性梯度等。此外，也可用气体或超临界流体作为流动相，实现特殊的分离过程。

③ 进样方式也比较灵活，样品可以溶解在任何一相溶剂或混合溶剂中进样。

此外，可以在液态固定相和流动相中添加合适的例子对试剂或手性选择试剂等，以实现一些异构体的分离和酸碱性物质的大量制备[26-28]。

当流动相恒速通过固定相时，在管柱内任何部位的两溶剂相都可以极高的频率经历着混合和沉淀分配的过程。在 800r/min 的转速下，混合和沉淀的频率可以达到 13 次 /s。这就决定了高速逆流色谱在流动相的高速流动条件下能够实现高校分配。利用高速逆流色谱的高效分离效果，对组分含量复杂的蒽油进行族组分富集，和进一步蒽、菲和咔唑的分离具有积极的意义。

3.1.5　研究内容

综上所述，蒽、菲、咔唑都是重要的化工原料和化工中间体，在煤焦油 I 蒽油中的含量分别约为 4%–7%，菲 10%–15%，咔唑 5%–8%；此外还含有荧蒽、芘、䓛等组分，也都是珍贵的精细化学品。蒽油分离制取蒽、菲和咔唑的方法主要有溶剂洗涤结晶法、溶剂－精馏法和精馏－溶剂法，国内蒽油加工厂家很少，主要仍然是溶剂洗涤结晶法，且主要以提取精蒽为目的。这些方法都以溶剂洗涤结晶法为基础，都不同程度地存在着溶剂用量大、工艺流程长、能耗高、收率低、加工成本高、污染较大等问题。新分离方法，如乳化液膜法、区域熔融法分离、各种化学分离法、溶剂萃取－恒沸蒸馏－升华法、反应－水解法、压力晶析法、超临界萃取法、解离萃取法等，都处初级研究阶段，距离工业化的推广应用还有大量的工作要作。因此，研究新的蒽油分离的高效溶剂体系，优化现有溶剂体系，优化和简化现有的加工工艺，提高蒽油馏分的分离精制水平，以充分回收利用煤焦油中宝贵的蒽、菲、咔唑等资源，具有重要的经济价值和现实意义。

色谱技术以其卓越的分离效率和分离能力，在化工、生物、医药、食品和环境等领域、特别是天然有分离的研究中广泛应用。但是，由于传统煤化工热加工模式的束缚，在焦油及蒽油的分离研究中很少应用。高速逆流色谱技术是近年来发展起来的一种具有应用潜力的新型色谱技术。它利用互不相溶的两相溶剂体系在高速旋转的螺旋管内建立起一种特殊的单向性流体动力学平衡，当其中一相作为固定相，另一相作为流动相；溶质混合物的不同组分，在随着流动相穿越固定相时，因与两的某种作用力的差异、而在两相中不断地分配和重新分配而得到分离。由于不需要固体支撑体，因而样品的制备量大大提高，且避免了因不可逆吸附而引起的样品损失、失活和变性等。相对于传统的固－液色谱技术，它具有适用范围广、操作灵活、高效、快速、制备量大、费用低等优点；但迄今为止，还没有善于高速逆流色谱用于蒽油分离研究的文献报导。

鉴于以上背景，本章借鉴现有蒽油分离的溶剂体系，大胆尝试新型溶剂，在充分论证和大量实验的基础上，以高速逆流色谱为基本实验方法，以气质联用为基本分析手段，研究和建立了一种新型高效的蒽油分离溶剂体系，优化和简化了工艺条件，并对分离结果用气质联用分析法进行的测定。主要研究内容如下：

1.基础溶剂的选择：借鉴现有蒽油分离的溶剂体系，大胆尝试新型溶剂，在实验基础上确定基础溶剂，用于蒽油分离溶剂体系研究。

2.用高速逆流色谱溶剂体系的理论和方法，使用基础溶剂进行复配，建立互不相溶的两相溶剂体系，用于逆流色谱实验。

3.通过逆流色谱法，在实验的基础上，对所建立的两相溶剂体系进行选择和优化，建立蒽油分离的高效溶剂体系。

4.用所建立的两相溶剂体系，进行蒽油分离的溶剂试验，优化工艺路线和工艺条件。

3.2 实验部分

3.2.1 实验仪器及设备

本章的研究主要以上海同田的 HSCCC-TBE-300B 型高速逆流色谱仪作为基本实验设备，以 Agilent7890A/5975C 型气质联用仪（GC/MSD）作为基本分析检测手段。主要实验仪器及设备如表 3-3 所列。

表3-3　主要实验仪器及设备

序号	名称	生产厂家	型号	用途
1	电子天平	瑞士梅特勒	BS124S	精确称量
2	高速逆流色谱仪	上海同田生物	HSCCC-TBE-300B	分离蒽油
3	气质联用仪	美国安捷仑	7890/5975C-GC/MSD	分析结果
4	旋转蒸发仪	上海亚荣系列化	RE-2000	样品制备，溶剂精制
5	超声波清洗器	江苏昆山超声	KQ3200DE	混合溶剂，清洗仪器
6	循环水式真空泵	河南智诚科技	SH-D（Ⅲ）	真空制样
7	高温减压玻璃精馏装置	河南智诚科技	定制	蒽油精馏

3.2.2 实验药品及试剂

本实验所用样品蒽油由河南某化工有限公司提供，所用粗蒽为某化工的蒽油在冬季贮存过程中，因结晶而形成的半固态混合物，再经过加热熔化和自然冷却结晶后，离心分离制得。本项目所用的主要药品和试剂如表 3-4 所列，均为市售分析纯，重蒸后使用。

表3-4　主要实验药品及试剂

序号	溶剂	沸点／℃	极性	密度	序号	溶剂	沸点／℃	极性	密度
1	正己烷	69	0.1	0.68	9	吡啶	115	5.3	0.98
2	正庚烷	98	0.2	0.68	10	乙醇	78	5.2	0.79
3	环己烷	81	0.1	0.77	11	丙酮	57	5.4	0.79
4	苯	80	0.6	0.88	12	丁醇	117	3.9	0.81
5	甲苯	111	2.3	0.86	13	乙腈	82	6.2	0.79
6	溶剂油	145–165	0.3		14	乙酸乙酯	77	4.3	0.90
7	环己酮	156	2.8	0.96	15	四氢呋喃	67	4.2	0.89
8	糠醛	161		1.16	16	DMF	153	6.4	1.43

3.2.3　实验操作条件

1. 基本溶剂的选择

溶剂洗涤结晶法的分离需要选择两类溶剂，第 I 类溶剂要能从蒽油或粗蒽中选择性地脱除菲，对菲有较大的溶解性而对蒽和咔唑的溶解性要尽可能低；第 II 类溶剂要能从蒽和咔唑混合物中溶解咔唑，而对蒽的溶解性要尽可能低。蒽、菲和咔唑都属于弱极性化合物，其中咔唑的极性比菲和蒽稍微大一点，蒽油的其他组分的极性也都较低，根据相似相溶的原则，我们要选择的基本溶剂也应有中或低极性溶剂中选取。同时，因为低沸点溶剂易挥发，造成污染，且增加溶剂成本，高沸点溶剂因溶剂回收时蒸馏而增加能耗成本，我们选择的溶剂还要有合适的沸点和挥发性。另外，蒽油分离中溶剂的用量大，价格低廉，要有充足的来源，毒性要尽可能地小。本着这些因素，我们对多种溶剂广泛筛选，来选择构成溶剂体系的基本溶剂。

2. 基本溶剂体系的选择方法

现有的蒽油分离溶剂体系，第 I 类和第 II 类溶剂多是互不相溶的两种溶剂。但纯的溶剂能同时充分满足蒽油分离要求得太少。但是溶剂混合后，它们的性质和作用可以发生改变如选择性和挥发性等，可以较好地达到蒽油组分分离的需要。因此，我们用所选的基本溶剂，在高速逆流色谱实验的基础上，建立高效的混合溶剂体系。

因为我们采用或者说是借用逆流色谱分离的固定相和流动相理论，来建立需溶剂体系，在些必须考虑逆流色谱溶剂体系的原则。

3. 逆流色谱的溶剂体系设计

（1）基本要求

影响逆流色谱分离效果的关键即为溶剂体系的选择，到目前为止溶剂系统的选择还没有充分的理论依据，而是根据实际积累的丰富经验来选择。

对用于 HSCCC 分离的溶剂体系，总的来说应该满足以下几方面的要求：

① 能够形成稳定的两相溶剂体系。

② 不造成样品的分离与变性。

③ 足够高的样品溶解度。

④ 样品在系统中有合适的分配系数值。

⑤ 固定相能实现足够高的保留。

通常来说，溶剂系统不应造成样品的分解或变性，样品中各组分在溶剂系统中有合适的分配系数，一般认为分配系数在 0.2–5 的范围内是较为合适的，并且各组分的分配系数值要有足够的差异，分离因子最好大于或等于 1.5；溶剂系统不会干扰样品的检测；固定相的保留率不低于 40%，以 40%–60% 之间为宜。溶剂系统的分层时间不超过 30 秒；上下两相的体积比合适，以免浪费溶剂；尽量采用挥发性溶剂，以方便后续处理尽量避免使用毒性大的溶剂。

根据溶剂系统的极性，可以分为弱极性、中等极性和强极性三类。经典的溶剂系统有正己烷 – 甲醇 – 水、正己烷 – 乙酸乙酯 – 甲醇 – 水、氯仿 – 甲醇 – 水和正丁醇 – 甲醇 – 水等。在实验中，应根据实际情况，总结分析并参照相关的专著及文献，从所需分离的物质的类别出发去寻找相似的分离实例，选择极性适合的溶剂系统，调节各种溶剂的相对比例，测定目标组分的分配系数，最终选择合适的溶剂系统。

一个稳定的两相溶剂体系是否适合于目标物质的分离，通常要看物质在该溶剂体系中的分配系数是否在一个合适的范围内。可以知道，分配系数 $K=C_S/C_M$ 或 C_U/C_L，其中 C_S 指溶质在固定相中的浓度，C_M 指溶质在流动相中的浓度，C_U 指溶质在上相中的浓度，C_L 指溶剂在下相中的浓度。一般而言，对 HSCCC 最合适的 K 值范围是 0.5 ~ 2。当 $C_S/C_M<0.5$ 时，出峰时间太快，峰之间分离度差；当 $C_S/C_M>2$ 时，出峰时间太长，且峰形变宽。而当 $0.5<C_S/C_M<2$，可以在合适的时间内，得到分离程度较好的峰形[29]。

（2）体系设计的步骤

① 综合考虑各种因素，确定无不相溶的两种溶剂，称为溶剂 1 和溶剂 3。

② 选择溶剂 3，其要能与溶剂 1 和 2 互溶，能够在 1 和 2 中分配，就像样品能够

在 1 和 3 中分配一样。溶剂 3 称为 "最佳溶剂" 或 "桥溶剂"。

③ 通过实验确定三种溶剂的配比，使三种溶剂混合后，形成稳定的、互不相溶的两相溶剂体系，即上相和下相，且两相的体积比要适宜。这即是三元溶剂体系。

④ 根据实验结果，如需要，选择加入第 4 种溶剂，构成四元溶剂体系。

⑤ 首选以各溶剂相等的体积比，来配制混合溶剂体系，如发生互溶剂可减少第 2 溶剂的量，根据实验结果，调整其他溶剂的体积。

4. 高速逆流色谱进行分离

本次实验采用 TBE-300B 高速逆流色谱对粗蒽油进行分离，所使用的紫外检测器为 TBD-2000 型。

实验条件：上相为固定相，泵入流量 25ml/min，下相为流动相，流量为 2ml/min。循环水浴温度度 25℃，主机转速 900rpm/min。紫外检测器吸收波长 254nm，设定时间 320min。平衡时保留率为 53.8%。

5. 气质分析

按照上述实验基本流程所示，需要对样品及分离后的物质进行气质分析。本次实验对样品以及分离后的物质的气质分析所采用的方法一致，实验如下：

GC/MS 分析用毛细管柱为 HP-5MS 型，分析器为四极杆质量分析器，温度为 150℃；离子源为 EI 源，电子轰击电压 70eV，离子源温度 230℃；氦气为载气，流量 1.0ml，分流比 20：1，进样口温度 300℃，质量扫描从 30 - 500amu，溶剂延迟时间为 2.5min。柱箱温度从 80℃开始，保持 5min，然后以 10℃/min 升温速度升温到 200℃，保持 5min，然后 5℃/min 的升温速度升温到 300℃，保持 10min，总运行时间为 52min。数据处理用仪器工作站软件，化合物的鉴定通过比较其质谱图与 NIST05 谱图库化合物质谱数据进行计算机检索对照，以确定化合物的结构；谱库难于确定的化合物则依据 GC 保留时间、主要离子峰及分子离子峰等与文献资料相对照确定化合物的结构。

3.3　溶剂体系优化及逆流色谱实验

3.3.1　溶剂体系的选择和优化

1. 基本溶剂的选择

（1）选择蒽油或粗蒽溶剂洗涤结晶法分离的溶剂体系的依据

① 选择性：需要选择两类溶剂，第 I 类溶剂要能从蒽油或粗蒽中选择性地脱除

菲，对菲有较大的溶解性而对蒽和咔唑的溶解性要尽可能低；第Ⅱ类溶剂要能从蒽和咔唑混合物中溶解咔唑，而对蒽的溶解性要尽可能低。

② 蒽、菲和咔唑都属于弱极性化合物，其中咔唑的极性比菲和蒽稍微大一点，蒽油的其他组分的极性也都较低，根据相似相溶的原则，我们要选择的基本溶剂也应有中或低极性溶剂中选取。

③ 因为低沸点溶剂易挥发，造成污染，且增加溶剂成本，高沸点溶剂因溶剂回收时蒸馏而增加能耗成本，我们选择的溶剂还要有合适的沸点和挥发性。

④ 蒽油分离中溶剂的用量大，价格低廉，要有充足的来源，毒性要尽可能地小。

⑤ 用于逆流色谱分离时，所选的第Ⅰ和Ⅱ两类溶剂要有一定的密度差，有利于形成上相和下相。

本着这些因素，我们对多种溶剂广泛筛选，来选择构成溶剂体系的基本溶剂。

（2）第Ⅰ类基本溶剂

从溶解度的选择性入手，符合条件的第Ⅰ类溶剂有正己烷、环己烷、正庚烷、汽油、苯、甲苯、氯仿、乙醚、乙醇、溶剂油等，如表3-5所列。其中蒽、菲和咔唑在正己烷、环己烷、正庚烷中的溶解度数据可参考汽油。这些溶剂当中，正己烷、汽油和乙醚沸点太低，予以剔除。氯仿因为毒性太大，也不予考虑。其余的还有环己烷、正庚烷、苯、甲苯和溶剂油。以菲在溶剂中的溶解度对蒽或咔唑的溶解度的比值来表示第Ⅰ类溶剂的选择性，如表3-6所列。

从表3-5和3-5可以看出，饱和烃类溶剂在在低温下对的总体选择性要优于高温条件下的选择性，在室温范围内都有较好的选择性。芳烃类溶剂在室温条件下也能有较好的选择性，甲苯和溶剂油在低温下对的总体选择性也较好。第一轮溶剂洗涤应在较低的温度下进行，第三轮洗涤宜在较高的温度下进行，但总体上这两轮洗涤在室温范围内都会有较好的选择性。芳烃类溶剂的毒性比烷烃类大。

表3-5　第Ⅰ类基本溶剂–蒽、菲和咔唑在第Ⅰ类基本溶剂的溶解度／g/100 ml[31-32]

溶剂	不同温度时蒽的溶解度					不同温度时菲的溶解度				不同温度时咔唑的溶解度				
	15.5℃	30℃	50℃	80℃	100℃	15.5℃	30℃	50℃	80℃	15.5℃	30℃	50℃	80℃	100℃
苯	1.04	2.1	3.75	8.35/75℃		16.7	40.1			0.72	1.01	5.05		
甲苯	0.53	1.90	3.10	7.88	12.2	13.8	29.1			0.42	0.78	1.60	2.9	4.76
溶剂油(净化的, 145 165℃)	0.46	1.42	2.90	6.58	10.10	12.5	22.42	31.8	84.8	0.48	0.78	1.37	3.0	3.72

续　表

溶剂	不同温度时蒽的溶解度					不同温度时菲的溶解度				不同温度时咔唑的溶解度				
	15.5℃	30℃	50℃	80℃	100℃	15.5℃	30℃	50℃	80℃	15.5℃	30℃	50℃	80℃	100℃
溶剂油（未净化，152 – 179℃）	0.50	1.71	3.25	7.20	8.82	15.3	31.8	74.2	243	0.54	0.94	1.70	3.84	7.0
氯仿	0.83	1.64	7.10			18.7	29.2					0.60	1.08	
汽油	0.12	0.37	0.76			4.53	6.0			0.11	0.12	0.16		
乙醚	0.70	1.03				8.93	15.2			2.54	2.90			
乙醇				0.45	1.2	4.3	5.8	9.6						

表3–6　第Ⅰ类基本溶剂 – 蒽、菲和咔唑在第Ⅰ类基本溶剂的溶解度／g/100 ml

溶剂	沸点/℃	密度/g/ml	S_{PH}／S_{AN}				S_{PH}／S_{CAR}			
			15.5℃	30℃	50℃	80℃	15.5℃	30℃	50℃	80℃
苯	80	0.88	16	19			23	16		
甲苯	111	0.86	26	15			32	37		
溶剂油（净化的）	145 – 165		27	15	11	12	26	28	23	28
汽油		0.75	37	17	0		41	56		
环己烷	81	0.68								
正庚烷	98	0.77								
乙醇			21.33(S_{PH},50℃／S_{AN},80℃)							

综合分析多种因素，选择正庚烷、环己烷和甲苯作为基本的第Ⅰ类基本溶剂。

（3）第Ⅱ类基本溶剂

从溶解度的选择性入手，结合溶剂的极性、文献中的有关报导，初选的基本的第Ⅱ类溶剂有吡啶、丙酮、乙醇、正丁醇、糠醛、N– 甲基吡咯烷酮、二甲基甲酰胺（DMF）、环己酮、乙酸乙酯、四氢呋喃、乙腈等，如表 3–7 所列。其余的溶剂，正丁醇、乙腈的数据可参考乙醇的，环己酮的数据可参考糠醛的，乙酸乙酯的数据可参考丙酮的数据。以咔唑在溶剂中的溶解度对蒽的溶解度的比值来表示第Ⅱ类溶剂的选择性，如表 3–8 所列。

这些溶剂中，N-甲基吡咯烷酮粘度较大而溶剂回收困难，四氢呋喃沸点太低，予以剔除；丙酮虽然沸点低，但是在国内蒽油加工中已有成功地应用。

糠醛虽然在国内的蒽油加工中有应用，但从已有的数据看，糠醛的选择性不高，也予以剔除。

从表3-5至3-8可以看出，饱和烃类溶剂在在低温下对的总体选择性要优于高温条件下的选择性，在室温范围内都有较好的选择性。芳烃类溶剂在室温条件下也能有较好的选择性，甲苯和溶剂油在低温下对的总体选择性也较好。第一轮溶剂洗涤应在较低的温度下进行，第三轮洗涤宜在较高的温度下进行，但总体上这两轮洗涤在室温范围内都会有较好的选择性。芳烃类溶剂的毒性比烷烃类大。

综合分析多种因素，选择正庚烷、环己烷和甲苯作为基本的第类溶剂。

已有的生产经验，吡啶和二甲基甲酰胺（DMF）在低温下对咔唑的选择性溶解较好，但沸点较高，而价格较高。丙酮沸点较低，但选择性也较好，且已有成功应用的先例，本研究也列为第Ⅱ类基本溶剂。根据溶剂的极性和结构特点，本项目的研究中又选择了丁醇、乙腈、环己酮和乙酸乙酯。

本研究中初点选择的基本的第Ⅱ类基本溶剂有：吡啶、DMF、丙酮、丁醇、乙腈、环己酮和乙酸乙酯。

（4）桥溶剂的选择

在用逆流色谱法来建立和优化蒽油分离的溶剂体系时，溶剂1从第Ⅰ类基本溶剂中选择，溶剂2从第Ⅱ类基本溶剂中选择。

桥溶剂，也称最佳溶剂，用于改善第Ⅰ、Ⅱ两类溶剂的性质，包括选择性、挥发性、毒性等。桥溶剂既要能在两种溶剂中有一定的溶解度，又要保持溶剂1和溶剂2在分离过中的选择性。可以选择一种桥溶剂与溶剂1和溶剂2构成三元溶剂体系，也可选择两种桥溶剂与溶剂1和溶剂2构成四元溶剂体系。

本研究选择的桥溶剂为：甲苯、乙醇、乙酸乙酯和乙腈。这四种溶剂在我们所选择的第Ⅰ、Ⅱ类溶剂中都能有一定的溶剂度，而极性中等。

2.溶剂体系的设计和优化

（1）综合以上研究，溶剂选择如下：

溶剂1：正庚烷

溶剂2：吡啶，乙腈，DMF，环己酮

溶剂3：甲苯

溶剂4：丁醇，乙酸乙酯，乙醇

（2）初步确定的溶剂体系有：

体系1：正庚烷-甲苯-（丁醇）-乙腈

体系 2：正庚烷 – 甲苯 –（乙酸乙酯）– 吡啶

体系 3：正庚烷 – 甲苯 –（乙酸乙酯）– DMF

体系 4：正庚烷 – 甲苯 –（丁醇）– 环己酮

表3-7　第Ⅱ类基本溶剂 – 蒽、菲和咔唑在第Ⅱ类基本溶剂中的溶解度／g/100 ml[31-32]

溶剂	不同温度时蒽的溶解度					不同温度时菲的溶解度				不同温度时咔唑的溶解度				
	15.5℃	30℃	50℃	80℃	100℃	15.5℃	30℃	50℃	80℃	15.5℃	30℃	50℃	80℃	100℃
轻吡啶（125 150 ℃）	0.85	2.15	4.10	11.22	16.72	25.54	38.0	78.9	241.0	12.45	16.9	26.74	66.8	
丙酮	0.84	1.42	2.48			15.08	28.4			6.12	9.74	62.4		
乙醇				0.45	1.2	4.3	5.8	9.6						
糠醛		1.3（40℃）									5.7（40℃）			
N- 甲基吡咯烷酮		0.40									64.90			
DMF		2.90									38.5			

表3-8　第Ⅱ类基本溶剂 – 蒽、菲和咔唑在第Ⅱ类基本溶剂中的溶解度／g/100 ml

溶剂	沸点／℃	密度／g/ml	$S_{CAR}／S_{AN}$				$S_{CAR}／S_{PH}$			
			15.5℃	30℃	50℃	80℃	15.5℃	30℃	50℃	80℃
轻吡啶	125–150	0.98	14.64	7.86	6.52	5.96	0.49	0.44	0.33	0.28
丙酮	57	0.79	7.28	6.86	42.16		0.38	0.34		
乙醇	78	0.79					21.33($S_{PH,}$50℃／$S_{AN,}$80℃)			
糠醛	161	1.16	4.38（40℃）							
DMF	153	1.43	13.27							
丁醇	117	0.81								
乙腈	82	0.79								
乙酸乙酯	77	0.90								
环己酮	156	0.96								

3. 配比的确定

以体系 1 为例说明确定配比的方法：

乙腈的极性与正庚烷相差比较大，因此，正庚烷与乙腈很容易出现分层现象。甲苯处于中间极性，所以与正庚烷、乙腈均有一定互溶度，甲苯的比例不能很大，否则将导致溶液发生混溶现象，但为保证上下相配比合适，应保证最佳溶剂比例尽可能的大。

首选，选择的配比（体积比）为 1 : 1 : 1（正庚烷：甲苯：乙腈），少量配制溶剂，发生混溶现象，所以应降低甲苯的比例。

尝试以体积比 2 : 1 : 2（正庚烷：甲苯：乙腈）配制溶液，体系分相，但超声振荡后体系重新分相时间过长（>30 秒），所以说明此比例中甲苯的比例依然过高。体系中上下相的体积比基本为 1 : 1.5，说明正庚烷与乙腈比例为 1 : 1 左右是合适的。

根据上述分析，继续减小甲苯的比例，并保证正庚烷与乙腈比例为 1 : 1 左右，稍微改变正庚烷对乙腈的配比，调整上下相的体积比。到 4.5 : 1 : 4.5 的比例时，超声震荡所配溶剂，30 秒内分相。说明此配比合适。

在溶剂体系中加入丁醇，以正庚烷：甲苯：丁醇：乙腈的体积比 4.5 : 1 : 1 : 4.5 开始调制，最终选择的溶剂体系为正庚烷：甲苯：丁醇：乙腈，所采用的配比为 4.5 : 1 : 1 : 4.0（体积比），上下相的体系比为 1 : 1.5。

用同样的方法调制体系 2、3 和 4 的配比。

把少量样品溶解到以上调制好的溶剂体系中，确定是否有合适的分配系数，根据分配系数再修正体系的溶剂配比。

溶剂体系调制结果

体系 1：正庚烷 – 甲苯 –（丁醇）– 乙腈，配比 4.5 : 1 : 1 : 4.0；配好后，上相体积 400ml，下相体积 650ml，分配系数合适。

体系 2：正庚烷 – 甲苯 –（乙酸乙酯）– 吡啶，配比 4.7 : 1 : 1 : 4.3；配好后，上相体积 400ml，下相体积 600ml，分配系数合适。

体系 3：正庚烷 – 甲苯 –（乙酸乙酯）– DMF，配比 4.5 : 1 : 1 : 4.5；配好后，上相体积 420ml，下相体积 650ml，分配系数合适。

体系 4：正庚烷 – 甲苯 –（丁醇）– 环己酮，配比 4.5 : 1 : 1 : 4.5；配好后，上相体积 400ml，下相体积 600ml，分配系数合适。

3.3.2　逆流色谱试验结果

考虑到价格因素，本研究选用溶剂体系 1，采用 TBE-300B 高速逆流色谱仪对粗蒽油进行分离，配 TBD-2000 型紫外检测器，检测波长 254nm。上相为固定相，泵入流量 25ml/min，下相为流动相，流量为 2.5ml/min。循环水浴温度 25℃，主机转速

900r/min。设定时间 320min。平衡所用时间 52min，平衡时保留率为 53.8%。110min（扣除平平衡时间）后，调整流动相流量为 3.0ml/min。图 3-1 所示为高速逆流色谱图。

样品量为 0.8687g 蒽油，实验中共收集了四个馏分，各馏分取样适量，用气质联用仪分析组成。各馏分经旋转蒸发仪减压蒸馏蒸出溶剂后，放置在通风橱中干燥至恒重，称量。

馏分 1：时间区间 62 – 69min，收率 0.0194g；

馏分 2：时间区间 80 – 105min，收率 0.1391g；

馏分 3：时间区间 115 – 120min，收率 0.0225g；

馏分 4：时间区间 125 – 145min，收率 0.033g。

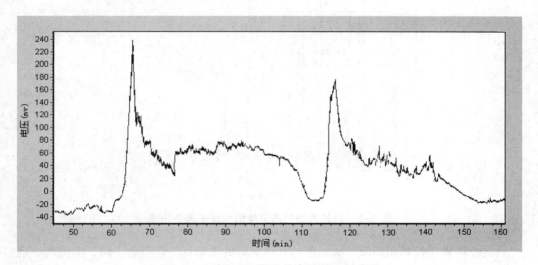

图3-1　某化工厂蒽油的高速逆流色谱图

3.3.3　实验结果的气质分析

1. 蒽油的 GC-MS 分析结果

如图 3-2 所示为原料蒽油的气质分析的总离子流色谱图。原料蒽油 GC-MS 分析显示，蒽油由 2-4 环的多环芳烃和含杂原子的多环芳香族化合物组成，其中以三环化合物组分种类最多，且含量也较多。所含的杂原子主要是氧和氮，氧原子多以酚羟基的形式存在，而氮原子主要存在于环上，也有少量的氧以胺基的形式存在。善于蒽油的详细组分组成不是本项目研究的重点，鉴于本报告的篇幅所限，在此不再赘述。

气质分析显示的蒽油中菲、蒽和咔唑的百分含量如表 3-9 所示。

表 3-9　某化工厂蒽油气质分析结果

保留时间	化合物	分子式	分子量	W%（归一法）
18.166 min	菲（Phenanthrene）	$C_{14}H_{10}$	178	8.441%
18.339 min	蒽（Anthracene）	$C_{14}H_{10}$	178	1.214%
18.822 min	咔唑（Carbazole）	$C_{12}H_9N$	167	1.229%

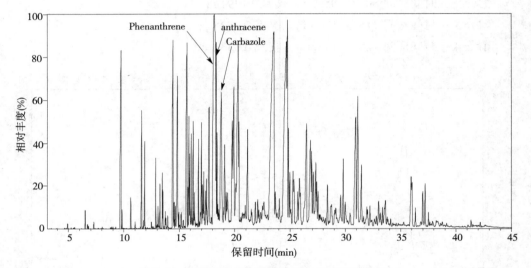

图 3-2　原料蒽油气质分析的总离子流色谱图

　　这一结果是按峰面积归一法处理的，与实际的质量百分含量会不同，但仍能一定程度地显示相对含量。这一结果显示的蒽、菲及咔唑的含量并不高，这可能是因为我们取样时是冬季，部分蒽、菲和咔唑结晶沉淀无法取出所致。但这并不影响我们通过逆流色谱法来优选溶剂体系。一般来说，在Ⅰ菲油中菲的含量会在 10% 左右，蒽的4%-5%，咔唑 4.5-5%。某化工的蒽油中三个目标化合物的含量都较低，推测原因可能是，我们在冬季取样，蒽油槽冬季在室外，温度很低而自然冷却，析出粗蒽，而我们实际取到的是脱晶蒽油。但这并不影响我们进行逆流色谱试验来选择、建立和优化溶剂体系。

2. 馏分 1 的气质分析

　　图 3-3 所示为馏分 1 气质分析的总离流色谱图，检测到的主要组分列于表 3-10 中。

　　结果显示，馏分 1 主要富集了蒽油中的咔唑和咔唑的同系物，咔唑的百分含量为达到 37%。检测到 5 种甲基咔唑的同分异构体，含量共 11.46%，如能有效脱烷基化，这些也可转化为咔唑，提高蒽油制取咔唑的产率。检测到含量很高的苯并咔唑。能够从含量咔唑 1.229% 的蒽油中，一次层析就富集到如此百分含量的咔唑，说明所设计和优化的溶剂体系对咔唑的分离有很高的效率。

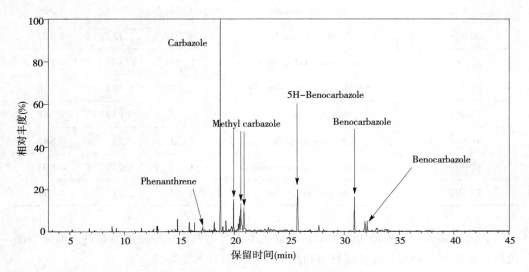

图 3-3　馏分 1 气质分析的总离子流色谱图

表3-10　馏分1的气质分析结果

保留时间（min）	化合物	分子式	分子量	含量（%）
11.527	Indole	C_8H_7N	117	1.425
14.596	Naphthalenol	$C_{10}H_8O$	144	1.107
15.890	Methyl naphthol	$C_{11}H_{10}O$	158	2.357
17.977	Phenanthrene	$C_{14}H_{10}$	178	1.481
18.161	Benzo[h]quinoline	$C_{13}H_9N$	179	1.551
18.744	Carbazole	$C_{12}H_9N$	167	37.944
18.955	5H-Indeno[1,2-b]pyridine	$C_{12}H_9N$	167	2.317
19.705	2-Hydroxyfluorene	$C_{13}H_{10}O$	182	1.372
19.924	Methyl-9H-carbazole	$C_{13}H_{11}N$	181	2.534
20.469	Methyl-9H-Carbazole	$C_{13}H_{11}N$	181	0.717
20.577	Methylcarbazole	$C_{13}H_{11}N$	181	2.183

保留时间（min）	化合物	分子式	分子量	含量（%）
20.632	Methylcarbazole	$C_{13}H_{11}N$	181	3.249
20.873	Methylcarbazole	$C_{13}H_{11}N$	181	2.777
22.768	2-phenyl-1H-Indole	$C_{14}H1_1N$	193	0.701
25.764	5H-Benzo[def]carbazole	$C_{14}H_9N$	191	9.940
30.961	Benzocarbazole	$C_{16}H_{11}N$	217	9.888
31.847	Benzocarbazole	$C_{16}H_{11}N$	217	0.848
31.900	11H-Indeno(1,2-b)quinoline	$C_{16}H_{11}N$	217	0.991
32.107	Benzocarbazole	$C_{16}H_{11}N$	217	4.030

在这一馏分中，蒽油中含量最高、也是本研究主要目标组分的菲在这一馏分中已流出，由此可以看出，菲在多种有机溶剂中都有较好的溶解性。

3.馏分2的气质分析

图3-4所示为馏分2气质分析的总离流色谱图，检测到的主要组分列于表3-11中。

表3-11　馏分2的气质分析结果

保留时间	化合物	分子式	分子量	含量（%）
14.763	Dibenzofuran	$C_{12}H_8O$	168	3.139
15.628	Fluorene	$C_{13}H_{10}$	166	6.301
18.053	Phenanthrene	$C_{14}H_{10}$	178	33.626
18.138	Anthracene	$C_{14}H_{10}$	178	1.611
23.214	Fluoranthene	$C_{16}H_{10}$	202	22.701
24.226	Pyrene	$C_{16}H_{10}$	202	6.341
25.066	Benzo[b]naphtho[2,3-d]furan	$C_{16}H_{10}O$	218	2.528
26.250	11H-Benzo[a]fluorene	$C_{17}H_{12}$	216	1.254
26.599	11H-Benzo[b]fluorene	$C_{17}H_{12}$	216	1.571
31.689	Benz[a] Phenanthrene	$C_{18}H_{12}$	228	5.341

续　表

保留时间	化合物	分子式	分子量	含量(%)
35.839	Benzo[k]fluoranthene	$C_{20}H_{12}$	252	2.759
35.905	Benzo[k]fluoranthene	$C_{20}H_{12}$	252	2.340

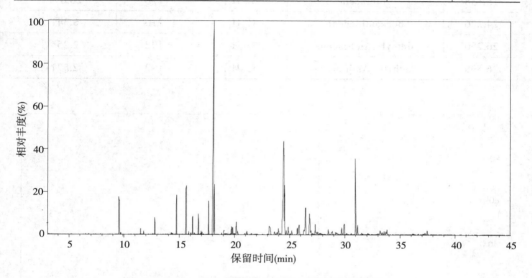

图 3-4　馏分 2 气质分析的总离子流色谱图

　　分析结果显示，菲已成为本组分的主要物质，馏分 2 是蒽油中菲富集的馏分，其中菲的含量达到了 33.626%。这一馏分还富集了荧蒽，含量达 26.7%，这出乎原先预料。其他含量较高的组分还有二苯并呋喃、芴、芘、苯并芴及苯并荧蒽的同分异构体以及苯并菲。多环芳烃的同分异构体很多，单用质谱方法无法准确确定基本结构。从这一结果看，该溶剂体系可用于分离蒽油中的菲和荧蒽，可用于富集芴。这一馏分中已经出现了蒽，它在实验所用原料蒽油中的含量为 1.214%，在本馏分中的含量为 1.611%，显然，大量的蒽还没有在这一馏分中富集到。

　　4. 馏分 3 的气质分析

　　图 3-5 所示为馏分 3 的气质分析的总离子流色谱图，检测到的主要组分如表 3-12 所列。

表3-12　馏分3的气质分析结果

保留时间	化合物	分子式	分子量	含量（ % ）
9.686	Naphthalene	$C_{10}H_8$	128	6.695

保留时间	化合物	分子式	分子量	含量（%）
14.763	Dibenzofuran	$C_{12}H_8O$	168	3.139
18.053	Phenanthrene	$C_{14}H_{10}$	178	3.626
18.138	Anthracene	$C_{14}H_{10}$	178	26.611
24.226	Benzanthracene	$C_{16}H_{10}$	216	6.341
26.250	Methyl- Anthracene	$C_{15}H_{12}$	192	2.254
26.599	Methyll- Anthracene	$C_{15}H_{12}$	192	2.571

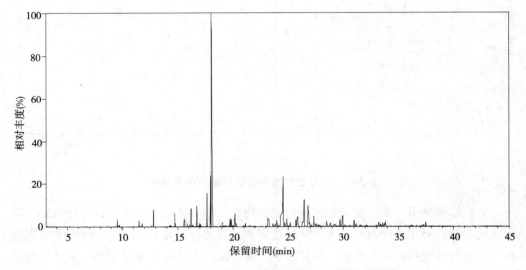

图 3-5　馏分 3 气质分析的总离子流色谱图

结果显示，馏分 3 是蒽富集的馏分，蒽的含量达 26.611%。馏分中的其他组分主要是含有蒽结构的多环芳烃。菲在这一馏分中仍有出现，含量 3.626%。菲在馏分 1、2 和 3 中都有出现，主要出富集在馏分 2 中。多环芳烃的同分异构体很多，单用质谱方法无法准确确定基本结构。菲馏出的时间区间如此宽，充分说明了在蒽、菲和咔唑三个组分中，菲在有机溶剂中的溶解性最好，在第一类溶剂和第二类溶剂中都有较好的或都一定的溶解性。

5. 馏分 4 的气质分析

图 3-6 所示为馏分 4 的气质分析的总离子流色谱图，检测到的主要组分如表 3-13 所列。

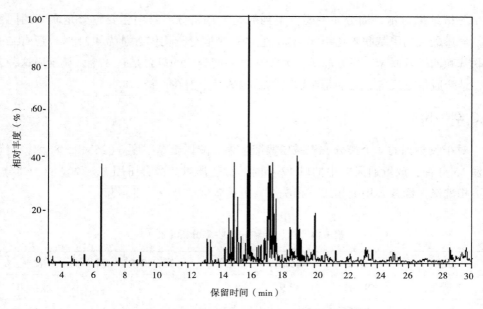

图 3-6　馏分 4 气质分析的总离子流色谱图

表3-13　馏分4的气质分析结果

时间	化合物	分子式	分子量	含量（%）
6.498	Indane	C_9H_{10}	118	4.436
14.926	trimethyl Naphthalene	$C_{13}H_{14}$	170	3.327
15.769	propenyl Naphthalene	$C_{13}H_{12}$	168	3.039
15.842	methyl Biphenyl	$C_{13}H_{12}$	168	10.023
15.925	methyl Biphenyl	$C_{13}H_{12}$	168	4.218
17.074	dimethyl Naphthofuran	$C_{14}H_{12}O$	196	3.485
17.135	Dimethylbiphenyl	$C_{14}H_{14}$	182	3.544
17.173	Dimethylbiphenyl	$C_{14}H_{14}$	182	3.737
17.246	dimethyl Biphenyl	$C_{14}H_{14}$	182	3.621
17.370	Dimethylbiphenyl	$C_{14}H_{14}$	182	4.401
17.427	dimethyl Naphthofuran	$C_{14}H_{12}O$	196	3.791
17.577	tetrahydro Anthracene	$C_{14}H_{14}$	182	3.265
18.937	tetramethyl Biphenyl	$C_{16}H_{18}$	210	5.708
19.054	tetramethyl Biphenyl	$C_{16}H_{18}$	210	2.225

分析结果显示，馏分 4 主要富集到的是二环组分。其中主要组分是联苯的同系物，含量最大的甲基联苯达 10.023%，它的一个同分异构体含量为 4.218%，还有二甲基联苯和四甲基联苯。甲基联苯同系物在这一馏分中的总含量达 37%，显示用这种方法，结合脱烷基反应，可能是制取联苯结构的一个潜在途径。

3.3.4 小结

对于收集到的 4 个馏分，先减压蒸馏浓缩，减压至真空度 0.025MP，85℃，旋转蒸发 15 分钟，放置通风橱中抽风 12 小时后称量质量。馏分 1 用上相洗洗涤，馏分 2 用下相洗涤，馏分 3 用上相或下相洗涤，可得较纯的咔唑、菲或蒽。

表3.14　蒽、菲和咔唑收率分析（%）

组分	蒽油	馏分 1	馏分 2	馏分 3	馏分 4	收率 /%
咔唑 /%	8.441	37.9				69.03
菲 /%	1.214		33.6			63.76
蒽 /%	1.229			26.6		57
荧蒽 /%				22.7		
甲基联苯 /%					10.0	

① 从分离效果上看，正庚烷 – 甲苯 – 丁醇 – 乙腈体系对于蒽、菲和咔唑的分离能力较好，还富集到了荧蒽和甲基联苯。

② 对比质谱图和逆流色谱图，我们可以大致划分出咔唑组分的收集区域为，第一个大峰与第二个大峰之间的峰谷，时间允许的情况下，我们可以清晰的得出起止时间和对应峰图形。对于蒽菲，也可以大致推断出富集区域的位置在第二个大峰之后的谷底。

③ 对于再次分离的指导意义。由于我们可以从咔唑组分，以及蒽菲组分的百分比报告中，清晰地看出组分中所含杂质的含量及种类，我们根据相应的关系，调整溶剂体系，来达到对于咔唑，以及蒽菲的良好分离效果。

④ 由于馏分的收集并不连续，在每一馏分前后都有未收集到的时间区间，可以肯定，咔唑的收率肯定是要高于 69.3%。但是从现有数据来看，菲的流出时间较长，需要调整溶剂体系比例，调高甲苯含量以提高对菲的分离能力。

根据以上分析，在实验的基础上，溶剂体系确定为：正庚烷：甲苯：丁醇：乙腈，配比 4.0 ∶ 1.5 ∶ 1 ∶ 4.5；配好后，上相体积 400ml，下相体积 650ml，分配系数合适。

3.4　粗蒽及蒽油分离的工艺路线设计及优化

在高速逆流色谱试验的基础上，对溶剂体系进一步进行优化，以上相为混合溶剂 I，下相为混合溶剂 II。分别对粗蒽和蒽油进行分离，在试验中完善溶剂体系和操作条件，优化工艺路线和工艺条件。

3.4.1　粗蒽分离工艺路线

1. 粗蒽分离的工艺路线图

粗蒽分离的工艺路线图如图 3-7 所示。

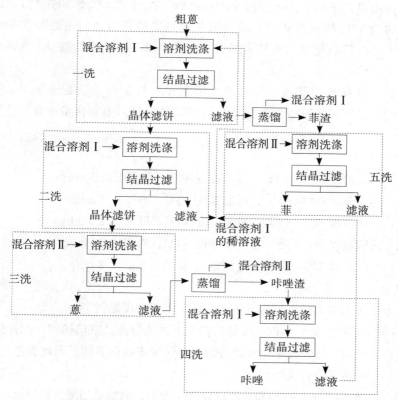

图 3-7　优化的蒽油分离工艺路线图

2. 工艺流程概述

一洗：粗蒽与混合溶剂 I 按一定比例，加入到带搅拌装置的一洗萃取釜中，用蒸汽间接加热到 90 – 95℃，保持 30min。然后送入结晶机中，缓慢降温至 30℃左右结晶后，离心机过滤，滤液蒸出溶剂即得菲渣（或称粗菲），滤饼的主要组分为蒽和咔唑。蒸出的溶剂循环利用。

二洗：一洗所得滤饼仍用混合溶剂 I 洗涤，即二洗，再进行一次洗涤结晶和离心过滤，条件和操作同一洗。滤液因含有菲、和少量的咔唑和蒽，且远不饱和，可加入一洗萃取釜中，或与溶剂 I 混合后，加入一洗萃取釜中，继续作为萃取溶剂。滤饼进入三洗釜。

三洗：二洗所得滤饼，与混合溶剂 II 按一定比例加入到三洗萃取釜中，搅拌萃取洗涤然后送入结晶机中冷却结晶，在离心过滤机中离心过滤，操作条件同一洗。滤饼为 93% 的精蒽。滤液减压蒸馏蒸出溶剂 II 后，得 80% 的咔唑。蒸出的溶剂循环利用。

四洗：用混合溶剂 I 洗涤三洗来的咔唑渣，加热萃取和冷却结晶过滤的操作同一洗，滤饼为 95% 的精咔唑。滤液为混和溶剂 I 的稀溶液，主要溶质是菲，不饱和，可加入一洗萃取釜中，或与溶剂 I 混合后，加入一洗萃取釜中，继续作为萃取溶剂。

五洗：一洗所得的菲渣或称粗菲，用混和溶剂 II 和 I 轮换洗涤，可得纯度在 90% 以上的菲，同时还可以把荧蒽富集到较高的含量。得到含量较高的荧蒽和其他组分。

3. 工艺条件

一洗：溶解温度 90 – 95℃，过滤温度 30℃，液固比 1.5 ml/g。

二洗：溶解温度 90 – 95℃，过滤温度 30℃，液固比 2 ml/g。

三洗：溶解温度 90 – 95℃，过滤温度 30℃，液固比 2.5 ml/g。

四洗：溶解温度 90 – 95℃，过滤温度 30℃，液固比 25 ml/g。

五洗：溶解温度 90 – 95℃，过滤温度 30℃，液固比 2 ml/g。

4. 特点

（1）本工艺的主要优点是溶剂体系优化，主要表现是：

① 溶剂体系粘度低，可以在较低的温度下过滤分离，室温操作，能耗低；同时，本溶剂体系在低温下对蒽油中主要组分的选择性优于高温下的，因此低温过滤减少了溶剂用量，且提高了分离效果。

② 在本溶剂体系下，一洗和二洗可以合并为洗，但要适当增大液固比，这样会降低蒽和咔唑的收率。分为两洗，一洗液固比小，以保证收率，二洗增大液固比，以提高蒽和咔唑的纯度。

③ 二洗滤液和四洗滤液因为远未达到饱和，如用蒸馏法回收溶剂，则浪费能量，本流程中让这两洗的滤液循环到一洗，与溶剂 I 混合继续作为洗涤溶剂。

④ 溶剂沸点适宜，挥发性低，毒性低，混和溶剂 I 的主要组分是正庚烷和甲苯，正庚烷降低了甲苯的蒸汽压和粘度，甲苯提高发正庚烷对目标组分的溶解选择性，其中少量的丁醇使它们的挥发性都大大降低；混合溶剂 II 主要组分是乙腈和丁醇，乙腈的 –C ≡ N 对咔唑有较好的作用，但乙腈易挥发，毒性大，正丁醇的 –OH 可与乙腈的 –C ≡ N 作用形成类氢键，降低乙腈的挥发性。

⑤ 溶剂体系价廉易得，低毒高效；工艺流程简化，参数得到优化，整体上的溶剂洗涤结晶工艺，易于积累经验，操作和管理简单，对菲的回收也予以考虑。

⑥ 整个系统操作温度比现有工艺简单，

（2）存在的问题

① 该工艺路线建立在实验室实验的基础上，工业化经验还有待实践。我们相信，借鉴溶剂法分离精蒽在工业上的应用经验，使用本项目研发的溶剂体系和工艺路线一定能够对现有的粗蒽加工水平有较大的促进。

② 该工艺对菲的分离研究较少，还须要进一步完善和简化。

3.4.2　蒽油分离工艺路线

1. 蒽油分离的工艺路线图

中煤国际工程集团重庆设计院研发的新工艺，首选要精馏法，在 79 – 88 kPa 的真空度下，把蒽、菲和咔唑富集到 275 – 305℃之间的窄馏分中，再用两遍溶剂洗涤结晶法脱除菲，用减压间歇精馏法生产精咔唑和精蒽[13]。这种工艺把 II 蒽油也纳入了蒽和咔唑的生产原料中，拓宽了原料来源，窄馏分的分离中溶剂法和精馏法相结合，缩短了工艺流程，适合大规模生产；从蒽油中减压精馏把蒽、菲和咔唑富集到窄馏分中，相对于冷却结晶制粗蒽方法，目标化合物的收率提高。但是精馏的缺点是设备投资高，制作难度高，蒽、菲和咔唑易升华，容易填塞巷管道，高能耗，且操作费用高。

在高速逆流色谱实验和粗蒽分离研究的基础上，我们利用优化的溶剂体系，进行了直接以蒽油为原料制蒽、咔唑和菲的工艺路线设计。本研究中借鉴它对蒽油的精馏处理，先用减压精馏法把蒽、菲和咔唑富集到沸点区间较窄的馏分中，得粗蒽，再用图 3-7 所示的工艺路线分离蒽、菲和咔唑。图 3-8 是蒽油分离的工艺路线图。

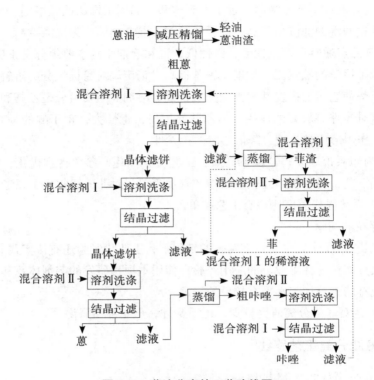

图 3-8　蒽油分离的工艺路线图

2.蒽油分离的工艺路线介绍

研究中所用的精馏塔为实验室小型的高温玻璃减压精馏装置，处理量 500ml/min，理论板数 40 块，塔釜电加热，塔身采用渡膜加热。粗蒽的分离溶剂体系、工艺条件及操作同前一节。

该工艺的特点是直接以蒽油为原料，充分富集其中的蒽、菲和咔唑等组分，结合优化的粗蒽分离溶剂体系和工艺条件，简化了工艺流程，提高了蒽油中蒽、菲和咔唑的收率。

须要说明的是，本项目选用混合溶剂代替现有生产中常用的单一溶剂，我们的所有实验结果都是在规定配比条件下得到。在溶剂回收循环利用过程中，因不同溶剂挥发性不同，回收的溶剂在组成上可能发生变化，偏离优化设计的溶剂体系的组成，因此对回收循环的溶剂，要定时分析其组成，并进行调整，以保证分离的效果。

3.5　问题及建议

1. 粗蒽及蒽油分离的工艺路线建立在实验室实验的基础上，工业化经验还有待实践。我们相信，借鉴溶剂法分离精蒽在工业上的应用经验，本项目研发的溶剂体系和工艺路线的推广使用一定能够对现有的粗蒽加工水平有较大的促进。

2. 粗蒽及蒽油分离的工艺对菲的分离研究较少，还须要进一步实验，取得经验。

参考文献

[1]　2017 年 1–12 月中国焦炭产量数据统计 [EB/OL]. 中商情报网 (2018–01–23)[2018–01–30] http://www.askci.com/news/chanye/20180123/162212116677.shtml

[2]　孟贺，薛永强，王志忠．蒽、菲、咔唑的分离提纯方法 [J]. 山西化工，2003, 23（4）: 4–7.

[3]　姚蒙正，李悦生．菲氧化制联苯二甲酸 [J]. 燃料与化工，1987, (6): 47 – 49.

[4]　高晋生．化工百科全书 [M]. 北京：化学工业出版社，1996: 448 – 451.

[5]　周霞萍，高晋生．粗蒽加工工艺的研究现状和进展 [J]. 煤炭转化，1995, 18 (3): 22 ~ 26.

[6]　Lamey S C.Using Co–Boiling Method to Separate theMixture of Methyl Naphthalene and Quinoline [J].Separation Science, 1974, 9(5): 391–400.

[7]　G Collin, 高晋生．煤焦油化工的新进展 [J]. 燃料与化工，1991, 22 (5): 259 – 265.

[8]　全国煤焦油深加工技术研讨会苑元，王曾辉，高晋生．咔唑的理化性质和加工利用 [J]. 燃料与化工 1997, 28 (04).

[9]　李松岳．精蒽提纯溶剂的选择和应用 [J]. 煤化工，1999, (4): 50 – 53.

[10]　安开博．用重结晶从蒽油中分离精制蒽 [J]. 芳香烃（日），1976, 28 (6): 25 – 27 .

[11]　李 建，张大戈，石 林，等．工业菲的制取方法 [P]. CN: 1 212 250A, 1999–03–31.

[12]　杨建民．精蒽生产技术进展 [J]. 煤化工，2004, 4(113): 13–15.

[13]　朱富斌，陈光明．从蒽油中提取精蒽和精咔唑的新工艺 [J]. 燃料与化工，2003, 34(6): 321–323.

[14]　刘爱花，薛永强，翟建望．从粗蒽中提取精蒽的研究 [J]. 太原理工大学学报，2007, 38(3): 233–235.

[15]　郭存悦，王志忠．粗蒽精制方法评述 [J] . 煤化工，1999, (1): 20 – 23 .

[16] 谢秋生.萃取法生产咔唑的研究 [J].燃料与化工,2003, 34(3): 153–154.

[17] 杰齐 · 波莱克泽克,齐格芒特利西科,特里萨特克扎,等.煤焦油衍生物蒽的分离和纯化方法 [P]. CN: 1 043 309 A, 1990–06–27.

[18] 柳来栓,许文林,刘有智.反应 – 水解法从粗蒽中提取高纯度咔唑 [J].化学工程师,2001, (6): 58–59.

[19] 张永华,杨锦宗.菲的提纯 [J].首都师范大学学报 (自然科学版), 2000, 21(3): 51–54.

[20] Sako T, Sato Sh, Sugata T, et al.Separation andpurification of polycyclic aromatic compounds by supercritical liquids[P]. JP: 03 287 550, 1991–03–12.

[21] Zoran M, Svetlana M, Johan P E, et al.Extraction ofCoal–tar Pitch by Supercritical Carbon DioxideDependence of Chemical Composition of the Extracts onTemperature, Pressure and Extraction Time [J]. S Afr JChem., 2000, 53(3): 2–14.

[22] 高克萱,孙 虹,叶 煌.煤焦油馏分加工提纯工艺评述[J].煤化工,2000,增刊: 1 – 4.

[23] Ito Y. High–speed countercurrent chromatography [J]. CRC Crit Rev a nal Chem , 1986.17: 65.

[24] 张天佑.逆流色谱技术 [M].北京 : 北京科学技术出版社 , 1993.

[25] 戴德舜,王义明,罗国安.高速逆流色谱研究进展 [J].分析化学 , 2001, 3: 31.

[26] Foucault A P, Chevolot L. Countercurrent chromatography: Instrumentation, solvent selection and some recent applications to natural product purification [J]. Chromatoga, 1998, 808: 3.

[27] Foucault A P Enantioseparations in counter–current chromatography and centrifugal partition chromatography [J]. Chromatog a , 2001, 906: 365.

[28] 曹学丽.高速逆流色谱分离技术及应用 [M].北京 : 化学工业出版社 , 2005: 52 – 53.

[29] Reichard C. Solvent and solvent effects in organic Chemistry. Weinheim: VCH, 1988.

[30] Oka H, Harada K–1, Ito Y, et al. Separation of antibiotics by counter–courrent chromatography [J]. Chromatogr A, 1998 812: 35.

[31] 赵振波,王志中.蒽和咔唑在有机溶剂中溶解度的研究 [J].煤炭转化, 2002, 25 (3): 92–94.

[32] 肖瑞华.煤焦油化工学 [M].北京 : 冶金工业出版社 , 2010, 7.

第4章 煤沥青氧化利用技术 基础研究

4.1 煤沥青利用技术现状

煤沥青是煤焦油蒸馏加工的残渣，其产率约为煤焦油的 55%，中国有着丰富的煤沥青资源。2017 年度我国焦炭产量 4.3 亿吨 [1]，焦油产量按焦炭的 4% 估算约有 1600 万吨，相应的煤沥青产量按焦油的 55% 估算约为 880 万吨。目前煤沥青的主要用途是生产炭素材料和粘结剂，煤沥青如经过净化和改质，其中部分可以转化为高附加值的浸渍剂沥青、中间相沥青、煤系针状焦和沥青基碳纤维，其余大部分为普通沥青和劣质沥青，除用作筑路沥青、建筑沥青、防水涂料外，目前还没有其他更好的利用途径。

由于我国沥青加工和改质技术还不成熟，我国焦油加工业生产的沥青主要是普通沥青和劣质沥青，研究有效的煤沥青利用新途径和相关工艺与技术，对我国焦油加工行业的健康发展意义重大。

4.1.1 煤沥青的性质、组成及种类 [2]

煤沥青中含有上万种有机化合物，其结构和组成复杂，主要为分子量在 170-2000 之间的多环及稠环芳香族混合物，目前可以鉴定出的仅有 500 余种，其中中性组分有苯、甲苯、二甲苯、萘、苊、蒽、芴和苯并 (a) 芘等，酸性组分有酚、甲酚和二甲酚等，碱性组分有吡啶、吲哚、喹啉和异喹啉等，还含有其他稠环和含氧、含硫等杂环化合物；在室温下为黑色脆性块固体，有光泽，无固定熔点，受热后软化继而融化，熔融时易燃，属二级易燃固物；沥青组分有不同程度的臭味，有升华性、毒性和致癌性。

使用甲苯和喹啉对煤沥青进行抽提实验，可将煤沥青分为喹啉不溶物（QI）、喹啉可溶甲苯不溶组分（TI–QS）和甲苯可溶组分（TS），依次称作 α、β 和 γ 树脂。其中 γ 树脂在煤沥青中起溶剂作用，能降低沥青体系的黏度，有效地改善混合条件；β 树脂主要是由芳烃大分子组成，结构复杂，在煤沥青中起黏结作用；沥青中适量的 α 树脂有利于提高炭制品的机械强度和导电性。

煤沥青按照软化点不同可以分为以下四种类型：

（1）低温沥青：软化点为 35℃–75℃的沥青称低温沥青，经过提质可用于建筑材料、筑路、防水材料等；

（2）中温沥青：软化点为 75℃–95℃的沥青称中温沥青，可用于炭素制品的粘结剂和浸渍剂；

（3）高温沥青：软化点为 95℃–120℃的沥青称为高温沥青，即硬沥青，可用于生产沥青焦、活性炭的原料；

（4）特高温沥青：软化点为 120–250℃的沥青。

普通煤沥青经过净化、改质和提质加工可转化为高附加值的优质沥青：

（1）改质沥青：普通煤沥青经过一系列提质改质加工，除了软化点与高温沥青相近外，对煤沥青结构组成和质量品级上也有较高的要求，用于生产特定炭材料的原料。

（2）净化沥青：对煤焦油或煤沥青进行净化处理，可制备低杂质含量精制净化沥青，净化沥青是生产煤沥青系针状焦的优质原料。

（3）浸渍剂沥青和中间相沥青：以净化沥青为原料可调制出高性能浸渍剂沥青和中间相沥青，浸渍剂沥青用于电极材料生产，中间相沥青是生产煤沥青基炭纤维等新型炭材料的优质原料。

4.1.2　煤沥青资源利用生产现状

1. 主要利用途径

目前煤焦油沥青在国内外的主要利用途径有：

（1）经过改质、用于生产各种碳素电极的粘结剂和浸渍剂，即电极沥青，这一部分数量最大；

（2）经过净化改质、用于生产针状焦和碳纤维等高技术产品，产量不大，但附加值很高；

（3）生产建筑防水防腐涂料和筑路材料；

（4）生产活性炭、炭黑等碳材料。

德国吕特格公司和日本新日铁公司在全球煤焦油沥青加工方面处于技术领先地位。吕特格公司是煤焦油集中加工和深度加工的典范，其技术优势是其产品加工的深度和广度，该公司拥有 40 万吨／年的电极沥青生产装置，以真空闪蒸、热处理为主导技术。新日铁公司的新日化子公司的技术优势在于沥青深加工生产针状焦和碳纤维方面。

中国煤沥青的开发利用起步较晚，目前在浸渍剂沥青、电极沥青、沥青中间相、煤沥青基碳纤维和针状焦等技术方面均已实现实质性的突破，但工业化水平上还是落后于国外先进水平。

煤沥青是有机碳材料的优质来源之一，其下游产品有很多，有着广阔的前景。现在对煤沥青的应用研究已成为现代煤化工的重要研究领域，可以预见随着科学研究的不断深入，对煤沥青的利用将进入一个崭新阶段。

2. 煤沥青改质的工业化技术进展

改质沥青包括石墨电极沥青、电极粘结沥青以及高质量沥青，多用作电炉炼钢的超高或高功率电极、电解铝的阳极糊以及碳素制品的粘结剂。改质沥青具有较高的 β 树脂组成和一定的 α 树脂组成，具有较低的挥发分含量，使用改质沥青作粘结剂原料生产出的炭素制品具有电阻率小、导电性好、电容密度大、耗电低，强度高、不掉渣、寿命长、热膨胀小等优点。用作炭石墨制品的粘结剂，能显著改善产品质量、增加体积密度与机械强度。用改质沥青代替中温沥青，能降低单耗、改善侧插槽铝厂的环境卫生，解决中温沥青在夏季储运中因高温下软化引起的污染。

中国在 70 年代中期就开始了用改质煤沥青替代中温沥青试制石墨电极、阳极糊等的探索应用。进入 80 年代，贵州铝厂从日本引进的 8 万吨电解铝装置，迫切需要改质煤沥青作预焙阳极和阴极块的粘结剂。青铜峡铝厂也从日本引进铝用炭素制品的生产装置，也需要以改质沥青为原料。于是，改质煤沥青的开发与应用受到了人们的关注并取得了较快的发展，有关改质沥青的生产工艺、产品性能与应用等方面的国内外报导也较多，并制订了改质沥青国家标准（GB8730/88）和行业标准（ YB/T 5194-2015），这为进一步促进改质煤沥青的生产和扩大应用奠定了良好的基础。

沥青的改质主要是对中温沥青进行改性处理以制取电极沥青，主导技术是热聚合，主要目的是提高其中 β 树脂含量。目前煤沥青改质处理的工业化方法有 [3-4]：

（1）氧化热聚法

采用间歇釜式加热蒸馏，通入压缩空气对釜中的中温沥青进行加热氧化制取改质沥青。该方法生产的改质沥青软化点较高，管道极易堵塞，难以生产合格的电极用沥青，现已逐步淘汰。

（2）热聚合法

将中温沥青导入间歇式沥青加热炉，用焦炉煤气加热，在 0.9MPa 压力和 400℃下加热反应 5 小时，产生的蒸汽全回流，不让跑出釜外。然后在闪蒸塔中将低沸点的物质快速导出。该方法生产的改质沥青 β 树脂含量明显提高，软化点较低，质量指标较好。

（3）加压热聚处理法

采用高温泵将熔化态的中温沥青加压送入方箱形加热炉，加热到油温为420℃ –430℃出方箱形加热炉后，依次进入5个并联的容积各为2m³的反应釜，在1–1.2MPa和420℃ –430℃条件下保温处理4–6小时，然后间歇出料。该方法制取的改质沥青软化点较高，质量指标较优越，可采用回配法将二蒽油等掺入5%–10%的比例，制取软化点符合要求的改质沥青。

（4）C–T法

C–T法生产改质沥青是日本大阪煤所公司开发的工艺，是使脱水焦油在反应釜中、在0.5–2MPa和320℃ –470℃的条件下保持5–20小时，使焦油中的有用组分特别是重油组分以及低沸点不稳定的杂环系组分在反应釜中经过聚合转变成沥青质。由于热裂解物少，所以改质沥青的软化点并不高，如将上述处理后的油类在压力高0.5–1.0MPa、温度高10℃ –30℃的条件下再次热聚合，则可得到 β 树脂组分含量很高的优质沥青。利用该法可以生产软化点低达80℃左右，而 β 树脂高达23%以上的任何等级的改质沥青。

（5）真空闪蒸法

该法为中国鞍钢化工总厂于20世纪80年代引进采用的澳大利亚生产专利技术，采用真空蒸馏技术使自管式炉辐射段进入真空闪蒸塔内的中温沥青在350℃ –370℃温度下受到减压蒸馏而制得。其特点是沥青缩合程度小，改质时不经过中间相，煤沥青中 β 树脂含量和 α 组分含量全来源于中温沥青原生QI，因此均低于热聚合法制备的改质沥青相应含量。

采用上述各方法制备的部分改质沥青的质量指标如表4–1所列[5-6]。国内改质沥青生产普遍存在的问题是：

① 产品质量指标波动较大，大部分只能达到二级品；

② 因沥青温度高，沥青液下泵泵轴易变形、轴套易磨损、寿命短；

③ 因沥青软化点高、高温易结焦、低温易凝固，釜间沥青流动不畅，管道堵塞严重，管道保温不好及液位差小是造成管道堵塞的原因。

表4–1　不同工艺制备的改质沥青质量性能指标

项目名称	氧化热聚法	热聚合法	C–T法	闪蒸法
软化点 /℃	100–120	100–110	80 ± 2	108–112
A 树脂 /%	8–12（12.2）	>6(12.62)	≤ 10（5.0）	3 –6（4.28）

续 表

项目名称	氧化热聚法	热聚合法	C-T 法	闪蒸法
β 树脂 /%	≥ 18（19.8）	>25(26.55)	≥ 20（29.2）	12-20（15.59）
挥发分 /%	（50.7）	(53.13)	45—50（46.9）	（54.56）
灰分 /%	≤ 0.3	≤ 0.3	≤ 0.1	<0.3
水分 /%	≤ 5.0	≤ 5.0	≤ 5.0	<1.0

3. 针状焦的国内外生产现状

（1）针状焦技术发展历程

针状焦是生产大规格超高功率石墨电极的主要原料，石墨电极的最终性能在很大程度上取决于针状焦原料的性能。1950 年美国大湖炭素公司首先发明了石油系针状焦，1979 年日本新日铁公司旗下的新日化公司建成了煤沥青针状焦工业生产装置。

中国对针状焦的技术研发始于 20 世纪 80 年代初，针状焦技术开发被列为"六五"期间的国家重点科技攻关计划，1986 年由鞍山热能研究院承担并完成煤沥青针状焦中间试验，继而山东济宁煤化公司与鞍山热能研究院联合进行了煤沥青基针状焦的探索试验和扩大的中间试验项目，于 1989 年初通过鉴定。中国第一套采用溶剂处理静置法的工业试验装置于 2000 年 7 月开始运行。2006 年中国第一套拥有自主知识产权的煤沥青针状焦工业化生产装置在山西宏特煤化工有限公司建成投产，2007 年底生产出针状焦 15kt/a，装置运行稳定后年产量达到 50kt/a，在 2009 年开始建设第二期年产量 100kt/a 的装置。2009 年中钢集团热能研究院的 80kt/a 装置（溶剂法）投产。上海宝钢化工公司从 2000 年开始中试，经过近 10 年的改进，建成 20 千吨/年的生产规模。武钢也在与国内知名高等院校合作开发煤系针状焦工业生产技术。2000 年以后，由于市场形势变化，全球炭素行业进入冰季，国内针状焦行业生产处于停止状态，除了中国平煤神马开封炭素公司等少数企业艰难维持以外，多数企业均处于停产或关闭状态。2016 年底至 2017 年以来，由于钢铁工业的技术升级对超高及高功能率石墨电极的需求，国内针状焦行业经历多年萎靡之后迅速恢复生机，中国平煤神马开封炭素公司产品供不应求。随着研究的深入，针状焦用于锂离子电池电极材料技术也逐渐成熟，为针状焦的应用提供了更广阔的新天地，市场对大规格超高功率石墨电极需求量不断增加，针状焦产品的市场需求量还将逐年增加。

（2）生产工艺流程[7]

针状焦工业生产工艺流程（如图 4-1 所示）分原料预处理、延迟焦化、煅烧三部分。

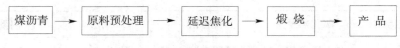

图 4-1　煤系针状焦工艺流程示意图

　　原料预处理的目的是去除原料软沥青中的杂质，主要指喹啉不溶物，制取精制沥青。延迟焦化是使精制沥青加热到反应温度后、在延迟焦化塔中，利用其所带的显热使沥青裂解和缩合，生产出延迟焦。煅烧是将生产出的延迟焦在 1450℃左右高温下煅烧，排除其中的挥发性组分和水分，提高其密度、机械强度、导电性能和化学稳定性等性能指标。

　　① 原料预处理

　　煤沥青主要成分是多环及稠环芳香烃，富含短侧链、线型联接的多环 (3-4 环) 芳烃，是生产针状焦的优质原料。但其中一定含量的喹啉不溶物（α 树脂）中含有煤焦油蒸馏时某些高分子芳烃热聚合生成的无定形炭和从炼焦炉炭化室随煤气带来的煤粉和焦粉，在延迟焦化过程中附着在中间相周围，阻碍球状晶体的长大和融并，形成针状焦结构的缺陷，焦化后不能得到纤维结构良好的针状焦组织。工业生产上对沥青原料的要求是：芳烃含量高 (约为 30% -50%)、胶质沥青质含量低 (一般控制庚烷不溶物 ≤2.0%)、灰分 (一般 ≤ 0.05%) 和硫分 (≤ 0.5%) 含量低、钒和镍含量均不大于 50ppm。因此，需要对煤沥青原料进行预处理，脱除其中妨碍小球体生长的喹啉不溶物，达到生产针状焦的要求。

　　原料预处理得到优质的精制沥青、作为延迟焦化的原料是针状焦生产的关键，主要处理方法有蒸馏法[8]、离心法[9]、溶剂法[10] 和改质法[11]。在这四种原料预处理工艺中，目前真正实现工业化生产的有溶剂法和改质法，其中改质法存在生产工艺参数不易控制的缺点，工艺上的设计也还不完善。溶剂法由于条件易于控制，目前是国内的主导技术。

　　② 延迟焦化

　　延迟焦化部分是在炼油厂老的延迟焦化工艺原理的基础上发展来的，主要由分馏塔、焦化加热炉、焦炭塔等组成。精制沥青送进分馏塔，由塔底用泵经加热炉送入一个焦炭塔，气体由塔顶出来重新进入分馏塔。分馏塔顶的气体产品送入燃料气系统，塔顶的液体产品就是焦化汽油，粗柴油从侧线汽提塔采出。气体中的重组分在分馏塔中冷凝，与原料油中的重组分一起循环经加热炉进入焦炭塔。

　　在焦炭塔内，焦炭逐渐沉积，焦炭塔经过一定时间充满后，加热炉出口切换到另一个焦炭塔，两个塔交替使用。已切换出来的焦炭塔降压用蒸汽对塔内焦炭进行汽提以除去残余的烃类，然后用水冷却至设定温度后，打开塔的上下端盖，用高压水从上部切焦，切碎的焦油进入焦化塔下部的焦坑。

主要控制升温速度、注气量和调整压力和循环比，使油料维持相对稳定的状态，充分利用中间相物质的塑性流动和分子排列的有序性，同时使气相产物产生剪切力，创造气流拉焦的条件，形成针状焦。

③ 煅烧

用高压水切入焦坑的针状焦含有较高的水分和挥发性组分，需在隔绝空气的条件下进行高温煅烧，才能作为炭素制品的原料，煅烧温度一般在 1400℃ –1500℃。在煅烧过程中，针状焦的结构和元素组成都发生一系列深刻的变化，从而提高了它的理化性能。国内外大都采用回转窑煅烧针状焦，美国有的厂家采用旋转多床炉，也有的厂家采用罐式窑煅烧。

4. 其他

（1）环氧煤沥青防腐涂料

环氧煤沥青防腐涂料是由环氧树脂、煤焦沥青、防锈颜料及固化剂等组成的厚浆型双组分涂料，由甲乙两组分组成，漆料为甲组分，固化剂为乙组分，并与相应的稀释剂配套使用。环氧沥青防腐涂料对金属、混凝土等表面都具有很强的黏结力，能够有效抵抗酸、碱及其他腐蚀性介质的侵蚀，能够长期在海上钻井平台、船运压载舱、污水容器管道内壁、冷却塔内壁、隧道、地下仓库、地下管道等干湿交替、阴暗潮湿及浸水等恶劣环境中使用。

中国于 1974 年研制出第一代环氧煤沥青涂料产品，1979 年第二代产品问世。1982 年以来大规模化使用的环氧煤沥青涂料，历经 20 余年，涂层依然黑亮、坚硬如故。在聚氨酯防水涂料中掺入适量的石油沥青或煤焦沥青等憎水性材料作为填充剂，可以降低涂料成本，并阻止聚氨基甲酸酯亲水基团发生水解，从而提高涂膜的耐水性、延长使用年限。

（2）筑路煤沥青

随着我国城乡建设的发展对筑路用沥青、尤其是高等级公路所用沥青材料的需求与日俱增。沥青因特有的弹性和粘性，具有优良的使用性能。沥青的弹性主要表现为在通常的自然环境条件下，受压后产生的变形可恢复而自身不会被破坏。沥青的粘性是指其在较高的温度下所呈现的较显著的流动性和良好的可塑性，有利于与石料结合。与水泥混凝土和砂石路面相比，沥青路面的强度和稳定性都有较大提高，具有路面平整、不反光、噪音低、行车振动小、成本低、维修方便、适宜于路面分期修建等优点。

煤沥青作为路用沥青使用，具有良好的润湿、粘附和抗油浸蚀性能，其所筑路面摩擦系数大，但是与石油基道路沥青相比，煤基沥青较易挥发老化，温度敏感性较大，夏天易熔，冬天易脆，故路用寿命较短，特别是其中含有大量具刺激性气味和致癌性的物质，使其在道路建设中的应用受到很大限制。近年来，石油基筑路沥青供应严重不足，而同时煤沥青的产量极大。因此，人们开始关注煤沥青在道路建设中的应用，开发高等级铺路材料用途的煤基路用沥青生产技术，将具有重大的社会和经济效应。

4.1.3 煤沥青利用问题分析

1.煤沥青利用技术存在的问题

如前所述，目前煤沥青利用的技术，无论是各种改质沥青、针状焦、防腐涂料、还是筑路沥青，都是以制取炭材料为出发点。存在的主要问题是：

当前国内已工业化的各类煤沥青加工技术，都不同程度地存在着生产工艺不稳定及产品质量波动的问题，产品综合质量与德日国家进口产品存在着较大差距，特别是在超高功率电极材料方面，还是达不到冶金工业的要求；

中国煤焦化工每年副产大量的普通煤沥青，远远超过生产优质碳材料对沥青的需求，生产精制沥青，继而生产各种电极沥青、针状焦、碳纤维的市场需求有限，沥青作为生产优质碳材料原料的利用途径在短期内即会达到饱和；

煤焦化工副产的普通煤沥青，由于软化点低、分子量分布宽、原生 α 树脂含量高、杂质含量高，作为生产浸渍剂沥青、针状焦等高附加值炭材料的原料，必须经过工艺复杂、反应条件苛刻的净化精制、延迟焦化等加工，转化为优质沥青，而且转化率仅 20%–50% 之间，大量的主体还是以普通沥青或劣质沥青存在必须寻找利用途径；

煤沥青中含有易升华的致癌性稠环芳烃等，作为防腐涂料或筑路沥青，在环境因素上存在着先天不足，至今仍是工业领域和学术界有待攻克的难题，通过各种改质技术对煤沥青再加工以达到环保的需要，还有大量的工作要做；

煤沥青中富含的多环稠环芳香族结构，经过转化制取芳香族的醌类、醇类、醛酮类、羧酸类等，具有得天独厚的物质基础，但由于煤沥青组成与结构的复杂性，至今在技术上还没取得根本性的突破。

2.对策

对现有的煤沥青加工利用途径，进行工艺优化、提高生产优质沥青的工艺稳定性和转化率，使产品质量提高到德日等发达国家的水平；

在沥青加工工艺设计及产业规划中，把生产优质沥青与下余的劣质沥青利用技术综合起来，物尽其用，延展产业产品结构；

针对大量的普通煤沥青和劣质煤沥青中所富含的芳香族结构，从生产芳香族化合物出发，研发和设计煤沥青组分利用的工艺与技术，拓展煤沥青利用途径。

4.2　煤沥青组分利用技术研究进展

目前关于煤沥青的利用，较多的还是以生产优质碳材料为出发点[12-14]，以其组分利用为出发点的研究较少，已有的文献报导主要是对不同预处理煤沥青的组分分析[15-17]、不同溶剂对煤沥青组分的萃取作用[18-20]。

煤沥青的主要组分为多环芳香族及含氧、硫、氮等的杂原子芳香族化合物，这些结构经过氧化可以得到相应的醛、酮、芳多酸、醌、环氧化物和过氧化物等，这些都是重要的化工中间体[21-22]。但煤沥青的氧化研究，目前主要是采用空气氧化法提高沥青分子聚合度，目的是提高煤沥青软化点，在各向同性改质煤沥青的制备中得到广泛应用[23-24]。关于煤沥青氧化解聚制取小分子化学品的研究，Oshika 等使用 $O_2/$ NaOH 体系采用两步反应氧化煤沥青，即先在水中用 O_2 氧化一段时间，再向釜内加入粒状 NaOH，继续用 O_2 氧化，在优化条件下能得到 51%–79% 的水溶性芳羧酸，并且其中 40%–50% 的酸为苯多酸[25]。这一研究结果证明煤沥青具有氧化解聚获取小分子芳香族有机化学品的物质基础。

另外，早期出于解聚煤大分子结构、进行煤化学研究的目的[26-27]，或是为了煤的脱硫[28-29]，人们对煤氧化进行了较多的研究。近年来煤氧化制取化学品受到了较多的关注，魏贤勇课题组在温和条件下进行了多种煤的 NaClO、H_2O_2 及 RICO 等的氧化研究，得到了较高收率的小分子芳多酸产品[30-38]。在众多的氧化剂中，双氧水和臭氧对煤的氧化易于实现，反应条件温和，煤有机质转化率高，显示出较高的工业应用价值。

一般认为煤的 H_2O_2 氧化为自由基反应，H_2O_2 用于煤的氧化不仅能提高煤的溶剂抽提率，而且也能使煤降解为小分子含氧酸，且反应后变成水，无有害残留，符合当今绿色化学的要求。大量研究结果显示，用双氧水处理煤可使煤有机质大分子发生降解，大大提高其在有机溶剂中的萃取率[39-44]。Mae 等[39] 用 H_2O_2 处理褐煤及其热解产物，结果发现氧化后残煤用二甲基甲酰胺萃取、萃取率可达 90%，氧化残煤在 920℃ 的温度下热解处理，煤焦生成降低到 20kg/100kg、焦油收率则可提高到 49kg/100kg，并认为煤焦油的形成是煤在其含氧官能团受热先裂分交联形成氢键、然后脂肪族连接处断裂形成焦油，焦油的形成与氢键和脂肪族键含量的多少有关。Mae 等[45] 和 Miura 等[46] 采用 H_2O_2 氧化和 Fenton 氧化相结合的两步氧化法进行了煤的氧化实验研究，澳大利亚 Morwell 褐煤的 H_2O_2 氧化实验，考察了产物的分布及反应条件对产物的影响：首先用 H_2O_2 浓度为 30%、反应温度 60℃、反应 24h 氧化煤，结果 60% 的煤有机质转化为水溶性有机物，其中约 28%–63% 为草酸和乙酸；继而对其中的水溶性大分子芬顿试剂进行进一步的氧化解聚，使 50%–60% 的水溶性大分子产物进一步降解为小分子、继而通过超临界水解可得到 12% 的苯和 24% 的甲醇。Miura 等[46] 提出如下反应机理：煤中的—C—O—弱连接键断裂，转化为大量水溶性大分子化合物和 CO_2；随着氧化反应的进行，进一步氧化使水溶性大分子降解为小分子脂肪酸；同时一些芳环也发生了破裂生成小分子脂肪酸；认为 Fenton 试剂的供质子作用和铁的催化作用可能对芳环的裂解具有促进作用。

臭氧 (O_3) 溶解在水中可产生氧化能力极强的羟基和单原子氧等活性粒子，广泛用于废水中有机物质的降解[47–48]。Semenova 等[49–50] 用 O_3 氧化褐煤以制备多功能腐植酸产品和进行腐植酸的改性，发现在极性有机溶剂中通过 O_3 氧化可使褐煤中 90% 的有机物转化为可溶性组分，主要是苯多酸类化合物。Patrakov 等[51] 用 O_3 处理煤的镜质组分，考察了氧化过程及氧化残煤的液化效果，发现 O_3 氧化可增加低阶和中阶煤中的醚和醌类氧原子的含量，认为 O_3 氧化可使煤中大分子部分解聚、并促进煤中弱键的形成，进而达到提高煤液化产物中小分子组分收率的效果。

这些研究表明 O_3 和 H_2O_2 的温和氧化能够改变煤的结构，H_2O_2 氧化煤可在温和条件下高收率、高选择性地得到小分子脂肪酸是具有吸引力的煤转化方法，O_3 对煤的温和氧化可以获得小分子芳香族的醚类和醌类化合物。这些研究成果对煤及煤沥青等煤基物质的氧化利用具有重要的指导意义。可以推测，O_3 和 H_2O_2 对煤沥青也将有类似的氧化作用。

由于煤沥青的组成和结构的复杂性，特别是其环结构较大、分子量较高、不可蒸馏、在常规溶剂中的溶解性差，因而无法进行有效分离，无法直接利用煤沥青的组分。一定条件下煤沥青的氧化可以使其中部分有机质解聚为有机小分子化合物，通过煤沥青的定向氧化解聚和对氧化产物的有效分离，获取小分子的芳香族有机化学品（如芳多酸等）是可行的，难题是必须深入了解煤沥青氧化解聚的机理、寻找温和有效的氧化剂和反应条件、并建立煤沥青基氧化产物的分离方法体系。

4.3 煤沥青温和氧化利用技术基础研究

4.3.1 概述

作者在大量实验的基础上，以煤沥青组分利用为出发点，选用 O_3、H_2O_2 两种温和氧化剂，在温和条件下对煤沥青进行氧化利用的基础研究，揭示 H_2O_2 和 O_3 对煤沥青的氧化解聚机理，优化氧化解聚反应条件，建立有效的产物分离的方法体系，为形成煤沥青氧化利用新工艺提供科学依据和技术支撑[52-53]。

1.选题意义及技术路线

以制取小分子芳香族含氧化合物为目的，筛选适宜的氧化剂，采用温和的氧化方法，对煤沥青进行温和定向氧化，借助先进的实验手段和分析技术，考察不同条件下煤沥青分子氧化解聚的机理，研究并建立煤沥青基氧化产物有效分离的方法体系，并对反应条件和分离工艺进行优化，获得煤沥青直接氧化利用技术的重要基础数据，旨在建立煤沥青有效氧化利用的化学基础和工程基础。实验技术方案如图 4-2 所示。

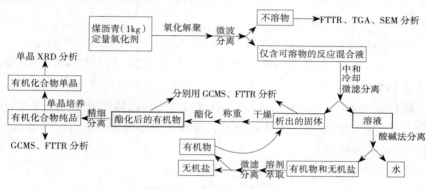

图 4-2　实验技术方案图

2.主要研究内容

（1）考察煤沥青在 H_2O_2 和 O_3 中的氧化解聚机理。本研究中使用的煤沥青，为高温炼焦的煤焦油蒸馏加工产生的煤沥青，用甲苯萃取以去除其中可能存在的小分子物质后，作为本研究的煤沥青样品，以下不再说明。

（2）以用较少量的氧化剂在较短时间内高收率地解聚煤沥青为组成比较简单的有机化学品为目标，优化氧化解聚的条件和过程，包括 H_2O_2 和 O_3 与煤沥青用量的配比、磁力搅拌、超声及微波辅助、反应温度和时间。

（3）以确定氧化解聚所得主要产物的准确结构和准确定量分析这些产物为目标，选择从氧化解聚所得有机混合物中分离有机化合物纯品的方法，包括柱层析和高速逆流色谱（HSCCC），优化分离条件，最终建立有效的分离方法体系。

4.3.2　煤沥青的 H_2O_2 氧化解聚实验研究

4.3.2.1　实验部分

双氧水即过氧化氢的水溶液，具有很强的氧化性。用过氧剂做氧化剂时产物为水，未反应的过氧化氢受热分解为水和氧气，反应过程不引入杂质且不污染环境，所以是一种用途十分广泛的氧化剂。

本次研究以获得小分子的芳香族含氧衍生物为目的，以甲苯萃余煤沥青为研究对象，以双氧水（即过氧化氢水溶液），以五氧化二钒为催化剂，在不同条件下对煤沥青进行催化氧化解聚研究，通过查阅大量煤氧化有关的文献，以60℃和6h为基本实验条件，主要考察过氧化氢的浓度、反应温度（30℃，40℃，50℃，60℃，70℃，……）和反应时间（2h，3h，4h，5h，6h，7h，……）对煤沥青的氧化解聚反应的影响。

本次实验中用到的试剂有：30%过氧化氢溶液，五氧化二钒，无水硫酸镁，甲苯（以上均为市售分析纯试剂）。

1. 实验操作

在一个250ml的三口烧瓶中按比例加入粉碎至过200目筛的煤沥青样品、双氧水的水溶液和催化剂，超声震荡5min使混合均匀，然后将混合后的混合物在所设定的条件下进行催化氧化；氧化过后会产生液体混合物和固体残渣，将原沥青样和固体残渣进行元素分析、红外分析和热重分析；液体产物经过萃取、分相、分离、浓缩、干燥，进行GC/MS检测。

实验步骤如下：

（1）打开集热式恒温加热磁力搅拌器开关，设置好实验所需要的温度。

（2）用电子分析天平（使用前预热30min）称量煤沥青样品1.0000g，于250ml三口烧瓶中，并加入催化剂（V_2O_5）0.05mg，然后再加入双氧水100ml，超声震荡5min。

（3）向三口烧瓶中放入磁转子，直向瓶口连接球形冷凝管，侧向口一个插上温度计，把另一个瓶口即进料口堵上（反应过程中补加氧化剂时打开、补加完毕后重新堵上），检查无误后，准备开始试验。

（4）将以上连接的三口烧瓶放入预先加热到反应温度的搅拌器水浴锅中，搭建好实验装置，调节磁力搅拌器，使转速为20r/min，并打开冷凝器的冷凝水，开始试验。

（5）等温度恒定之后，记录时间作为反应的开始时间，反应1h后打开进料口补加10ml双氧水，以后每隔1h补加一次双氧水10ml。

（6）反应结束后取下三口瓶，对其进行激冷操作。

（7）反应结束后进行抽滤，将氧化残渣和氧化液体产物分离开来。抽滤过后，液体产物装入广口瓶中，等待进行进一步处理；氧化固体残渣在恒温鼓风干燥箱中（温度设置为30℃）进行烘干，称重并减去催化剂的质量即为氧化沥青残渣的质量。

（8）反应液相产物加碱中和至中性后分相，用分液漏斗分出有机相，下相中再滴加足量的1mol的盐酸后静置分为有机相和水相，将有机相合并，用旋转蒸发仪蒸出溶剂、真空干燥，计量和用于气质分析，水相主要是NaCl溶剂。

2. 转化率的计算

称量所得到的固体产物 m_1 并计算氧解转化率 X：

$$X=(m_0-m_1)/m_0$$

m_0——甲苯萃取处理后煤沥青样品的质量 /g

m_1——氧化沥青残渣的质量 /g（已减去催化剂的质量）

对氧化前后的煤沥青进行元素分析与红外表征，通过官能团变化及氧含量变化定性判断氧化后固体产物的种类和氧化程度。对于氧化后液体混合物，经真空干燥后称重得 m_2 并计算收率 Z：

$$Z=m_2/m_0$$

m_0——甲苯萃取处理后煤沥青样品的质量 /g

m_2——氧解小分子产物质量 /g

3. 红外光谱分析

对煤沥青样品及氧化后剩余的残渣沥青分别进行表征。红外光谱（FTIR）分析采用 PE 公司 FRONTIER 红外光谱仪测试，采用溴化钾压片法时发现，由于沥青是多种稠合芳香族化合物的混合物，不同官能团的吸收峰重叠严重，故采用积分球（ATR）模式直接扫描法，扫描精度 0.01cm-1、扫描次数为 32，在 4000-650cm-1 的波数范围内进行扫描。

4. 热重分析

煤沥青的热重分析，是伴随煤沥青在热解的过程中通过记录沥青渣的重量损失而进行的热重测量，所记录的曲线叫做失重曲线，本研究使用 METTLER 热重分析仪进行，升温程序为：起始温度为 50℃，升温速率为 10℃ /min，加热至 300℃停留 5 分钟，然后由 300℃升温至 600℃，升温速率 20℃ /min，最后阶段从 600℃升温至 910℃。实验前走 2 个以上空白，直到基线平直后开始实验，最后的基线作为背景扣除去干扰。

5. 气质分析

实验产品经过抽提后所得的小分子水溶性反应产物 (SMP) 用旋转蒸发仪浓缩后，加入适量丙酮溶解，再浓缩，得到最终产物，然后再用装有 DB-35MS 毛细管色谱柱的 Agilent7890B/5975C 型 GC/MS 进行分析，四极杆质量分析器，质量扫描为 30-500amu，分析条件为：高纯度氦气载气，流量为 1.0ml/s，分流比为 20：1，电子轰击电压 70eV，注射温度 300℃，柱箱起始温度 100℃，以 10℃ /min 的升温速度升温至 300℃、保持在 300℃直到没有谱图流出后停止。化合物的鉴定使用该仪器工作站软件、通过比较其质谱图与 NIST08 谱图库的质谱数据进行计算机检索对照确定；NIST08 谱图库难于确定的化合物则依据主要离子峰及分子离子峰等、结合文献资料，进行质谱分析确定。

4.3.2.2 实验结果及分析

1. 煤沥青样品氧化的转化率

本研究在考察双氧水浓度对氧化结果的影响时发现，在50℃–60℃反应温度下，双氧水的适宜使用浓度为15%，以下实验均采用10%的双氧水。不同反应温度和反应时间的转化率结果如表4–2和4–3所列。由于煤沥青大分子中氧原子的引入，实际转化率要比表列略高。

通过对结果的分析，我们发现随着反应温度的升高，反应最终剩余的产物越少，氧解转化率越高；当温度从30℃升到60℃时，随着温度接着升高，氧解转化率降低，当温度为60℃时氧解转化率达到最高为59.06%；由此可见，当温度为60℃时，氧化反应最为彻底。

表4–2 不同反应温度下氧解转化率（反应时间6h）

反应条件（℃）	原沥青样品质量（m_0/g）	氧化后剩余质量（m_1/g）	氧解转化率（%）
30	1.038	0.7780	25.05
40	1.0304	0.7396	28.22
50	1.0983	0.6017	45.21
60	1.0279	0.4208	59.06
70	1.0309	0.5955	42.23

当反应的时间改变时，随着反应时间的增加，反应的氧解转化率逐渐增高，当达到6h时，氧解转化率最高，达到59.06%，当反应超过6h时，可能有新固体物质生成；由此可见，当反应时长为6h时，反应的氧解转化率最高。

通过对多个条件的综合分析整理，确定最佳的煤沥青的催化氧化反应条件为60℃反应6h，此时原沥青样的氧解转化率最高，氧化程度最好。

表4–3 不同反应时间的氧解转化率（反应温度60℃）

反应条件（h）	原沥青样品质量（m_0/g）	氧化后剩余质量（m_1/g）	氧解转化率（%）
2	1.0281	0.5780	43.78
3	1.0142	0.5690	43.90
4	1.053	0.5838	44.56

反应条件（h）	原沥青样品质量（m_0/g）	氧化后剩余质量（m_1/g）	氧解转化率（%）
5	1.0144	0.5616	44.64
6	1.0279	0.4208	59.06
7	1.0093	0.6652	34.09

2. 煤沥青样品及氧化沥青残渣的元素分析

表 4-4、4-5 和 4-6 分别为煤沥青样品、不同温度下反应 6h 的氧化沥青、60℃不同氧化时间的元素分析结果。发现氧化沥青残渣中氧的百分含量明显增加，碳的百分含量有所减少，而氢、氮、硫元素的百分含量略微有所下降，它们与碳结合转化成其他有机化合物，溶解在溶液中。

表4-4　煤沥青样品的元素分析

沥青样品	C（wt%）	H（wt%）	O（wt%）	N（wt%）	S（wt%）	O/C
甲苯萃余沥青	93.37	4.356	0.525	1.04	0.709	0.00562

表4-5　煤沥青样品不同温度下氧化沥青残渣的元素分析

沥青样品	C（wt%）	H（wt%）	O（wt%）	N（wt%）	S（wt%）	O/C
30℃氧化沥青	90.15	4.095	4.099	1.01	0.646	0.0455
40℃氧化沥青	90.39	4.105	3.877	1.00	0.628	0.0429
50℃氧化沥青	89.20	4.089	5.106	0.98	0.625	0.0452
60℃氧化沥青	88.64	4.017	5.693	0.99	0.660	0.0642
70℃氧化沥青	89.49	4.043	4.838	0.96	0.669	0.0541

表4-6　60℃时不同反应时间的氧化沥青残渣元素分析

沥青样品	C（wt%）	H（wt%）	O（wt%）	N（wt%）	S（wt%）	O/C
反应 2h 氧化沥青	91.83	4.120	2.441	1.02	0.589	0.0266
反应 3h 氧化沥青	91.24	4.086	3.056	1.01	0.608	0.0335
反应 4h 氧化沥青	91.29	4.059	3.05	1.00	0.601	0.0334
反应 5h 氧化沥青	90.47	4.021	3.906	0.98	0.623	0.0432

沥青样品	C(wt%)	H(wt%)	O(wt%)	N(wt%)	S(wt%)	O/C
反应 6h 氧化沥青	90.29	4.043	4.081	0.97	0.616	0.0452
反应 7h 氧化沥青	93.40	4.156	0.801	1.02	0.623	0.0086

　　数据显示，反应为 60℃时氧的百分含量最多，双氧水中的煤沥青分子在氧化过程中引入了较多的氧原子，反应的氧解程度最高，可以推出最佳的反应温度为 60℃。可以观察到氧化反应随着反应时间的增加，反应的氧化残渣的氧元素的百分含量增多，当反应达到 6h 时，氧的百分含量最多，O/C 最大，再随着反应时间的延长，氧的百分含量又逐渐减少，而且 O/C 也大大减小。

　　推测在这一温度区间氧化后生成的含氧化合物不稳定，处于中间过渡态，随着反应温度的升高，沥青氧化强度增大，其分子结构中的含氧部分较多地转化生成了小分子产物或转化为含氧气体物质挥发掉了。由此，可以看出此反应在 60℃、6h 的条件下氧化程度最高。但考虑到双氧水在受热时易分解，反应过度会产生较多无用的气体，认为反应温度以 50℃、6h 为宜。

　　3.煤沥青氧化残渣的热重分析

　　沥青样品和其在 50℃氧化 6h 的氧化沥青残渣的热重分析如图 4-3、图 4-4 所示。

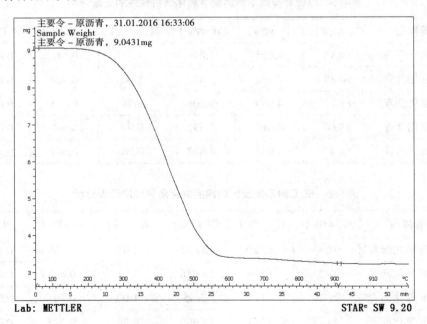

图 4-3　原煤沥样品的热重曲线

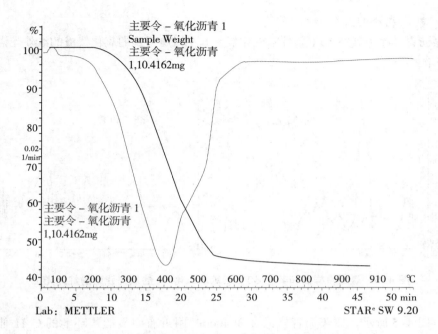

图 4-4　50℃双氧水氧化 6h 的煤沥青氧化残渣的热重曲线

　　200℃之前，原沥青样品和氧化沥青残渣的失重速率和失重率都很微小，但与次氯酸钠的氧化不同，氧化沥青残渣与原沥青样品的失重速率和失重率没有明显区别，推测原因为双氧水的氧化较为剧烈，氧化后引入沥青中的含氧官能团转化为小分子极性物质溶解于液相中，使得沥青的极性增加较少，因而对水及二氧化碳等极性小分子的吸附能力增加也不如前者。

　　200℃ -300℃之间的脱羧阶段。氧化沥青残渣与原沥青样品的失重曲线斜率变化也不明显，从图中可以看出，氧化沥青残渣在脱羧阶段的失重速率和失重率略大于原沥青氧品，这反映出沥青氧化后在其分子中引入了含氧官能团、并在热重分析的这一阶段热解脱除引起的失重。

　　300℃ -550℃为煤基物质快速热解阶段，原沥青样品和氧化沥青残渣的总失重率分别为 60% 和 60%，这一点与前元素分析的结果有矛盾。推测原因为煤沥青结构组成的复杂性，影响热解的因素有很多，沥青的热解过程不可能用几个简单的化学反应来描述，除煤沥青样品自身的性质的影响，主要影响因素还有加热速度、煤沥青的粒度、压力等，它们对失重速率和最终失重都有影响。另外也可能是由于双氧水对煤沥青样品氧化剧烈，小分子已经逸出，剩余的残渣为较大分子，接近于原沥青样品，氧化前后失重变化不明显。

4.氧化残渣的红外分析

煤沥青样品和其在50℃条件下催化氧化6小时所得到的氧化残渣的红外光谱如图4-5所示。

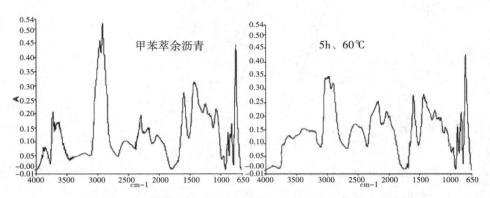

图 4-5 　煤沥青样品和其在 50℃双氧水氧化 6h 的氧化残渣的红外光谱

由图 4-5 所示，原煤沥青样品在 3040cm^{-1} 附近有明显的苯环上的 C-H 伸缩振动峰，在 1600cm^{-1} 附近存在芳香环骨架的伸缩振动峰，在 1380cm^{-1} 处有芳环上 C-H 的弯曲振动吸收峰，都显示煤沥青的芳香环结构特征，但并未显示明显的含氧结构信息。在 1600cm^{-1}-1300cm^{-1} 附近范围内产生谱峰，这是芳环骨架结构的特征谱带，说明样品中存在芳环化合物。在 1300-650cm^{-1} 这个区域的吸收光谱比较复杂，杂原子单键的伸缩振动和各种变形振动都会出现在这个区域，由于它们振动频率相近，不同振动形式之间易于发生振动偶合，吸收带位置与官能团之间的对应关系复杂。

氧化后沥青残渣的红外光谱图与原沥青样品明显不同：表现在 3700-3200 cm^{-1} 之间出现了羟基及缔合羟基的钝而宽的吸收带，在 3000 cm^{-1} 前后芳氢吸收信息弱化而烷氢吸收信息增强，在 2500-200 cm^{-1} 之间的羟基与羧基缔合吸收谱带等。

这些信息说明双氧水对煤沥青样品产生了剧烈的氧化作用，粗略地反映了氧化可能产生的产物为羧酸类，可能为烷酸、烷多酸和芳多酸。由于红外光谱分析的局限性，还需要其他的方法来进一点确定产物的种类。

5.氧化产物的 GC/MS 分析

图 4-6 是煤沥青在 50℃下双氧水氧化 6h 产生的液相产物气质分析的总离子流色谱图，检测到的化合物列于表 4-7 中。

如图 4-6 和表 4-7 所示，煤沥青双氧水氧化产生的小分子产物主要有烷苯羧酸、烷基多元羧酸和苯基多元羧酸，以下简称烷酸、烷多酸、苯多酸。另外还有少量的烷基苯。

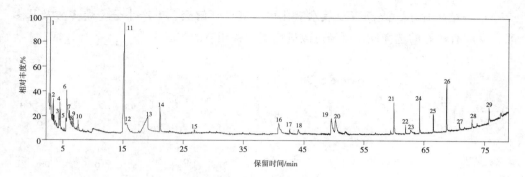

图 4-6　煤沥青 50℃下反应 6h 液相产物气质分析的总离子流色谱图

表4-7　50℃下煤沥青双氧水氧化6h的液相产物中气质分析检测到的化合物

No.	化合物	No.	化合物	No.	化合物
1	丁酸	11	戊二酸	21	苯五甲酸
2	戊酸	12	甲乙苯	22	二十三碳烷酸
3	二甲苯	13	丁二酸二乙酯	23	苯六甲酸
4	异丁酸	14	戊二酸二乙酯	24	二十四碳烷酸
5	二甲苯	15	己二酸二乙酯	25	二十五碳烷酸
6	丁内酯	16	邻苯二甲酸	26	二十六碳烷酸
7	二甲苯	17	苯三甲酸	27	三甲基二十四碳烷酸
8	乙基苯	18	苯三甲酸	28	二十八碳烷酸
9	三甲苯	19	苯四甲酸	29	二十六碳烷二酸
10	丁二酸	20	苯四甲酸		

　　检测到的烷酸和烷多酸包括两类，一类是四碳到六碳的小分子烷酸及烷多酸，主要是丁酸、丁二酸、戊酸、戊二酸、己二酸和它们极少量的酯类；另一类是长链的脂肪族羧酸，通常认为稠环芳烃氧化开环不会产生较长链的烷羧酸类，而煤沥青是煤经过高温干馏、继而煤焦油又经过高温蒸馏后产生的，其中也不可能有含量明显的长链脂肪族类组分，这个课题我们将另题研究。

　　检测到的苯多酸从苯二甲酸、苯三甲酸直到苯六甲酸，由于气质分析的局限性，仅气质联用分析方法还不能准确确定苯多酸中官能团的位置，可能的结构如图 4-7 所示。

这一结果显示，煤沥青双氧水氧化可以其稠环解聚，生产小分子烷多酸及苯多酸，反应有较好的选择性，可经过改进用于制备相应的产品。

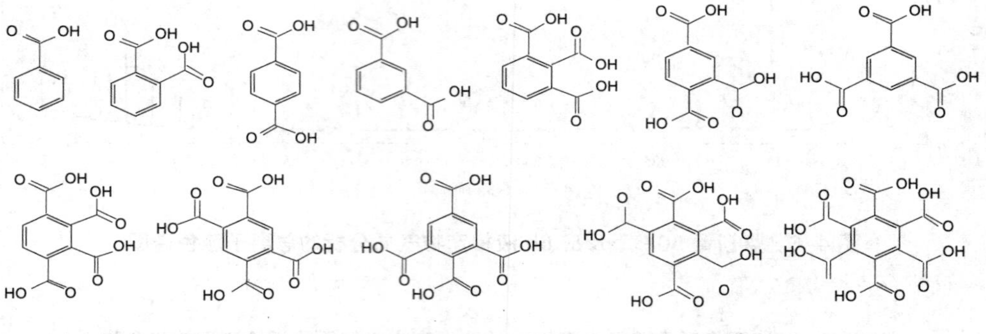

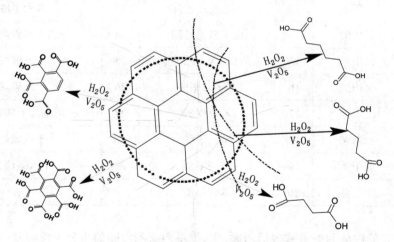

图 4-7　苯多酸可能的结构式

以上检测结果显示，煤沥青在双氧水的溶液中产生剧烈的氧化，打破了沥青芳香族化合物的稠环结构，不同的裂解方式生成了较小分子的芳烃、小分子烷酸烷多酸及苯多酸产品，优势裂解主要表现在生成单环的苯多酸和小分子烷多酸的裂解，如图 4-8 所示。

图 4-8　稠环芳烃的裂解

由于实验中没有考虑气体产品部分，产生的液体产品也因为其所持溶剂不能完全脱除，无法准确确定其质时，以上研究考察煤沥青样品的转化率，我们是以用于实验的煤沥青样品为计算基准的，这个计算因为沥青样品中氧原子的引入而略低于实际转化率。我们将在今后的研究中设计实验装置，设计计算方法，对反应产生的固、液、气三相产物分别进行计算和相互验证。

4.3.2.3　小结

本次研究以获得小分子的芳香族化合物为目的，以甲苯萃取过的煤沥青样品为研究对象，以 15% 过氧化氢溶液为氧化剂、五氧化二钒为催化剂，在不同反应条件下对煤焦油沥青进行催化氧化解聚试验，并对反应产物使用红外光谱、热重分析和气质联用分析进行表征，结论如下：

元素分析和转化率计算的结果显示，煤沥青样品在 60℃下氧化 6h 的氧解转化率达到最高，达到 59.06%，在固相产物中引入了较多的氧原子；综合考虑过氧化氢的受热分解、反应过度可能产生较多 CO_2 和 H_2O 终产物的因素，取反应温度 50℃和反应 6h，转化率为 45.21%。

热重分析和红外的结果显示，反应温度 50℃和反应 6h，煤沥青样品氧化前后固体产物的热失重行为没有明显区别，表明所引入的氧元素较多地转化到小分子产品中，氧化产生的含氧产物种类可能为羧酸类。

GC/MS 分析结果显示，煤沥青的双氧水氧化打破了其芳香族稠环结构，产生的小分子产物主要有烷酸、烷多酸、苯多酸和少量的烷基苯，优势裂解主要表现在生成单环的苯多酸和小分子烷多酸的裂解，检测到的苯多酸从苯二甲酸、苯三甲酸直到苯六甲酸。

从煤沥青双氧水氧化出发，优化反应条件，生产小分子的烷多酸和苯多酸，是一条潜在的利用途径。

4.3.3　煤沥青的臭氧氧化解聚

4.3.3.1　实验部分

1. 实验试剂及样品

煤沥青由中国平煤神马集团开封炭素有限公司提供。煤沥青经充分干燥、破碎并研磨到过 100 目筛，用甲苯充分萃取以去除其中可能存在的小分子后，40℃真空干燥 24h 以上，作为本实验用的煤沥青样品（以下提到的煤沥青样品均指甲苯萃余煤沥青），存放在玻璃干燥器中备用。

实验中所用的丙酮、乙醇、甲酸、甲苯等试剂均为市售分析纯试剂。

所用的臭氧 (O_3) 用中国金华广源仪器厂的 DJ-Q8080 臭氧发生器制备，臭氧输出量 6300mg/h，臭氧浓度为 18-20%(wt)。

2. 臭氧氧化实验

取煤沥青样品 5g 置于 250ml 的三口烧瓶中，用 120ml 甲酸溶解，三口烧瓶与蛇形冷凝管、臭氧发生器和温度计相连；三口烧瓶及其中的反应混合物用集热式恒温水浴加热磁力搅拌器加热控温，通臭氧氧化 4h。反应后的固液混合物充分澄清，倾出上清液，下层的固体沉淀物用适量甲酸超声萃取后再经充分澄清、倾出上清液，重复操作三次，最后的沉淀物经真空干燥，即为氧化煤沥青残渣（OCP）；以上各次上清液用 0.45μm 的滤膜抽滤，所得滤液用旋转蒸发仪水浴加热蒸出溶剂、获得小分子的氧化产物馏分（SMF）。

3.元素与红外分析

对煤沥青样品及氧化后沥青用 ElementarVarioMACROCube 元素分析仪和 NicoletiS10 傅里叶红外光谱仪进行表征。FTIR 分析采用 KBr 压片法，准确称取 1mg 煤沥青样品（或氧化后沥青）与 100mg 的溴化钾，在玛瑙研钵中研磨成细粉末并混合均匀，压片后测试，扫描波数范围 400–4000cm^{-1}、扫描精度 0.01cm^{-1}、扫描次数 32。

4.气质分析（GC–MS）

实验所得小分子反应产物 (SMP) 用适量丙酮溶解后，用装有 DB–35MS 毛细管色谱柱的 Agilent7890B/5975C 型气质联用仪 (GC/MSD) 进行分析，分析条件为：四极杆质量分析器，电子轰击电压 70eV，氦气为载气，流量 1.0ml/s，分流比 20：1，注射温度 300℃，质量扫描从 30 – 500amu；柱箱温度从 100℃开始，以 10℃/min 的升温速度升温到 300℃，然后在 300℃恒温保持直到没有谱峰流出后停止。数据处理用该仪器工作站软件进行，化合物的鉴定通过比较其质谱图与 NIST08 谱图库的质谱数据进行计算机检索对照确定；NIST08 谱图库难于确定的化合物则依据主要离子峰及分子离子峰等与文献资料相对照确定。

4.3.3.2 结果与分析

1.元素分析结果

表 4–8 所列为煤沥青样品及氧化后煤沥青的元素分析，从中可以发现，煤沥青被臭氧氧化后 C 和 H 的含量明显降低、而 O 的含量明显增加，且氧化后沥青的氧含量在反应温度为 50℃时最高，表明臭氧氧化在煤沥青分子中引入了较多的氧原子，且适宜的反应温度为 50℃。

如表 4–8 所示，反应温度在 25℃到 50℃之间，氧化后沥青氧的含量先是随温度的升高而增大的，而 50℃之后却略有降低。结合 O/C 则呈下降趋势推测，在这一温度区间氧化后生成的含氧化合物不稳定，处于中间过渡态，随着反应温度的升高，沥青氧化强度增大，其分子结构中的含氧部分较多地转化生成了小分子产物或转化为含氧气体物质挥发掉了。

表4-8　煤沥青样品及臭氧氧化后沥青的元素分析

样品	C（wt%）	H（wt%）	O（wt%）	O/C
煤沥青样品	90.92	4.327	1.327	0.01460
25℃氧化沥青	76.50	3.631	16.340	0.2136
40℃氧化沥青	75.84	3.558	17.484	0.2305
50℃氧化沥青	74.85	3.503	18.243	0.2437
60℃氧化沥青	79.34	3.604	13.949	0.1758
70℃氧化沥青	79.18	3.547	13.867	0.1751

2. 红外分析结果

图 4-9 所示为煤沥青样品及臭氧 50℃氧化 4h 后沥青残渣的红外光谱图。

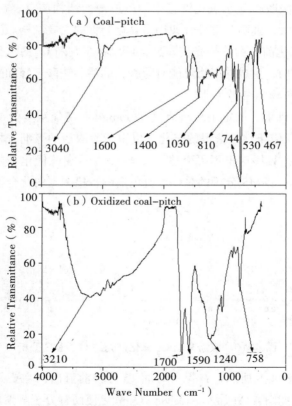

图 4-9　原煤沥青及臭氧 50℃氧化后煤沥青的红外光谱

在如图 1(a) 所示的煤沥青样品的红外光谱中，在 3040cm⁻¹ 附近有明显的芳香族的 C–H 伸缩振动峰，在 1600cm⁻¹ 附近存在芳香环骨架的伸缩振动峰，在 1400cm⁻¹ 处有芳环上 C–H 的弯曲振动吸收峰，都显示煤沥青的芳香环结构特征，但并未显示明显的含氧结构信息。在 900–700cm⁻¹ 之间的指纹区，810cm⁻¹ 及 744cm⁻¹ 的峰表明煤沥青的芳香稠环结构，也可能是取代芳环结构。

相比之下，如图 1(b) 所示，氧化后煤沥青的红外光谱中，则出现了丰富的含氧结构信息。其中在 3700–2000cm⁻¹ 之间的强而宽的吸收带是煤沥青大分子氧化和解聚的证明：游离羟基的伸缩振动吸收通常表现为较高波数的 3640–3610cm⁻¹ 附近的尖锐峰，但由于羟基在分子间或分子内的缔合，其红外吸收位置移向较低波数的 3300cm⁻¹ 附近，形成宽而钝的吸收带；而羧酸分子由于羟基和羰基的强烈缔合，其羟基吸收峰的底部可延续到 –2500cm⁻¹ 处，吸收带变得更宽；在 2500–2000cm⁻¹ 之间是三键及累积双键的伸缩振动吸收峰，表明发生了芳香稠环的解聚。

另外，在 1700cm⁻¹ 处的尖锐强峰显示沥青氧化产生的羰基伸缩振动吸收峰，以及 1300–1100cm⁻¹ 吸收带显示氧化沥青中的酚或醇的结构信息。在 1600cm⁻¹ 附近的峰形和强度变化不大，说明芳香环骨架仍是氧化沥青的主要结构。

对比煤沥青氧化前后的红外光谱信息，可以初步判断 O_3 的氧化在沥青分子中引入了羟基和羰基结构，生成的产物可能有芳香族的醌、羧酸、醛和酮类等。

3. 臭氧氧化产物的气质分析

大量的试验基础上，确定了臭氧流量 6300mg/h、臭氧浓度为 18–20%(wt)、50℃ 下反应 4h 为适宜反应条件，获得的转化率以甲苯萃取后的煤沥青样品计，计算方法同前，达到 32.3%，具体这里不再赘述。图 4–10 所示在此优化条件下煤沥青臭氧氧化所得小分子产物 GC–MS 分析的总率子流色谱图，检测到的化合物列于表 4–2 中。

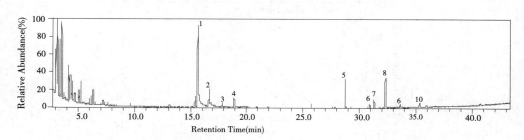

图 4–10　煤沥青图 O_3 氧化产物的 GC–MS 分析

如图 4–10 和表 4–9 所示，在保留时间 15 分钟前流出的主要是不含氧的芳香族小分子，主要结构如图 4–11 所示，表明在 O_3 氧化使沥青分子解聚的过程中，其中一部分碎片转化为中性的芳香族小分子；气质检测在保留时间 15min 后流出的是反应产生的芳酸及醌类化合物，包括邻苯二甲酸酐及其两个甲基衍生物、苯并喃酮、联苯二甲醛、苯甲基苯甲酮、羟基芴酮、蒽醌、菲醌、萘二甲酸酐及氧化二苯并氧硫杂环己二烯，结构如图 4-12 所示。

表4-9　氧化产物GC/MS检测到的化合物

No.	Compound	Formula
1	Phthalic anhydride	$C_8H_4O_3$
2	1(3H)-Isobenzofuranone	$C_8H_6O_2$
3	3-methyl-1,3-Isobenzofurandione	$C_9H_6O_3$
4	4-methyl-1,3-Isobenzofurandione	$C_9H_6O_3$
5	(1,1'-Biphenyl)-2,2'-dicarboxaldehyde	$C_{14}H_{10}O_2$
6	(4-Acetylphenyl)phenylmethane	$C_{15}H_{14}O$
7	4-Hydroxy-9-fluorenone	$C_{13}H_8O_2$
8	9,10-Anthracenedione	$C_{14}H_8O_2$
9	9,10-Phenanthrenedione	$C_{14}H_8O_2$
10	1,8-Naphthalic anhydride	$C_{12}H_6O_3$
11	10-oxide Phenoxathiin	$C_{12}H_8O_2S$

从气质检测的结果看，煤沥青臭氧氧化产物的组成相对于煤沥青的组成来说要简单一些，以邻苯二甲酸酐和蒽醌含量较高。邻苯二甲酸酐生产塑料增塑剂、油漆添加剂及纤维增强剂的重要原料，蒽醌是一种重要的化工原料和染料中间体，具有较高的价值。这一结果说明，可以通过煤沥青的 O_3 氧化制备芳香族的羧酸或醌类物质。

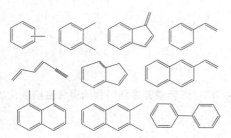

图 4-11　煤沥青 O_3 氧化产生的中性芳香族小分子

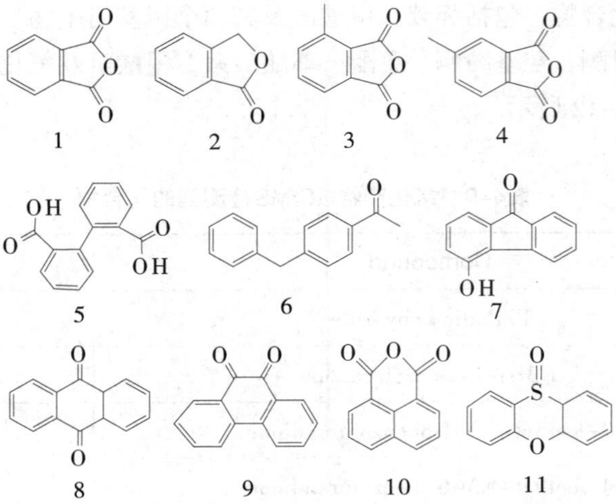

图 4-12　GC-MS 检测到的煤沥青臭氧氧化的含氧化合物

关于煤沥青氧化产物的收率，由于在沥青分子中引入了较大原子质量数的氧原子而未能进行计算，我们将在今后的研究中设计方法进行计算。

4. 芳香环结构臭氧氧化的机理分析

在碱性介质中，O_3 分解快，其氧化作用以自由基间接氧化为主，而在酸性介质中，O_3 分解慢，主要以直接氧化反应为主[50-51]。O_3 直接氧化有机物的反应又可以分为三种方式：亲电反应、亲核反应和偶极加成反应。由于芳香环结构较为稳定，环上电子云密度较高，所以判断煤沥青的臭氧氧化更多的是亲电反应[30]。由臭氧分子直接进攻芳环上电子云密度较高的碳原子，进而取代氢原子生成羟基或羰基，直到使芳环裂解，如图 4-13 所示。

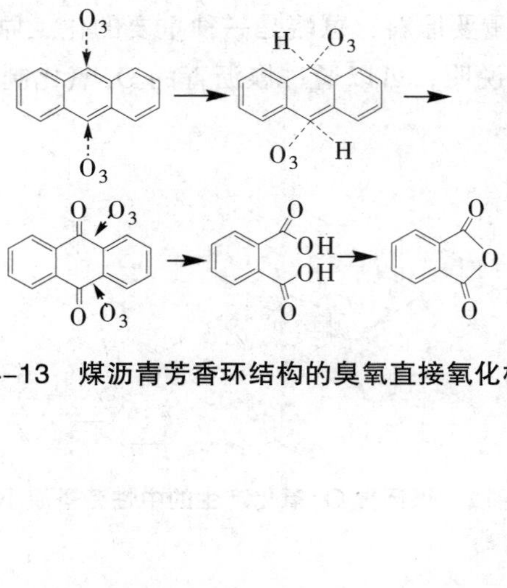

图 4-13　煤沥青芳香环结构的臭氧直接氧化机理

4.3.3.3　小结

通过在甲酸中进行了煤沥青的臭氧氧化实验，对煤沥青样品及氧化后的沥青残渣用元素分析法和红外光谱法进行分析，对氧化产生的小分子物质用气质联用分析法进行分析，主要结论如下：

（1）煤沥青臭氧氧化是获取小分子的芳香族含氧化合物的一条潜在途径。O_3 能够使沥青稠环结构解聚和氧化，氧化后沥青的氧含量在温度 50℃、臭氧流量 6300mg/h 和反应时间 4h 条件下达到最高。

（2）煤沥青经过臭氧氧化，在沥青分子结构中引入了较多的羟基及羧基，主要是不含氧的中性芳香族小分子化合物和含氧的芳香族酸酐及醌类化合物。

（3）推测反应机理为臭氧直接亲电反应，臭氧分子直接进攻芳环上电子云密度较高的碳原子，进而取代氢原子生成羟基或羧基，直到使芳环裂解。

4.3.4　结论和创新点

1. 主要结论

本研究以甲苯萃取后的煤沥青为研究对象，以获取小分子芳香族含氧化合物为目的，考察煤沥青在 NaOCl 水溶液、H_2O_2 和 O_3 中的氧化解聚行为，分析了反应机理，使用元素分析、红外光谱、热重分析方法对煤沥青样品及反应后的氧化沥青残渣进行分析，对反应后液相中的小分子物质用气质联用方法进行了分析，结论如下：

（1）煤沥青样品的双氧水氧化打破了其芳香族稠环结构，产生的小分子产物主要有烷酸、烷多酸、苯多酸和少量的烷基苯，优势裂解方式主要是生成单环的苯多酸和小分子烷多酸的裂解，检测到的苯多酸从苯二甲酸、苯三甲酸直到苯六甲酸。以五氧化二钒为催化剂，过氧化氢溶液浓度为 15%，在 60℃下氧化 6h 的氧解转化率达到 59.06%，综合考虑小分子产物收率和双氧水的分解等因素，取反应温度 50℃ 和反应 6h，实验得到的沥青转化率为 45.21%。从煤沥青双氧水氧化出发，优化反应条件，生产小分子的烷多酸和苯多酸，是一条潜在的利用途径。

（2）煤沥青的臭氧氧化能够使沥青稠环结构解聚和氧化，在沥青分子结构中引入了较多的羟基及羧基，主要是不含氧的中性芳香族小分子化合物和含氧的芳香族酸酐及醌类化合物。在温度 50℃、臭氧流量 6300mg/h 和反应时间 4h 条件下沥青的转化率达到最高。推测反应机理为臭氧直接亲电反应，臭氧分子直接进攻芳环上电子云密度较高的碳原子，进而取代氢原子生成羟基或羧基，直到使芳环裂解。

2. 创新点

（1）煤沥青富含大分子的芳香族稠环和稠杂环结构，经过氧化解聚为较为简单的小分子含氧化合物，并深入考察不同氧化剂及氧化条件下的解聚机理。目前这方面的研究鲜有报导，这是本项目在研究内容上和学术思想上的创新。

（2）本项目在温和的条件下进行，可以在低能耗的条件下使煤沥青快速解聚，高收率地得到有机产物；合理使用多种先进的分析和分离手段，较全面地了解氧化解聚后所得混合液的组成结构，可以为优化氧化解聚过程提供科学依据。

3. 存在问题及继续研究计划

（1.）由于氧元素的质量数比煤沥青中的碳和氢大得多，是氢的 16 倍、比碳的也要大得多，同时氧化过程不可避免地会产生 CO_2 气体逸出，关于煤沥青产物和氧化残渣的收率计算，还须考虑其中氧原子引入的影响。我们将在今后的研究中设计方法进行计算。煤沥青臭氧氧化是获取小分子的芳香族含氧化合物的一条潜在途径。

（2）试验结果均显示，煤沥青经过次氯酸钠、双氧水或臭氧氧化，有大量的氧原子被以羟基、羰基或羧基的形式引入到了沥青分子中。这种结构存在于沥青分子的外围，参考煤在受热 200℃–300℃左右脱羧分解，猜测氧化沥青残渣受热在这个范围时含氧结构可能以 CO_2 或 H_2O 的小分子形式脱除，同时沥青的分子结构发生重排。基于此种猜想，本课题组拟在下一个阶段进行氧化沥青残渣的脱羧精制，以制备纯净的沥青。

参考文献

[1] 2017 年 1–12 月中国焦炭产量数据统计 [EB/OL]. 中商情报网 (2018–01–23) [2018–01–30] http://www.askci.com/news/chanye/20180123/162212116677. shtml

[2] 薛新科 陈启文 . 煤焦油深加工技术 [M]. 北京：化学工业出版社 ,2011.

[3] 陈泽永 . 改质沥青对电解铝用预焙阳极性能的影响研究 [D]. 长沙：湖南大学 ,2010.

[4] 史战军 . 中温沥青氧化改质制备球形沥青焦的研究 [D]. 鞍山：辽宁科技大学 ,2013.

[5] 闫修谨 , 李玉财 , 邵忠亮 , 刘勇 . 粘结剂用沥青的生产 [J]. 炭素技术 ,2001（4）:34–38.

[6] 赵瑞萍 , 何小燕 , 杨华政 . 煤沥青改质的工艺进展 [J]. 广州化工 ,2017,45（10）:16–31.

[7] 任海宁 . 国内外针状焦生产现状及工艺技术 . 山东化工 ,2015,44（17）:56–57.

[8] 刘光武 , 叶煌 . 一种工业制取煤系针状焦的工艺 [P] . CN1386820.

[9] 冯映桐 , 沈宝依 , 余兆祥 , 万明纬 . 分离煤焦油中喹啉不溶组份的方法 [P] . CN1058984.

[10] 川野阳一 , 瓦田贵之 , 福田哲生 . 制备石墨电极用针状焦的方法 [P]. CN1289316.

[11] 戴惠筠 . 改质法制取煤系针状焦 [J]. 燃料与化工 ,1990(6):38–41.

[12] Roberto G, Jos é L C, Shona C M, Colin E S, and Sabino R M. Development of Mesophase from a Low–Temperature Coal Tar Pitch[J]. Energy & Fuels, 2003 17 (2): 291–301.

[13] Jos é L C, Ana A, Jos é A V, Roberto G, Colin E S, and Sabino R M. Effect of the Polymerization with Formaldehyde on the thermal Reactivity of a Low–Temperature Coal Tar Pitch[J]. Energy & Fuels, 2005, 19 (2):374–381.

[14] Arunima Sarkar, Duygu Kocaefe, Yasar Kocaefe, Dipankar Bhattacharyay, Dilip Sarkar, and Brigitte Morais. Effect of Crystallinity on the Wettability of Petroleum Coke by Coal Tar Pitch[J]. Energy & Fuels, 2016, 30 (4): 3549–3558.

[15] Xiaohua Fan, Youqing Fei, Lei Chen, and Wei Li. Distribution and Structural Analysis of Polycyclic Aromatic Hydrocarbons Abundant in Coal Tar Pitch[J]. Energy & Fuels, 2017 31 (5): 4694–4704.

[16] Valentina Gargiulo, Barbara Apicella, Michela Alf è , Carmela Russo, Fernando Stanzione, Antonio Tregrossi, Angela Amoresano, Marcos Millan, and Anna Ciajolo. Structural Characterization of Large Polycyclic Aromatic Hydrocarbons. Part 1: The Case of Coal Tar Pitch and Naphthalene–Derived Pitch[J]. Energy & Fuels, 2015, 29 (9): 5714–5722.

[17] Valentina Gargiulo, Barbara Apicella, Fernando Stanzione, Antonio Tregrossi, Marcos Millan, Anna Ciajolo, and Carmela Russo. Structural Characterization of Large Polycyclic Aromatic Hydrocarbons. Part 2: Solvent–Separated Fractions of Coal Tar Pitch and Naphthalene–Derived Pitch[J]. Energy & Fuels, 2016, 30 (4): 2574–2583.

[18] Carlos G B, and Maria D G. Study of relationships between solvent effectiveness in coal tar pitch extractions and solvent solubility parameters[J]. Industrial & Engineering Chemistry Research, 1991, 30 (7):1579–1582.

[19] Carlos G B and Maria D G. Study of relationships between solvent effectiveness in coal tar pitch extractions and solvent solubility parameters[J]. Industrial & Engineering Chemistry Research ,1991, 30 (7): 1579–1582.

[20] Masahide Sasaki, Tetsuro Yokono, Masaaki Satou, and Yuzo Sanada. Fractionation of coal tar pitch with iodine[J]. Energy & Fuels, 1991 5 (1), 122–125.

[21] Maximilian Zander,Gerd Collin. A review of the significance of polycyclic aromatic chemistry for pitch science[J]. Fuel,1993,72(9) : 1281–1285.

[22] X H Yuan, H X Xu. L Wu, Z M Zong, X Y Wei. Advances in the study on main–chain type aromatic polymers[J]. Coal Conversion, 2000,23(1):33–38.

[23] Y H Ma, W Su, Q H Wang. Development of utilization technology of coal pitch and its pollution control[J]. Environmental Engineering, 2013,31(6):90–95 [In Chinese]

[24] G Z Hu, B Xu, Z H QIN, S Q ZHANG , J Z LIU, S G DING. Study on Volatilization Rate of Dist illed Gas fr om an Air Blow ed Coal T ar Pitch[J]. Jour nal of China University o f Mining & Techno logy,2007,36(2):193–195.

[25] Oshika T, Okuwaki A. Formation of aromatic carboxylic acids from coal-tar pitch by two-step oxidation with oxygen in water and in alkalinesolution[J]. Fuel, 1994, 73(1): 77–82.

[26] Mae K, Maki T, Araki J, et al. Extraction of low-rank coals oxidized with hydrogen peroxide in conventionally used solvents at room temperature[J]. Energy Fuels,1997,11(4):825–831.

[27] Ndaji F E, Thomas K M. The effects of oxidation on the macromolecular structure of coal[J]. Fuel,1995,74 (6):932–937.

[28] Karaca H, Ceylan K. Chemical cleaning of Turkish lignites by leaching with aqueous hydrogen   peroxide[J]. FuelProcessTechnol,1997,50(1):19–33.

[29] Li W, Cho E H. Coal desulfurization with sodium hypochlorite[J]. Energy Fuels, 2005, 19 (2):499–507.

[30] H Chen, Z M Zong, J W Zhang, G B Huan, Y Han, W T Xang, X Y Wei. Analysis of Products from the Oxidation of Heidaigou Coal Residue with H2O2 Aqueous Under Mild Condition[J]. Journal of China University of Mining & Technology, 2008,37(3):348–353.

[31] Gong G Z, Wei X Y, Wang S L, Xie Y X, Zong Z M. Oxidative degradation of Dongtan bituminous coal in aqueous NaOCl solution[J]. Journal of China University of Mining & Technology, 2011,40(4): 604–607.

[32] Li B M, Tian Y J, Xie R L, Zhang H X, Wang X Y, Wei X Y. Analysis of Produces from the Oxidation of Xuzhou Raw Coal and Ultra- pure Coal with Hydrogen Peroxide Under Mild Conditions[J]. Journal of China University of Mining & Technology, 2010, 39(5):716–722.

[33] F J Liu, X Y Wei, Y Zhu, J Gui, Y G Wang, X Fan, Y P Zhao, Z M Zong, W Zhao. Investigation on structural features of Shengli lignite through oxidation under mild conditions[J]. Fuel, 2013,109 () : 316–324.

[34] Huang YG, Zong ZM, Yao ZS, Zheng YX, Mou J, Liu GF, et al. Ruthenium ioncatalyzed oxidation of Shenfu coal and its residues[J]. Energy Fuels, 2008, 22(3):1799–1806.

[35] Yao ZS, Wei XY, Lu J, Liu FJ, Huang YG, Xu JJ, et al. Oxidation of Shenfu coal with RuO4 and NaOCl[J]. Energy Fuels 2010,24(3):1801–8.

[36] Liu ZX, Liu ZC, Zong ZM, Wei XY, Wang J, Lee CW. GC/MS analysis of watersoluble products from the mild oxidation of Longkou brown coal with H_2O_2[J]. Energy Fuels 2003,17(2):424–426.

[37] G Z Gong, X Y Wei, S L Wang, S P Liu, et al. Preparation of Benzene Polycarboxylic Acids

by Oxidation of Coal with NaOCl[J]. Advanced Materials Research, 2011,236–238: 864–867.

[38] Mae K, Maki T, Okutsu H, Miura K. Examination of relationship between coal structure and pyrolysis yields using oxidized brown coals having different macromolecular networks[J]. Fuel, 2000, 79(3–4): 417–425.

[39] Miura K, MaeK, Okutsu H,etal. New oxidative degradation method for producing fatty acids in high yields and high selectivity from low–rank coals[J]. Energy Fuels, 1996,10(6):1196–1201.

[40] Mae K, Maki T, Araki J, et al. Extraction of low–rank coals oxidized with hydrogen peroxide in conventionally used solvents at room temperature[J]. Energy Fuels,1997,11(4):825–831.

[41] Isoda T, Takagi H, Kusakabe K, et al. Structural changes of alcohol–solubilized Yallourn coal in the hydrogenation over a Ru/Al2O3 catalyst[J]. EnergyFuels,1998,12(3):503–511.

[42] Henning K, Steffes H J, Fakoussa R M. Effects on the molecular weight distribution of coal–derived humic acids studied by ultrafiltration[J]. Fuel Process Technol, 1997,52 (1–3): 225–237.

[43] Sugano M, Ikemizu R, Mashimo K. Effects of the oxidation pretreatment with hydrogen peroxide on the hydrogenolysis reactivity of coal liquefaction residue[J]. Fuel Process Technol, 2002, 77–78:67–73.

[44] Mae K, Shindo H, Miura, K. A new two–step oxidative degradation method for producing valuable chemicals from low rank coals under mild conditions[J]. Energy Fuels, 2001, 15(3): 611–617.

[45] Miura K. Mild conversion of coal for producing valuable chemicals[J]. Fuel Process Technol, 2000, 62(2–3): 119–135.

[46] Xu W J, Zhang G C, Zheng M X, Chen J. Wang Kaijun1 Treatment of Antibiotic Wastewater by Ozonation[J]. PROGRESS IN CHEMISTRY, 2010,22(5): 1002–1009.

[47] Zhu X F. Catalytic ozonation of the organic wastewater[D]. Hang Zhou: Zhejiang University,2005.

[48] Semenova S A, Patrakov Y F, Batina M V. Preparation of oxygen–containing organic products from bed–oxidized brown coal by ozonation[J]. Russ. J. Appl. Chem., 2009, 82(1): 80–85.

[49] Semenova S A, Patrakov Y F, Batina M V. Preparation of oxygen–containing organic products from bed–oxidized brown coal by ozonation[J]. RussJApplChem, 2009,82 (1): 80–85.

[50] Patrakov Y F, Fedyaeva O N, Semenova S A, et al. Influence of ozone treatment on change of structural–chemical parameters of coal vitrinites and their reactivity during the thermal liquefaction process[J]. Fuel, 2006, 85(9): 1264–1272.

[51] Y L Wang, X H Chen, M J Ding, and J Z Li. Study of oxidization of coal–pitch by O_3. International Journal of Mining Science and Technology,2016,26（4）:677–781.

[52] Y L Wang, X H Chen, M J Ding, and J Z Li. Oxidation of Coal Pitch by H_2O_2 under Mild Conditions[J]. Energy & Fuels, 2018, 32 (1): 796–800.

第5章 煤基有机组分的分离与分析研究

5.1 煤基有机组分中有机组分的分离与分析研究进展

煤有机质富含芳环结构，其主体是以各种多环及稠环芳香族化合物为基本结构单元、并通过 $-(CH_2)_n-$、$-O-$ 和 $-S-$ 等桥键相联接的三维空间网络状的大分子杂聚体，称为煤的大分子相，随着煤的变质程度的增加，芳环结构单元的尺寸和缩合程度增大，桥键数目相应地减少 [1]。少量的多环芳烃、稠环芳烃、杂原子芳香族化合物、脂肪烃、脂环烃和含杂原子的其他极性化合物等 [2-8] 小分子相物质，通过复杂的分子间作用力被持留在煤的大分子相中，小分子相物质通常被认为是成煤过程残余的、构成煤大分子的基本结构单元或结构单元周围的侧链物质 [9-10]。

煤的转化，无论是煤的气化、液化还是焦化，均是以煤大分子结构的裂解为化学反应基础的，转化衍生出的中小分子物质均是多环及稠环芳香族、脂环族与脂肪族化合物的复杂混合物，如煤焦油、煤液化油、煤液化残渣等，在此与煤的有机质组分一并统称为煤基有机组分。

由于煤基有机组分的结构与组成的复杂性，其分离与分析是一项相当艰苦的工作，是煤综合高效利用的难题所在。在高温煤焦油的加工中已工业化使用的各种蒸馏技术，是以加热蒸馏为主导技术的分离过程，其工艺及设备复杂、能耗高、效率低，且所能分离出的组分少，已无法适应当代煤化工的发展和需要。目前人们在研究工作中较多地使用的分离手段有溶剂萃取和各种色谱技术等，现代仪器分析技术在煤基有机组分的分析测试中发挥了重要的作用。

5.1.1 煤基有机组分的溶剂萃取及其面临的问题

溶剂萃取是研究煤基有机组分的组成和结构的必要而有效的手段。关于煤的溶剂萃取，研究者们已做了大量的工作，人们采用多种萃取方法[11-12]、各种辅助手段（如超声振荡[12-13]和微波辐射[14-16]等）、预处理方法（如溶剂溶胀[17-18]、化学处理[19-23]、添加剂[24-26]和氧化[27]等），精选多种溶剂，进行煤的溶剂萃取研究，并结合现代的分析检测技术[28-35]等对萃取产物进行分析和表征，对煤溶剂萃取的机理及影响因素[36-47]等进行了广泛的研究，为煤化学研究提供了较多的基础数据。不仅如此，溶剂萃取可以在温和条件下，实现煤基有机组分从其固体混合物体系中的初步分离，是煤基有机组分分离与分析的第一步，可望成为从煤基有机组分分离的关键技术之一。

煤的溶剂萃取研究，为认识煤的结构、组成和性质提供了大量的信息，丰富了煤非能源利用的化学基础，为煤化学研究和煤的非能源利用积累了大量的基础数据。但是由于溶剂萃取本身的选择性较差，更加上煤基有机组分结构的复杂性，使得煤基有机组分的溶剂萃取物的组成和性质也十分复杂，主要存在以下几个方面的问题。

（1）溶剂萃取物仍是复杂的有机混合体系。众多文献中所说的煤中有机组分的萃取分离，多限于对萃取物的色谱 - 质谱联用分析并据分析结果归类脂肪族、芳香族和非烃馏分（极性化合物）。

（2）在仪器分析过程中，萃取物中低丰度组分的信息常常为仪器噪声或较高丰度组分的信息所覆盖，无法检测到，因而仅靠溶剂萃取为煤化学研究所能提供的信息是不全面的，必须进一步分离为更精细的馏分。

（3）从精细化学品生产的角度出发，也必须对溶剂萃取物进行进一步的分离，探索和寻找合理而有效的分离方法。

从以上的分析中可以看出，无论是对于煤化学研究，还是对于煤的非能源利用，煤溶剂萃取作为煤中有机质的分离手段，必须和其他的分离方法相结合，才能发挥应有的作用。

5.1.2 色谱技术在煤基有机组分的分离与分析中的应用

1.色谱技术概述[49]

色谱技术是基于混合物的各组分间的理化性质上的差异而建立起来的一类分离与分析技术。这些理化性质包括溶解度、吸附能力、立体化学特性、分子大小、带电情况、离子交换速度和亲和力大小以及特异的生物学反应等。色谱分离系统包含互不相溶的两相：其一是固定相，可以是固体物质固定相或者是固定于固体物质上的液体固定相（又称固定液），在色谱过程中相对固定；另一是流动相，即在色谱过程中带动待分离的混合物各组分相对于固定相移动的一相，可以是气体，也可以是液体。当混合物的组分随流动相通过固定相时，由于存在着理化性质上的差异，它们与两相发生相互作用（吸附、溶解、离子交换和尺寸排阻等）的能力不同，因而在两相中的分配（含量对比）不同。随流动相的向前移动，此分配过程不断地重复，使各组分在性质上的微小差异不断放大，宏观上表现为各组分在固定相中的移动速度不同：与固定相相互作用力较弱的组分，随流动相移动时受到的阻滞作用较小，向前移动的速度较快；反之，与固定相相互作用较强的组分向前移动速度则较慢。色谱过程的最终结果是混合物各组分被固定相保留的时间不同，因而按照一定的次序依次从固定相中流出而得到分离。依次收集流出物质，可得到混合物中的单一组分或细族组分，从而达到分离的目的；用适当的检测手段检测流出物质即色谱分析。两相及两相的相对运动是色谱技术的基础，色谱分离的实质就是试样中各组分在两相间不断进行着的分配过程。

色谱技术种类较多，按分离原理可分为吸附色谱、分配色谱、离子交换色谱（简称离子色谱）、凝胶色谱（又称排阻色谱）和亲和色谱等。吸附色谱是利用各组分与固定相间吸附能力的不同来进行分离的，常用的吸附剂有氧化铝、硅胶和聚酰胺等。分配色谱利用混合物各组分在不互溶的流动相液体和负载于固体载体上的固定液之间溶解分配比的不同来进行分离，常用的载体有硅胶、硅藻土和纤维粉等。液液逆流色谱则是分配色谱与逆流分溶的发展。离子色谱是利用混合物各组分离子解离强度不同而分离的，常用的固定相为离子交换树脂，有阴离子型和阳离子型两类，阴离子交换树脂有烷基季铵型和烷醇季铵型两类，阳离子交换树脂有磺酸型和羧酸型等。凝胶色谱的固定相是多孔凝胶，利用混合物各组分因分子大小不同而在凝胶上受阻滞的程度不同实现混合物的分离。亲和色谱则是利用混合物的某一组分与固定相的专一的亲和作用而实现混合物分离的目的。其他还有气体色谱和毛细管电泳色谱等。

色谱过程的操作形式很多，在色谱柱上进行的色谱称为柱色谱，在薄层上进行的色谱称为薄层色谱，在毛细管柱中进行的色谱称为毛细管柱色谱等。

按照色谱过程的目的，色谱技术又可分为分析色谱和制备色谱两类。前者以混合物组分分析为目的，通常在带检测器的色谱分析仪器上完成。以制备性分离为目的的色谱技术称为制备色谱，可以通过色谱仪器进行；也可以在实验室利用简单的色谱装置进行，常称为层析。基于各种分离原理的柱层析常用于这一目的，薄层层析可用于半微量制备。

各种色谱技术见表 5-1 所示。

表5-1　色谱法别类

分类	特点
按分离原理分类	
吸附色谱	固定相是固体吸附剂，各组分在吸附剂表面吸附能力不同
分配色谱	各组分在流动相和静止液相（固定相）中的分配系数不同
离子色谱	固定相是离子交换剂，各组分与离子交换剂亲和力不同
凝胶色谱	固定相是多孔凝胶，各组分因分子大小不同在凝胶上受阻滞的程度不同
亲和色谱	固定相只能与一种待分离组分专一结合，以此和无亲和力的其他组分分开
按操作形式不同分类	
柱色谱	固定相装于柱内，使样品沿着一个方向前移而达分离
薄层色谱	固定相以一定方式均匀涂铺在薄板上，点样后用流动相展开使各组分分离
纸色谱	用滤纸作液体的载体，点样后用流动相展开，使各组分分离
毛细管柱色谱	固定相为涂于毛细管内壁上的固定液
薄膜色谱	将适当的高分子有机吸附剂制成薄膜，以类似纸色谱方法进行物质的分离
按固定相和流动相特点分类	
气－固色谱	流动相为气体，固定相为固体吸附剂
气－液色谱	流动相为气体，固定相为固定在固体吸附剂上的固定液
液－固色谱	流动相为液体，固定相为固体吸附剂
液－液色谱	流动相为液体，固定相为固定在固体吸附剂上的固定液
按色谱过程的目的分类	
分析色谱	以混合物的组分分析为目的，通常要通过色谱分析仪器来进行
制备色谱	以混合物组分分离并得到一定量的纯组分或细族组分为目的

2.有机混合物制备性分离中常用的制备色谱技术简介[50]

制备色谱是混合物特别是复杂有机混合体系的最有效的制备性分离技术之一。适合于有机混合体系的制备性色谱有薄层层析、柱层析、高效液相制备色谱和高速逆流色谱等。

（1）薄层层析

薄层层析的操作方式是把固定相均匀地涂铺在平板玻璃上制成薄层板，采用适当的方式使样品负载在薄层板的一端，然后在展开室中选择适当的溶剂使样品向另一端展开，样品中的各组分与固定相的作用强弱不同而有不同的展开速度，进而实现混合物组分的分离。薄层层析有吸附、分配、离子交换或排阻等类型，其中实验室最常用的是硅胶吸附型薄层层析。制备薄层层析的吸附剂用量比分析型的要大许多，目的是为了增大制备量，因为吸附剂的用量越大，能与样品作用的总表面积就越大，因而一次操作的上样量也就越大。制备薄层层析装置简单且操作灵活，容易实现，但吸附剂薄层不能太厚（一般 0.5–3.0 mm），否则容易出现裂口，因而吸附剂的用量有限，总体的上样量较小，制备量较小，常用于实验室半微量制备。

（2）柱层析

柱层析是经典的色谱技术，其操作方式是把固定相均匀地装填于玻璃柱中制成层析柱，将样品混合物以适当的方式加于柱的一端（称为上样），然后选择适当的溶剂体系作为流动相对样品进行洗脱，使样品随着流动相通过固定相并与固定相发生相互作用而实现组分间的分离。柱层析可以通过加压洗脱或减压抽出的方式加快流动相的流速，可实现快速分离。柱层析根据固定相的不同也有吸附、分配、离子交换和凝胶等多种类型，实验室有机分离实验中常用的是硅胶吸附柱层析。凝胶柱层析常用于极性相似但分子尺寸差别较大的混合物体系的分离。硅胶柱和凝胶柱的巧妙结合可以实现较理想的分离效果。柱层析可依待分离样品的复杂程度和制备量大小选择适当大小的层析柱，因而固定相的用量不受限制，制备量较薄层层析大。

柱层析装置简单、操作灵活、制备量大，是实验室最常用的制备性分离手段之一，目前有 80 % 以上的实验室制备性分离工作是在硅胶柱上进行的。其不足之处是洗脱过程需敞口操作，溶剂挥发损失严重，须在通风橱中进行，且硅胶柱对样品的不可逆吸附引起样品损失。

（3）高效液相制备色谱

高效液相制备色谱是借助于高效液相色谱仪来进行的柱色谱制备性分离，其分离柱直径要比通常的分析型高效液相色谱柱大很多，目的是增大制备的样品量。其分离原理同经典柱层析一样。由于高效液相色谱仪可实现封闭式操作，避免了因溶剂挥发造成的流动相损失和对实验者身体的危害。但仪器设备系统复杂，制备量较小，可用于制备性纯化。

（4）高速逆流色谱

逆流色谱是一种特殊的液 – 液分配色谱技术，它利用不混溶的两相液体来进行色谱分离，其中一相以一种相对均匀的方式纵向分布在一系列的管体或腔体中，另一相携带溶质组分以一定的速度通过第一相并与之充分接触，使样品组分不断在在两相间进行分配。传统的液–液分配色谱的固定相液体需要通过负载于固体载体上来得以固定，但逆流色谱不用固体载体来保留固定相，在有限的容积内可以保留远远多于传统液–液分配色谱的固定相，因而制备量大，且避免了样品因与固体支撑体之间的复杂相互作用而引起的不可逆吸附、失活及变性等问题，具有较高的样品回收率和实验的重现性，特别适用于极性物质和生物活性物质的分离。

逆流色谱包括液滴逆流色谱、旋转小室逆流色谱和离心逆流色谱三大类。液滴逆流色谱的分离系统由一系列串联的分离管组成，管前有恒流泵和进样阀，管后有检测器和馏分收集器，利用重力场将固定相保留在分离管中。管中流动相以液滴的形式通过另一相，使溶质在两相中不断分配。这类色谱技术的不足之处是分离时间长，可选择的溶剂体系有限，柱的清洗困难，联接处较多易渗漏。

旋转小室逆流色谱的核心是一系列装设在转轴周围的串联连接的分离柱（或腔体），分离柱的倾斜度及转轴的转速可调。这类色谱法比液滴逆流色谱法的分离效果有所提高，仪器噪声低，绝大部分两相溶剂体系均可使用，不足之处是存在死体积，色谱仪需要旋转密封接头，易渗漏。

离心式逆流色谱利用离心力场的作用将固定相保留在分离柱中，按照仪器的结构特点有匣盒式逆流色谱仪和行星式逆流色谱仪等。匣盒式色谱仪的分离系统为径向且对称安装于筒形转子中的一系列串联的分离管，色谱过程中的离心力场是恒定的。转子的高速转动能让固定相较多地保留在分离柱中。不足之处是存在死体积且色谱仪需要旋转密封接头，易渗漏。

行星式逆流色谱仪的分离管被设计成作行星式运动的多层螺旋管，利用螺旋管的行星式运动所产生的变化的离心力场将固定相保留在螺旋管中，并允许流动相快速流过固定相，被称为高速逆流色谱（high–speed countercurrent chromatography，HSCCC）。两相溶剂体系在高速旋转的螺旋管内建立起一种特殊的单向性流体动力学平衡，在连续洗脱的过程中，能保留大量的固定相。HSCCC，是 20 世纪 80 年代以来发展起来的一种连续高效的液–液分配色谱技术。由于固定相保留率高且被分离的物质与液态固定相之间接触充分，使得样品的制备量大大提高。它相对于传统的固–液柱层析和液–液柱色谱，具有适用范围广、操作灵活、高效快速、制备量大、费用低廉且两相溶剂选择范围广等优点，是一种理想的制备分离技术。

3. 色谱法在有机组分的分离与分析中的应用进展

色谱技术自 21 世纪初问世以来迅速发展，其分离效率高，分离能力强，可以实现复杂混合物、有机同系物和同分异构体、甚至是手性异构体等的分离，在化工[51]、生物[52]、医药[53-55]、食品[56]和环境[57]等领域的研究中广泛应用，常常和溶剂萃取技术相结合，对萃取物进行精细分离和分析。但是，由于传统煤化工热加工模式的束缚，在煤及煤衍生物的研究中应用较小，多限于使用气相色谱和高效液相色谱等对煤及煤衍生物溶剂萃取物的仪器分析。关于色谱技术在煤及煤衍生物的制备性分离研究应用的报导很少。

在某些性质和组成接近煤类的样品处理中，有人用到了色谱方法。如 Lazaro 等[58]用薄层层析法进行的煤焦油沥青的分级分离实验、Adam 等[59]用薄层层析法对 Messel 油页岩二氯甲烷萃取物的分级分离、Li 等[60]用薄层层析法对对焦油沥青和真空渣油样品的处理和 Herod 等[61]在用凝胶色谱对煤液化油、石油残渣、煤燃烧烟尘、生物质焦及腐殖质类物质等的研究中用薄层层析法进行样品处理等。

柱层析法的应用也限于对接近煤类样品的样品处理。Murtia 等[62]在进行 Tanito Harum 煤及其氢化油的轻质馏分中杂原子化合物的表征研究中，使用柱层析法处理其中的汽油馏分，用活性氧化铝和硅胶作固定相，依次以正戊烷、乙醚、氯仿和乙醇四种溶剂洗脱，并对各洗脱液浓缩得到非芳香族组分和芳香族组分。Taga 等[63]对煤燃烧产生的烟尘的苯/甲醇混合溶剂萃取物用硅胶柱色谱进行分级分离，依次用正己烷、正己烷/二氯甲烷和二氯甲烷和甲醇洗脱，分为四个馏分，并对每个馏分进行了致突变测试和氮杂多环芳香族化合物的测定。Islas 等[64]在煤衍生液的重质组分特异性能的研究中，在处理几种煤衍生物样品时使用柱层析方法，依次用乙腈、吡啶和 NMP 洗脱实现分级分离。金保升等[65-66]对不同原煤及其气化产物的二氯甲烷萃取物用柱层析法处理后，利用高效液相色谱法分别对提取液中的 16 种多环芳烃进行了定性和定量测定，研究了不同煤种及其气化产物中多环芳烃的分布。Callén 等[67]和 Mastral 等[68]在进行煤与轮胎共炼所得油和焦油中的多环芳的存在研究中，在样品的处理中用到了柱层析。张志红[69]在煤溶剂抽提物的选择性富集及分析研究中，选用四种煤样用不同极性的有机溶剂直接对煤样进行柱色谱连续抽提实验，获得不同极性的煤溶剂抽提物，并用高效液相色谱法对抽提物进行了富集芳香族酚类的尝试，但未能得到满意的结果。

这些研究已展示了色谱技术用于煤系复杂有机混合体系分离的可行性，但都是较粗浅的和不系统的，无法与其在天然有机物分离中的广泛应用相提并论。鉴于煤来源的生物质基础，色谱技术用于煤基有机组分的分离与分析，必将发挥突出的作用。

5.1.3　主要研究内容

煤基有机组分是复杂的有机混合体系，煤基有机组分的分离与分析是其综合高效利用的关键。溶剂萃取可有效地实现煤基混合物中溶剂可溶有机组分从混合物体系中的初步分离，但由于其本身的选择性差，无法达到煤化学研究和煤化工利用所需的分离与分析要求。各种色谱技术物如经典柱层析等，在天然有机分离与分析中发挥了重要的作用，根据煤来源的生物基础，其用于煤基有机组分的分离与分析将有切实的可行性。

鉴于以上分析，在查阅了大量文献资料和充分调研的基础上，提出了"煤基有机组分的精细分离与分析"的研究课题，主要内容如下：

（1）煤中有机组分的族组分分离与分析

（2）煤液化油及液化残渣中有机组分的族组分分离与分析

（3）建立表征煤基复杂有机体系精细分离与分析的方法体系

5.2 实验部分

5.2.1 仪器与试剂

实验所用主要仪器列于表 5-2 中。所用溶剂 CS_2、正己烷、乙酸乙酯和甲醇等均为市售分析纯试剂，并经旋转蒸发仪重蒸精制后使用，浓 HCl 和 HF 直接用于样品的脱灰。

表5-2 实验所用主要仪器

仪 器	型 号	生产厂家
气相色谱 – 质谱联用仪	Agilent 6890/5793	美国 Agilent 公司
元素测定仪	Leco CHN–2000	Leco 公司
热重分析仪	Leco Mac–400	Leco 公司
傅立叶变换红外光谱仪	Nicolet magna FRIR–560	美国 Nicolet 公司
X 射线衍射仪	D/Max–3B	日本理学公司
精密电子天平	Sartrius BP110S	德国 Sartrius 公司
旋转蒸发仪	Buchi R–134	瑞士 Buchi 公司
密封式制样粉碎机	GJ–AX 型	南昌化验制样机厂
电热恒温鼓风干燥箱	DHG–9053A	上海医用恒温设备厂
真空干燥箱	DZF–3	上海医用恒温设备厂
超声波发生器	SK3200H	上海科导超声仪器厂

5.2.2　实验方案的确定

1. 研究煤样的选择和处理

在中国丰富的煤炭资源中，低变质程度煤种如褐煤和次烟煤、烟煤等有较大的贮量。这些煤种用于燃烧有很多不利因素，热效率较低且污染较严重。但因为其中富含芳烃和杂原子芳香族化合物等珍贵的有机组分，作为化工原料生产有机化学品，物质基础得天独厚，其中的年老褐煤和年青烟煤被确认为理想的液化煤种[70-71]。实验选用 5 种中国煤样，分别为陕西神府煤、安徽童亭煤、山西平朔煤、内蒙胜利煤和山东葛亭煤，其中胜利煤为年老褐煤，其余四种煤为烟煤或次烟煤。原煤煤样经粉碎至过200 目筛，并在 80℃下真空干燥 24h，然后在保持真空条件下降温到室温，取出置于充氮的干燥器内保存备用。煤样的工业分析与元素分析数据如表 5-3 所列。

表5-3　煤样的工业分析与元素分析

煤样	工业分析（W%）			元素分析（W%, daf）					
	M_{ad}	A_{ad}	V_{daf}	C	H	N	S_t	O*	C/H
平朔	2.97	18.53	29.50	79.77	5.60	1.41	0.63	12.59	1.187
神府	5.33	6.32	30.74	79.82	4.73	1.05	0.50	13.90	1.406
葛亭	0.29	10.33	31.14	81.99	5.46	1.62	0.42	10.51	1.251
童亭	1.00	5.66	29.03	89.27	5.50	1.59	0.66	2.98	1.352
胜利	13.74	7.51	46.40	70.84	5.05	0.88	1.32	21.91	1.288

* 差减法得到的数据

2. 萃取溶剂的选择

煤中存在着复杂的分子间作用力，由于煤、特别是低阶煤如褐煤、次烟煤和烟煤等，富含各种芳香环结构和极性基团，如 –OH、–COOH、–C=O、–NH– 等，π–π键和氢键是煤中最主要的非共价键力，是决定煤的溶剂萃取行为的主要因素[42,72-76]。

大量的研究显示，CS_2 是煤溶剂萃取的优良溶剂之一。它本身是非极性的，因此对煤中非极性的烷烃和芳烃以及中、低极性的杂原子芳香族化合物有较好的萃取能力。同时 CS_2 分子中的累积双键 C=S=C 与煤结构中的芳环、杂原子芳环和极性化合物的碳杂双键以及含有孤电子对的杂原子基团之间存在着较强的 π–π 键[77-85]，甚至还有 p–π 共轭效应，因而对含有相应结构的组分也有较强的萃取作用。另外，

CS_2 分子有较强的渗透能力，它能够渗透到煤结构的内部，与煤中的小分子相充分作用。因此本课题选用二硫化碳作为萃取溶剂。

3. 萃取辅助手段的选择

本次研究选用超声振荡来促进煤的溶剂萃取过程。研究结果表明[86]：超声在煤–溶剂固液体系中引起的特殊空化作用及附加产生的4个效应——湍动效应、微扰效应、界面效应和聚能效应，能有效地削弱或断开煤中的氢键和 $\pi - \pi$ 键等，能加快传统溶剂萃取的速率并提高萃取过程的收率。

4. 色谱分离方法

经典硅胶柱层析适用性广，样品处理量大，操作简便，易于实现，在天然有机分离中广泛应用。本研究以此作为主要方法对煤溶剂萃取物进行进一步的分离，以获得较细的族组分和部分纯组分分离。

5. 现代仪器分析与检测手段

目前，各种现代仪器分析与检测手段广泛地用于煤及煤溶剂萃取物的结构和组成的表征[87-94]。其中气相色谱/质谱联用技术（GC/MS）借助 GC 的分离功能和 MS 的鉴定功能，被广泛地应用于煤溶剂萃取物的结构和组成分析[88]，红外光谱（FTIR）的测定可以提供煤中官能团、脂肪烃和芳环结构及芳香度等方面的信息[89-94]。本研究选用 FTIR 对煤及萃余煤的结构特征进行表征，选用 GC/MS 作为煤溶剂萃取物及进一步分离所得各馏分进行分析和表征。

5.2.3 煤中有机组分的族组分分离流程和实验步骤

1. 煤的 CS_2 溶剂萃取

准确称取煤 100g，加入到 1000mL 圆底烧瓶中，再加入 500mL 的 CS_2，在 SK3200H 超声波发生器中进行超声萃取。每一萃取循环持续 14h，静置一夜，倾出上层清液并用 0.8μm 的膜过滤器过滤，所得滤液用 BuchiR–134 旋转蒸发仪浓缩，蒸出 CS_2 循环使用。瓶中余煤继续用以上同样的方法萃取。每一种煤样至少经过五个以上萃取循环，直至萃取液浓缩后气相色谱检测基本不出峰。所得浓缩液合并入一个 50 ml 试管中，然后放入通风橱中挥发去剩余的溶剂，得 CS_2 萃取物馏分。萃取物在室温下经 24 h 真空干燥至恒重后，用 BP110S 电子分析天秤称重。

2. CS_2 萃取物的柱层析分离

由于煤的 CS_2 萃取物组成复杂且极性范围较宽，故须制成干样。在 100mL 梨形瓶中，将 CS_2 萃取物于适量的 CS_2 溶剂中完全溶解，再加入适量硅胶充分混合制成溶浆，然后用旋转蒸发仪将溶浆蒸至可自由流动的颗粒状态，制成充分负载于硅胶上的干样。将干样加入到硅胶柱上（硅胶柱采用湿法装填，硅胶为 H60 ~ 100mu, 装填高度为 30mm×600mm）。首先用正己烷洗提，至色带无明显移动后，改用正己烷 / 乙酸乙酯二元洗提液梯度洗脱，根据色带移动情况逐渐增加洗脱液中乙酸乙酯的含量。洗脱液每 50mL 收集作为一个细馏分，然后经薄层层析检测，组成相近的合并作为一个馏分。

5.2.4　煤液化油及液化残渣中有机组分的族组分分离

1. 胜利煤及神府煤液化油及液化残渣样品

本实验所用胜利煤及神府煤的液化油及液化残渣由中国煤炭科学研究总院北京煤化工分院提供，液化装置为 0.1t/d 连续煤液化试验装置。煤液化主要反应条件为：四氢萘作为初始溶剂，催化剂（863 高效催化剂）用量为原煤的 1%，反应温度 455℃，反应压力 19MPa，煤浆流量 11.5 ～ 12.0kg/h，循环氢流量 7.0m³/h，表观反应停留时间 100min，高温分离器温度 380℃（下部 420℃），减压蒸馏塔温度 320℃，减压蒸馏压力 133Pa。表 5-4 所列为两种煤液化产物的产率。表 54 为两种煤的液化油及液化残渣的工业分析及元素分析数据。

表5-4　神府煤及胜利煤液化产物的产率（%，daf）及氢气耗量

煤样	蒸馏油收率	水分产率	气体产率	残渣产率
神府煤	50.6	12.1	14.2	29.1
胜利煤	53.9	13.6	12.8	25.4

表5-5　液化油及液化残渣的工业分析及元素分析

样品	工业分析（W%）			元素分析（W%，daf）				
	M_{ad}	A_{ad}	V_{daf}	C	H	N	S_t	O*
神府煤液化油				88.71	9.16	1.07	0.07	0.99
神府煤液残渣	0.19	22.82	38.93	85.86	3.55	1.01	3.38	4.55
胜利煤液化油				88.71	9.16	1.07	0.07	0.99
胜利煤液残渣	0.64	46.35	71.07	78.97	6.85	1.71	6.57	3.17

2. 煤液化油的族组分分离与分析

煤液化油在正己烷中有较好溶解性，采用湿法上样，硅胶柱仍用湿法装柱。称取煤液化油 1g，用少量正己烷稀释成可自由流动的液化油溶液（正己烷用量尽可能

少）。将液化油溶液用长滴管均匀地加入到装填好的硅胶柱上（硅胶 H60 ~ 100mu，硅胶柱为 15mm×600mm)。首先用正己烷洗提，至色带无明显移动后，改用正己烷 / 乙酸乙酯二元洗提液梯度洗脱，根据色带移动情况逐渐增加洗脱液中乙酸乙酯的含量。洗提液收集方法如 5.2.3 所述。

3. 煤液化残渣中有机组分的族组分分离与分析

由于原煤中的无机矿物质在煤液化过程中富集于液化残渣中，以及液化过程中催化剂的残留，液化残渣中灰分含量很高。为了消除灰分的影响，反应前采用盐酸－氢氟酸法对液化残渣进行脱矿物质处理，具体步骤为：首先煤液化残渣经粉碎至过 200 目筛，并在 80℃下真空干燥 24h，然后在保持真空条件下降温到室温；然后在 5mol/LHCl 中于室温下反应 8h，经过滤并干燥后，再用 5mol/LHF 于室温下反应 12h，最后用蒸馏水洗涤至中性，过滤并烘干备用。

称取 1g 脱矿物质的煤液化残渣，加入到一个 500mL 的圆底烧瓶中，用超声波振荡器超声萃取，得煤液化残渣的 CS_2 萃取物，所得萃取物采用硅胶柱层析法进一步分离。超声萃取及柱层析分离的方法如 5.2.3 所述。

5.2.5　FTIR 和 GC/MS 分析

FTIR 分析采用 KBr 压片法，在 400–4000cm⁻¹ 的波数范围内进行扫描。

GC/MS 分析用毛细管柱为 HP–5MS 型，分析器为四极杆质量分析器，电子轰击电压 70eV，氦气为载气，流量 1.0ml，分流比 2.0：1，注射温度 300℃，质量扫描从 30 ~ 500amu。数据处理用仪器工作站软件，化合物的鉴定通过比较其质谱图与 NIST05 谱图库化合物质谱数据进行计算机检索对照，以确定化合物的结构；谱库难于确定的化合物则依据 GC 保留时间、主要离子峰及分子离子峰等与文献资料相对照确定化合物的结构。

5.3　煤的 CS_2 萃取结果分析

煤的溶剂萃取能够有效地实现煤中溶剂可溶组分从煤中的分离。本论文选用 5 种中国典型煤样，在超声振荡下进行煤中有机组分的 CS_2 萃取研究，分别为陕西神府煤、安徽童亭煤、山西平朔煤、内蒙胜利煤和山东葛亭煤，其中胜利煤为褐煤，其余四种煤为烟煤。对原煤及萃余煤用傅立叶变换红外光谱法（FTIR）进行其结构及性质的表征，对萃取物及所得各馏分用 GC/MS 进行分析和表征。

5.3.1　原煤及萃余煤的 FTIR 表征

　　五种中国煤样的原煤及 CS_2 萃余煤的红外光谱如图 5-1 所示，表 5-6 列出了红外光谱图中红外吸收带所对应的煤中的官能团结构。图 5-1 及表 5-6 显示，煤中富含羟基及胺基（3700-3600cm^{-1} 和 3400cm^{-1}）、羰基（1750-1600cm^{-1}）、甲基及亚甲基（2919、2848 和 1380cm^{-1}）、芳环及杂原子芳环（1600-1450cm^{-1} 和 900-700cm^{-1}）及碳杂单键（1300-1000cm^{-1}）等结构，对应的化合物种类可能有醇、酚、胺、酯、羧酸、脂肪族烃、醚、芳烃和杂环芳香族化合物等。550-400cm^{-1} 之间为矿物质的吸收区域。

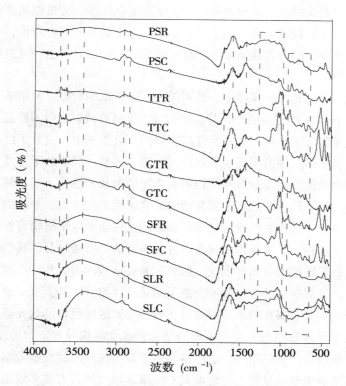

图 5-1　煤样原煤及萃余煤的红外光谱图（FTIR）

SLC- 胜利煤；SLR- 胜利萃余煤；SFC- 神府煤；SFR- 神府萃余煤；GTC- 葛亭煤；

GTR- 葛亭萃余煤；TTC- 童亭煤；TTR- 童亭萃余煤；PSC- 平朔煤；PSR- 平朔萃余煤

表5-6　煤中官能团结构的红外光谱特征

波数（cm⁻¹）	官能团	波数（cm⁻¹）	官能团
3700 ~ 3600	–OH，–NH（自由）	1600 ~ 1450	芳环
3400	–OH，–NH（键合）	900 ~ 700	芳环
2919，2848，1380	–CH₃，–CH₂–	1300 ~ 1000	C–N，C–O，C–C
1750 ~ 1600	各种含羰基官能团	550 ~ 400	有机卤原子，矿物质

比较各种煤样的原煤及萃余煤的红外光谱发现，原煤中的官能团在其萃余煤中基本上都存在，但对应的红外吸收带的相对强度有变化。这一结果说明煤的 CS_2 萃取物的组成和结构在一定程度上可以用于关联煤中大分子的某些结构特征，同时也表明煤中大分子相及小分子相在官能团结构分布上存在着一定差异，这种可关联性和差异性还因不同煤种而异。

具体地说，在所选 5 种煤样中，胜利煤在 CS_2 萃取前后除了亚甲基和甲基的吸收（2919 和 2848 cm⁻¹）明显减弱外，其余处的吸收也稍有减弱，但不明显。这说明胜利煤中的脂肪族及脂环族结构可能主要存在于煤的小分子相中，大分子结构中含有较少的甲基和亚甲基结构。神府煤经萃取后，其羟基、胺基、羰基和甲基及亚甲基的吸收基本无变化，但表征芳环及杂芳环结构的吸收带的形状却发生了明显的变化，且表征杂原子存在特征的吸收反而更加丰富且增强，这说明神府煤 CS_2 萃取的结果，是使原来被掩盖的含杂原子结构的吸收信息得以显示，这些含杂原子结构可能较多地存在于神府煤的大分子结构中，萃取物中将含有种类丰富的芳香族组分。葛亭煤在 CS_2 萃取后，羰基和碳杂单键的吸收明显弱化，而表征芳环结构的吸收特征反而增强，这预示着其萃取物中将含有丰富的含羰基或杂原子的化合物组分，其大分子结构中将含有较多的芳香族结构。童亭煤在溶剂萃取前后，各官能团的吸收带形状及强度均无明显变化，说明其大分子相和小分子相在官能团结构特征和组成分布上均可以很好地关联。平朔煤经过萃取以后，表征甲基、亚甲基和芳香族结构特征的吸收带明显变弱，而羰基及碳杂单键区的吸收明显增强，说明其 CS_2 萃取物中将含有较多的脂肪族及芳香族组分，而其大分子结构中将含有较多的包括羰基结构等的杂原子结构。

5.3.2　煤的 CS_2 萃取率

5 种煤样原煤的 CS_2 萃取率如图 5-2 所示。图中显示 5 种煤样的 CS_2 萃取率差别很大，这种差异性反映了不同煤在组成和性质上的不同。这一结果与表 5-3 中所展示的 5 种煤的煤阶（碳含量）基本一致。

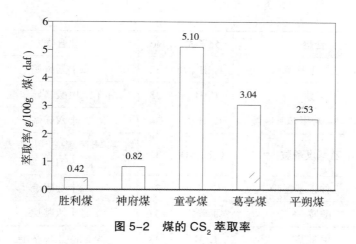

图 5-2　煤的 CS$_2$ 萃取率

5 种煤 CS$_2$ 萃取率由高到低依次为：童亭煤、葛亭煤、平朔煤、神府煤和胜利煤，其中胜利煤和神府煤的 CS$_2$ 萃取率远低于其余三种煤。原因之一可能是胜利煤及神府煤中 CS$_2$ 可溶组分本身含量较少。另一个原因，低阶煤如褐煤和次烟煤，其芳环结构中含有较多的含氧官能团[95]，芳环上含氧官能团的强极性阻碍了 CS$_2$ 分子与煤中 CS$_2$ 可溶组分的接触和相互作用。另外煤分子堆叠方式和紧密程度也影响其溶剂萃取率。

5.3.3　煤 CS$_2$ 萃取物（FC）的 GC/MS 分析

煤样 CS$_2$ 萃取物（以 F$_C$ 表示）GC/MS 分析的升温程序为：升温梯度为 5℃ / min，从 100℃升温到 300℃，然后在 300℃恒温保持直到没有谱峰流出后停止。

1. 胜利煤 FC 的 GC/MS 分析

图 5-3 为胜利煤 F$_C$ 的总离子流色谱图，所检测到的化合物列于表 5-7 中。

表 5-7　胜利煤 F$_C$ 中 GC/MS 检测到的组分

No.	化合物	分子式	No.	化合物	分子式
1	氨基戊醇	$C_5H_{13}NO$	5	3- 甲氧基 -4- 甲基苯甲酸	$C_9H_{10}O_3$
2	1,3- 二硫杂环戊烷	$C_3H_6S_2$	6	3,5- 二叔丁基 -4- 羟基苯甲醇	$C_{15}H_{24}O_2$
3	酰胺	不确定	5	3- 甲氧基 -4- 甲基苯甲酸	$C_9H_{10}O_3$
4	二甲基叔丁基（间 - 甲苯氧基）硅烷	$C_{13}H_{22}OSi$	6	3,5- 二叔丁基 -4- 羟基苯甲醇	$C_{15}H_{24}O_2$

No.	化合物	分子式	No.	化合物	分子式
7	2,6-二叔丁基苯酚	$C_{14}H_{22}O$	32	二十五碳烷	$C_{25}H_{52}$
8	C_4-萘	$C_{14}H_{16}$	33	邻苯二甲酸二异辛酯	$C_{24}H_{38}O_4$
9	2-甲基-5-对甲苯基嘧啶	$C_{13}H_{13}N$	34	二十六碳烷	$C_{26}H_{54}$
10	N-乙基戊酰胺	$C_7H_{15}NO$	35	羟基异丙基三甲基六氢菲-9(1H)-酮	$C_{20}H_{28}O_2$
11	2,5-二仲丁基噻吩	$C_{12}H_{20}S$	36	二十七碳烷	$C_{27}H_{56}$
12	酰胺	不确定	37	二十八碳烷	$C_{28}H_{58}$
13	四甲基萘	$C_{14}H_{16}$	38	癸二酸二异辛酯	$C_{26}H_{50}O_4$
14	4-异丙基-1,6-甲基萘	$C_{15}H_{18}$	39	二十九碳烷	$C_{29}H_{60}$
15	3,5-仲丁基-4-羟基苯甲醛	$C_{15}H_{22}O_2$	40	四甲基联萘	$C_{24}H_{22}$
16	十七碳烷	$C_{17}H_{36}$	41	1,6-二叔丁基芘	$C_{24}H_{26}$
17	链烃	不确定	42	三苯基苯	$C_{24}H_{18}$
18	6,10,14-三甲基十五-2-酮	$C_{18}H_{36}O$	43	四甲基联萘	$C_{24}H_{22}$
19	酰胺	不确定	44	三十碳烷	$C_{30}H_{62}$
20	邻苯二甲酸二异丁基脂	$C_{16}H_{22}O_4$	45	降藿烯	$C_{29}H_{48}$
21	邻苯二甲酸二丁酯	$C_{16}H_{22}O_4$	46	二十九碳烷-10-酮	$C_{29}H_{60}O$
22	降松香烷	$C_{19}H_{34}$	47	三十一碳烷	$C_{31}H_{64}$
23	邻苯二甲酸异丁基丁基酯	$C_{16}H_{22}O_4$	48	藿烯	$C_{30}H_{50}$
24	5-异丙基-3,8-二甲基萘-2-酚	$C_{15}H_{18}O$	49	三十二碳烷	$C_{32}H_{66}$
25	松香三烯	$C_{20}H_{30}$	50	C_{29}-胆甾三烯	$C_{29}H_{44}$
26	二十一碳烷	$C_{21}H_{44}$	51	三十三碳烷	$C_{33}H_{68}$
27	二十二碳烷	$C_{22}H_{46}$	52	达玛烷	$C_{30}H_{54}$
28	松香三烯	$C_{20}H_{30}$	53	藿烷	$C_{30}H_{52}$
29	7-异丙基-1-甲基菲	$C_{18}H_{18}$	54	三十四碳烷	$C_{34}H_{70}$
30	二十三碳烷	$C_{23}H_{48}$	55	C_{30}-胆甾烷	$C_{30}H_{54}$
31	二十四碳烷	$C_{24}H_{50}$	56	三十五碳烷	$C_{35}H_{72}$

续　表

No.	化合物	分子式	No.	化合物	分子式
57	C_{31}–藿烷	$C_{31}H_{54}$	60	链烷烃	不确定
58	酰胺	不确定	61	C_{32}–藿烯	$C_{32}H_{56}$
59	C_{32}–藿烷	$C_{32}H_{56}$	62	C_{34}–藿烷	$C_{34}H_{60}$

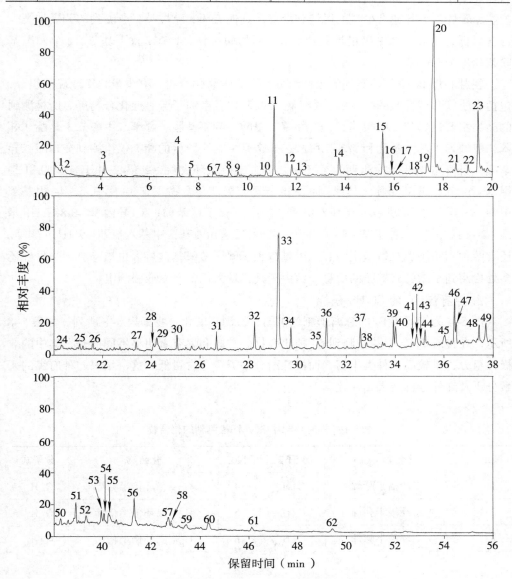

图 5-3　胜利煤 F_C 的总离子流色谱图

如表 5-7 所示，所检测到的 62 种化合物包含着极为丰富的种类，其中非极性组分含量较低，极性组分含量大且种类丰富，这一结果与其元素分析及红外分析结果相一致。

在胜利煤 F_C 中检测到的非极性组分有链烃、脂环烃和芳烃。链烃包括 16 个正构烷烃（C_{17} 和 C_{20}–C_{35}）和两个不能准确测定的链烃（没有测到分子离子峰）。其中的脂环烃主要是以松香烷结构为基本骨架的三环萜烷、萜烯和以藿烷结构为基本骨架的藿烷和藿烯，另外还有少量的甾烷和甾烯及其他五环三萜烷类。所测到的芳烃种类少且含量低，主要是 3 个萘的同系物、1 个菲的同系物、1 个二叔丁基芘、2 个四甲基联萘和 1 个四联苯。

在胜利煤 F_C 中所检测到的极性组分主要为含氧化合物，有少量含氮或硫的组分，包括脂肪族和芳香族的酯、醇、酚、醛和酰胺以及杂原子芳香族化合物等。所检测到的酯类主要是邻苯二甲酸酯类，有邻苯二甲酸二异丁基脂、邻苯二甲酸二丁基酯、邻苯二甲酸异丁基丁基酯和邻苯二甲酸二异辛基酯，脂肪族的酯类仅检测到癸二酸二异辛酯，且含量很低。检测到的杂环化合物有二硫杂环戊烷、2,5- 二仲丁基噻吩和 2- 甲基 -5- 对甲苯基嘧啶。其他检测到的芳香族极性化合物还有 3- 甲氧基 -4- 甲基苯甲酸、3,5- 二叔丁基 -4- 羟基苯甲醇、2,6- 二叔丁基苯酚、5- 异丙基 -3,8- 二甲基萘 -2- 酚、3,5- 二仲丁基 -4- 羟基苯甲醛和羟基异丙基三甲基六氢菲 -9(1H)- 酮等。还有两种脂肪酮类及氨基戊醇和二甲基叔丁基间甲苯氧基硅烷等也被检测到。另外还多处检测到了脂肪族酰胺的信息，但由于其含量太低，不能准确测定。

2. 神府煤 FC 的 GC/MS 分析

图 5-4 为神府煤 F_C 的总离子流色谱图，检测到的化合物如表 5-8 所列。如表 5-8 所示，在神府煤 F_C 中共检测到 53 种化合物。与胜利煤有着明显不同的是，其中的非极性组分含量较高且种类丰富，而极性组分种类少且含量低，这一结果与神府煤的元素分析及红外分析结果相一致。

表5-8 神府煤F_C中GC/MS检测到的化合物

No.	化合物	分子式	No.	化合物	分子式
1	C_{15}– 二环倍半萜烯	$C_{15}H_{26}$	4	C_{15}– 二环倍半萜烯	$C_{15}H_{26}$
2	C_{15}– 二环倍半萜烯	$C_{15}H_{26}$	5	C_{15}– 二环倍半萜烯	$C_{15}H_{26}$
3	C_{15}– 二环倍半萜烯	$C_{15}H_{26}$	6	C_{15}– 二环倍半萜烯	$C_{15}H_{26}$

No.	化合物	分子式	No.	化合物	分子式
7	$C_{15}-$ 二环倍半萜烷	$C_{15}H_{28}$	30	甾烷	不确定
8	$C_{15}-$ 二环倍半萜烷	$C_{15}H_{28}$	31	单芳甾烷	不确定
9	邻苯二甲酸二异丁基酯	$C_{16}H_{22}O_4$	32	单芳甾烷	不确定
10	邻苯二甲酸异丁基丁基脂	$C_{16}H_{22}O_4$	33	$C_2-5\,\alpha\,(H)-$ 胆甾烷	$C_{29}H_{52}$
11	链烷	不确定	34	单芳甾烷	不确定
12	松香三烯	$C_{20}H_{30}$	35	苯并芘	$C_{20}H_{12}$
13	松香三烯	$C_{20}H_{30}$	36	苯并 [k] 荧蒽	$C_{20}H_{12}$
14	二十一碳烷	$C_{21}H_{44}$	37	单芳甾烷	不确定
15	异丙基庚 -2- 基萘	$C_{20}H_{28}$	38	二萘嵌苯	$C_{20}H_{12}$
16	西蒙内利烯	$C_{19}H_{24}$	39	苯并 [j] 荧蒽	$C_{20}H_{12}$
17	二十二碳烷	$C_{22}H_{46}$	40	$C_2-5\,\beta\,(H)-$ 胆甾烷	$C_{29}H_{52}$
18	7- 异丙基 -1- 甲基菲	$C_{18}H_{18}$	41	单芳蒽甾类	不确定
19	升西蒙内利烯	$C_{20}H_{26}$	42	$C_2-5\,\beta\,(H)-$ 胆甾烷	$C_{29}H_{52}$
20	二十三碳烷	$C_{23}H_{48}$	43	C_3- 胆甾烷	$C_{30}H_{54}$
21	二十四碳烷	$C_{24}H_{50}$	44	脱甲基藿烷	不确定
22	8- 异丙基 -1,3- 二甲基菲	$C_{19}H_{20}$	45	藿烷	$C_{30}H_{52}$
23	2- 乙基己酸 -2-(2- 甲氧乙氧) 乙基酯	$C_{13}H_{26}O_4$	46	藿烷类物质	不确定
			47	藿烷类物质	不确定
24	二十五碳烷	$C_{25}H_{52}$	48	藿烷类物质	不确定
25	邻苯二甲酸二异辛酯	$C_{24}H_{38}O_4$	49	藿烷类物质	不确定
26	二十六烷碳	$C_{26}H_{54}$	50	苯并 [ghi] 二萘嵌苯	$C_{22}H_{12}$
27	二十七碳烷	$C_{27}H_{56}$	51	二苯并 [def,mno] 䓛	$C_{22}H_{12}$
28	单芳甾烷	不确定	52	茚并 [1,2,3-cd] 芘	$C_{22}H_{12}$
29	二十八碳烷	$C_{28}H_{58}$	53	藿烷类物质	不确定

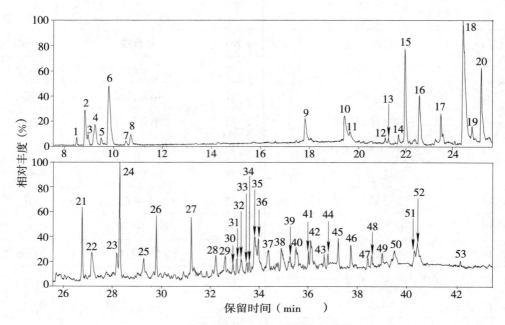

图 5-4　神府煤 F_C 的总离子流色谱图

在神府煤的 F_C 中检测到的非极性组分包括链烃、脂环烃和芳烃等，其中链烃包括 C_{20}-C_{28} 之间的正构烷烃，以二十四碳烷相对含量最高。在神府煤的这一馏分中检测到种类丰富且相对含量较大的不饱和脂环族化合物，有 8 种 C_{15}- 二环倍半萜烯、四种三环二萜多烯类及 6 种单芳构化的甾类烃（也可以认为是芳烃）。检测到的饱和脂环烃有 4 种甾类和 8 种藿烷类。在整个总离子流色谱图中有丰富的芳烃信息，部分因为丰度太低而无法解读，准确检测到的芳烃从二环到六环，有异丙基庚 -2- 基萘、7- 异丙基 -1- 甲基菲、8- 异丙基 -1,3- 二甲基菲、苯并 [e] 芘、苯并 [k] 荧蒽、二萘嵌苯、苯并 [j] 荧蒽、苯并 [ghi] 二萘嵌苯、二苯并 [def,mno] 䓛和茚并 [1,2,3-cd] 芘。其中三环芳烃种类较多含量较高，7- 异丙基 -1- 甲基菲在整个萃取物中含量最高。在神府煤的这一馏分中检测到的极性组分种类较少，主要为四种酯类，包括三种邻苯二甲酸酯类（邻苯二甲酸二异丁基脂、邻苯二甲酸异丁基丁基酯和邻苯二甲酸二异辛基酯）和一种脂肪族的酯类（2- 乙基己酸 -2-（2- 甲氧乙氧基）乙基酯）。

3.葛亭煤 FC 的 GC/MS 分析

图 5-5 所示为葛亭煤 F_C 的总离子流色谱图，从中共检测到 76 种化合物，列于表 5-9 中。

表5-9 葛亭煤F_c中GC/MS检测到的化合物

No.	化合物	分子式	No.	化合物	分子式
1	C_3-苯	C_9H_{12}	25	C_4-萘	$C_{14}H_{16}$
2	C_3-苯	C_9H_{12}	26	C_4-萘	$C_{14}H_{16}$
3	十一碳烷	$C_{11}H_{24}$	27	菲	$C_{14}H_{10}$
4	萘	$C_{10}H_8$	28	四甲基联苯	$C_{16}H_{18}$
5	甲基萘	$C_{11}H_{10}$	29	邻苯二甲酸二异丁酯	$C_{16}H_{22}O_4$
6	甲基萘	$C_{11}H_{10}$	30	C_5-萘	$C_{15}H_{18}$
7	乙基萘	$C_{12}H_{12}$	31	甲基菲	$C_{15}H_{12}$
8	二甲基萘	$C_{12}H_{12}$	32	甲基菲	$C_{15}H_{12}$
9	二甲基萘	$C_{12}H_{12}$	33	邻苯二甲酸二丁酯	$C_{16}H_{22}O_4$
10	二甲基萘	$C_{12}H_{12}$	34	三甲基十五碳烷	$C_{18}H_{38}$
11	二甲基萘	$C_{12}H_{12}$	35	二甲基菲	$C_{16}H_{14}$
12	二甲基萘	$C_{12}H_{12}$	36	荧蒽	$C_{16}H_{10}$
13	二甲基萘	$C_{12}H_{12}$	37	芘	$C_{16}H_{10}$
14	四甲基四氢萘	$C14H_{20}$	38	C_3-菲	$C_{17}H_{16}$
15	三甲基萘	$C_{13}H_{14}$	39	C_3-菲	$C_{17}H_{16}$
16	三甲基萘	$C_{13}H_{14}$	40	苯甲基萘	$C_{17}H_{14}$
17	三甲基萘	$C_{13}H_{14}$	41	甲基芘	$C_{17}H_{12}$
18	三甲基萘	$C_{13}H_{14}$	42	甲基异丙基菲	$C_{18}H_{18}$
19	三甲基萘	$C_{13}H_{14}$	43	4,6,10,14-四甲基十六烷	$C_{20}H_{42}$
20	C_4-萘	$C_{14}H_{16}$	44	甲基芘	$C_{17}H_{12}$
21	三甲基萘	$C_{13}H_{14}$	45	甲基芘	$C_{17}H_{12}$
22	支链烷烃	不确定	46	二十一碳烷	$C_{21}H_{44}$
23	支链烷烃	$C_{13}H_{28}$	47	C_2-芘	$C_{18}H_{14}$
24	C_5-萘	$C_{15}H_{18}$	48	2-乙基己酸-2-(2-甲氧乙氧)乙基酯	$C_{13}H_{26}O_4$

No.	化合物	分子式	No.	化合物	分子式
49	二十二碳烷	$C_{22}H_{46}$	63	17α(H)-28-降霍烷	$C_{29}H_{50}$
50	C_2-芴	$C_{18}H_{14}$	64	3-甲基二萘嵌苯	$C_{21}H_{14}$
51	苯并[a]蒽	$C_{18}H_{12}$	65	17β(H)-28-降霍烷	$C_{29}H_{50}$
52	苯二甲酸2-乙基庚基单酯	$C_{16}H_{22}O_4$	66	霍烷	$C_{30}H_{52}$
53	二十三烷碳烃	$C_{23}H_{48}$	67	9-十二烷基十四氢菲	$C_{26}H_{48}$
54	烷烃	338	68	升霍烷	$C_{31}H_{54}$
55	烷烃	342	69	升霍烷	$C_{31}H_{54}$
56	烷烃	356	70	二苯并[def,mno]䓛	$C_{22}H_{12}$
57	苯并[a]芘	$C_{20}H_{12}$	71	二升霍烷	$C_{32}H_{55}$
58	5,6-二氢-4H-二苯[a,kl]蒽	$C_{21}H_{16}$	72	二升霍烷	$C_{32}H_{55}$
59	三降藿烷	$C_{27}H_{46}$	73	茚并[3,2,1-mn]芘	$C_{22}H_{12}$
60	苯并[e]芘	$C_{20}H_{12}$	74	苯并[1,2-b:5,4-b']二[1]苯并噻吩	$C_{18}H_{10}S_2$
61	二萘嵌苯	$C_{20}H_{12}$	75	3,4:9,10-二苯并芘	$C_{24}H_{14}$
62	烷烃	不确定	76	晕苯	$C_{24}H_{12}$

如表 5-9 所列在葛亭煤的 F_C 中共检测到 76 种组分，其中化合物的种类以非极性的脂肪烃、脂环烃和芳烃为主，而极性组分种类少且含量低，这一结果与葛亭煤原煤及萃余煤的红外分析预测基本一致。在葛亭煤的这一馏分中共检测到 50 余种芳烃组分，1-7 环芳烃均被检出，其中主要是 2-4 环的烷基取代芳烃，以烷基的萘、菲和芘种类最多。检测到的较高环数的芳香核结构有苯并[a]芘、苯并[a]蒽、二萘嵌苯、二苯并 [def,mno] 䓛、茚并 [3,2,1-mn] 芘、3,4:9,10-二苯并芘和晕苯等。检测到苯并[1,2-b：5,4-b']二（[1]苯并噻吩）。在葛亭煤的 F_C 中，脂肪烃的种类较少含量也较低，包括 C_{21}-C_{26} 的正构烷烃和少量的支链烷烃；所检测到的脂环烃主要是藿烷类化合物。

在葛亭煤的这一馏分中检测到四种酯类，包括邻苯二甲酸二异丁酯、邻苯二甲酸二丁酯、苯二甲酸2-乙基庚基单酯和2-乙基己酸-2-(2-甲氧乙氧)乙基酯，其中邻苯二甲酸二异丁酯和邻苯二甲酸二丁酯具有很高的含量。

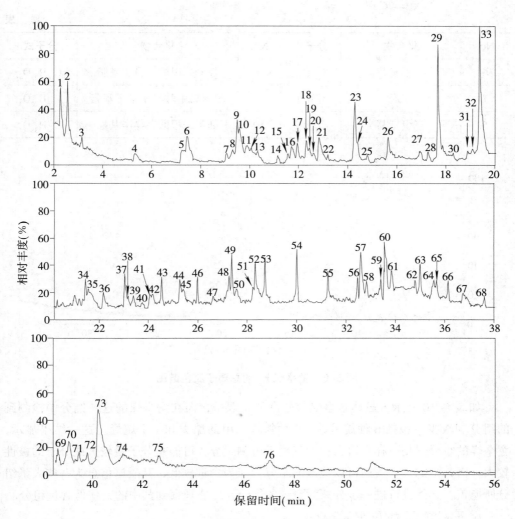

图 5-5　葛亭煤 F_C 的总离子流色谱图

4. 童亭煤 FC 的 GC/MS 分析

图 5-6 为童亭煤 F_C 的总离子流色谱图，所检测到的化合物列于表 3-5 中。

表5-10　童亭煤F_C中GC/MS检测到的化合物

No.	化合物	分子式	No.	化合物	分子式
1	甲基萘	$C_{11}H_{10}$	3	三甲基萘	$C_{13}H_{14}$
2	二甲基萘	$C_{12}H_{12}$	4	三甲基萘	$C_{13}H_{14}$

No.	化合物	分子式	No.	化合物	分子式
6	三甲基萘	$C_{13}H_{14}$	8	邻苯二甲酸二异丁基脂	$C_{16}H_{22}O_4$
7	烷烃	不确定	9	邻苯二甲酸异丁基丁基脂	$C_{16}H_{22}O_4$
5	三甲基萘	$C_{13}H_{14}$	10	邻苯二甲酸二异辛基酯	$C_{24}H_{38}O_4$

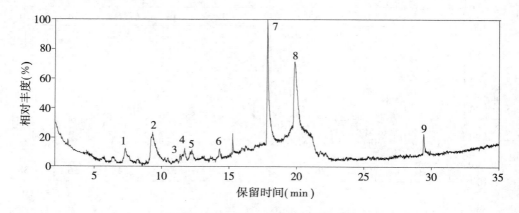

图 5-6 童亭煤 F_C 的总离子流色谱图

如表 5-10 所示,虽然童亭煤有较高的萃取率,但在童亭煤的这一馏分中检测到的组分却较少,包括 6 种烷基萘、3 种邻苯二甲酸酯类和 1 个烷烃。这一结果显示,童亭煤的小分子相中存在着大量的气质不可测组分,可能是分子量较大或分子的极性较大;而其中的一些气质可以检测的组分,因为含量较低,其质谱信息为一些大量组分所掩盖,必须进行进一步分离为更细的馏分,才能观察到其中的一些低含量组分。

5. 平朔煤 FC 的 GC/MS 分析

图 5-7 所示为平朔煤 F_C 的总离子流色谱图,所检测到的化合物列于表 5-11 中。在平朔煤的 F_C 中,共检测到 61 种化合物,主要是各种芳烃类,另外还有少量的酯类、脂环烃及脂肪烃和杂原子芳香族化合物等。这一结果也与平朔煤原煤及萃余煤的红外分析结果相一致,即在平朔煤的小分子相中存在较多的芳烃组分。

表5-11 平朔煤F_C中GC/MS检测到的化合物

No.	化合物	分子式	No.	化合物	分子式
1	甲基萘	$C_{11}H_{10}$	2	二甲基萘	$C_{12}H_{12}$

No.	化合物	分子式	No.	化合物	分子式
3	三甲基萘	$C_{13}H_{14}$	29	2-(2- 甲氧基乙氧基) 乙基 -2- 乙基己酸酯	$C_{13}H_{26}O_4$
4	三甲基萘	$C_{13}H_{14}$			
5	三甲基萘	$C_{13}H_{14}$	30	三联苯	$C_{18}H_{12}$
6	异丙基二甲基萘	$C_{15}H_{18}$	31	䓛	$C_{18}H_{12}$
7	四甲基萘	$C_{14}H_{16}$	32	邻苯二甲酸二异辛酯	$C_{24}H_{38}O_4$
8	菲	$C_{14}H_{10}$	33	5,6,8,9,10,11- 六氢苯 [a] 蒽	$C_{18}H_{18}$
9	邻苯二甲酸二异丁基酯	$C_{16}H_{22}O_4$	34	甲基三联苯	$C_{19}H_{14}$
10	甲基菲	$C_{15}H_{12}$	35	甲基苯并 [c] 菲	$C_{19}H_{14}$
11	邻苯二甲酸异丁基丁基酯	$C_{16}H_{22}O_4$	36	9,10[1',2']- 苯 并 -9,10- 二氢蒽	$C_{20}H_{14}$
12	二甲基菲	$C_{16}H_{14}$	37	链烷烃	不确定
13	二甲基菲	$C_{16}H_{14}$	38	苯并 [e] 芘	$C_{20}H_{12}$
14	荧蒽	$C_{16}H_{10}$	39	17 α (H)-22,29,30- 三降藿烷	$C_{27}H_{46}$
15	芘	$C_{16}H_{10}$	40	二萘嵌苯	$C_{20}H_{12}$
16	苯萘并呋喃	$C_{16}H_{10}O$	41	苯并 [k] 荧蒽	$C_{20}H_{12}$
17	11H- 苯并 [b] 芴	$C_{17}H_{12}$	42	二萘并 [1,2-b:1',2'-d] 呋喃	$C_{20}H_{12}O$
18	7- 异丙基 -1- 甲基菲	$C_{18}H_{18}$	43	8H- 茚 [2,1-b] 菲	$C_{21}H_{14}$
19	甲基芘	$C_{17}H_{12}$	44	降藿烷	$C_{29}H_{50}$
20	甲基荧蒽	$C_{17}H_{12}$	45	降藿烷	$C_{29}H_{50}$
21	甲基荧蒽	$C_{17}H_{12}$	46	藿烷	$C_{30}H_{52}$
22	苯基甲基萘	$C_{18}H_{16}$	47	藿烷	$C_{30}H_{52}$
23	丙基四甲基四氢萘	$C_{17}H_{26}$	48	茚并 [1,2,3-cd] 芘	$C_{22}H_{12}$
24	8- 异丙基 -1,3- 二甲基菲	$C_{19}H_{20}$	49	苯 [ghi] 二萘嵌苯	$C_{22}H_{12}$
25	三联苯	$C_{18}H_{14}$	50	藿烷类	
26	四甲基菲	$C_{18}H_{18}$	51	藿烷类	$C_{22}H_{12}$
27	二甲基芘	$C_{18}H_{14}$	52	二苯 [def,mno] 并䓛	$C_{23}H_{14}$
28	三联苯	$C_{18}H_{14}$	53	甲基苯并 [ghi] 二萘嵌苯	$C_{22}H_{12}$

续 表

No.	化合物	分子式	No.	化合物	分子式
54	苯并 [a] 二萘嵌苯	$C_{23}H_{14}$	58	二萘嵌苯并 [1,12–b,c,d] 吡喃酮	$C_{21}H_{10}O_2$
55	甲基苯并二萘嵌苯	$C_{23}H_{14}$	59	3,4 : 8,9– 二苯并芘	$C_{24}H_{14}$
56	甲基苯并二萘嵌苯	$C_{23}H_{14}$	60	3,4 : 9,10– 二苯并芘	$C_{24}H_{14}$
57	甲基苯并二萘嵌苯		61	晕苯	$C_{24}H_{12}$

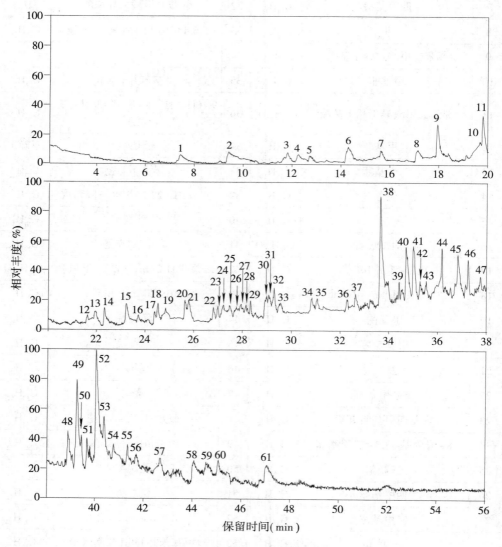

图 5-7　平朔煤 F_C 的总离子流色谱图

在检测到的 61 种化合物中，有 46 种为 2~7 环的芳烃，检测到的芳环结构有萘、菲、荧蒽、芘、三联苯、䓛、11H– 苯并 [b] 芴、苯并菲、苯并芘、二萘嵌苯、晕苯、5,6,8,9,10,11– 六氢苯 [a] 蒽、9,10[1',2']– 苯并 –9,10– 二氢蒽、苯并 [k] 荧蒽、8H– 茚 [2,1-b] 菲、茚并 [1,2,3-cd] 芘、苯 [ghi] 二萘嵌苯、二苯 [def,mno] 并䓛、3,4：8,9– 二苯并芘和 3,4：9,10– 二苯并芘等，其中环数较低的多为烷基和多烷基取代芳烃，环数越高，取代基获得目越少。

检测到的杂环化合物种类较少，有苯萘并呋喃、二萘嵌苯并 [1,12-b,c,d] 吡喃酮和二萘并 [1,2-b：1',2'-d] 呋喃，均为含氧杂环。检测到的脂肪烃信息极少，仅有一个烷烃且因含量太低不能准确测定。检测到的脂环烃是 7 种藿烷。这一结果与平朔煤原煤及萃余煤的红外光谱分析结果相一致，其红外光谱中甲基及亚甲基的吸收可能源于芳烃的烷基侧链及脂环烃。所检测到的极性组分仍限于种类不多的酯类，邻苯二甲酸二异丁基酯、邻苯二甲酸异丁基丁基酯、邻苯二甲酸二异辛酯和 2-(2- 甲氧基乙氧基) 乙基 –2– 乙基己酸酯。

5.3.4　小结

1. 煤 CS$_2$ 萃取物的比较

5 种煤的 CS$_2$ 萃取率与其煤阶（碳含量）基本一致，煤阶越低，其中极性结构含量越高，其 CS$_2$ 萃取率越低。

对 5 种煤 F$_C$ 的 GC/MS 分析结果基本上与其原煤和萃余煤的 FTIR 分析结果的预测一致。属于褐煤的胜利煤的 F$_C$ 中非极性组分含量较低，极性组分含量大且种类丰富；相比之下，属于烟煤的平朔煤、神府煤和葛亭煤的 F$_C$ 中，非极性组分为主要组分，极性组分含量较少，其中平朔煤 F$_C$ 中的主要组分是各种芳烃，葛亭煤的 F$_C$ 以非极性的脂肪烃、脂环烃和芳烃为主，而神府煤 F$_C$ 中检测大量的不饱和脂环烃。5 种煤中童亭煤的萃取率最高，但在童亭煤的 F$_C$ 中仅检测到较少的组分，显示童亭煤的 F$_C$ 中主要是气质不可测组分，而其中的一些气质可以检测的组分含量较低，必须进行进一步分离为更细的馏分，才能观察到其中的一些低含量组分。

2. CS$_2$ 对煤中有机组分的萃取能力

对以上 5 种煤样 CS$_2$ 萃取物 GC/MS 的结果显示，CS$_2$ 是煤溶剂萃取的优良溶剂，具有较强的萃取能力，检测到的组分包括脂肪烃、脂环烃、芳烃、杂原子芳香族化合物、酚和芳香族及脂肪族的酯、酸、醛、酮和醇等。

CS$_2$ 对煤中有机组分的萃取性能源于其本身的结构特点。首先，CS$_2$ 是非极性溶剂，根据相似相溶的原则，CS$_2$ 对煤中非极性的烷烃、芳烃、脂环烃及中、低极性的杂原子芳烃有较好的萃取能力，这就不难解释 5 种煤样的 CS$_2$ 萃取物中含有大量的脂肪烃、脂环烃、芳烃和杂环芳香族化合物等组分。CS_2 的分子结构特征是累积双键 S＝C＝S，可以推测 CS_2 分子中 C＝S 双键与煤结构中的芳环、杂原子芳环、极性化合物的碳杂双键以及含有孤电子对的杂原子之间存在着广泛的 π–π 键和 p–π 键，因而对含有相应结构的组分也有较强的萃取作用。CS_2 对煤的萃取作用还来源于它的较强的分子渗透能力，CS_2 溶剂黏度低，它能够渗透到煤结构的内部，与煤中的小分子相充分作用。

5.4　煤中有机组分的族组分分离与分析

煤 CS_2 萃取物仍是复杂的有机混合体系，无论是从煤化学研究的角度还是从精细化学品提取的角度出发，都必须进行更进一步的分离。本节对 5 种典型煤样的 CS_2 萃取物 (F_C)（见第 2 章）用经典硅胶柱层析梯度洗脱的方法进行进一步的分离，洗提液为正己烷–乙酸乙酯二元溶液体系，最后难以洗脱的组分用正己烷–乙酸乙酯–甲醇三元溶剂体系洗脱。依次得到烷烃及脂环烃（F_{C-1}）、芳烃（F_{C-2}）、苯二甲酸酯（F_{C-3}）、脂肪族酯（F_{C-4}）、脂肪族羧酸（F_{C-5}）和脂肪族酰胺（F_{C-6}）等族组分。对所得的 F_{C-2} 和 F_{C-3} 用柱层析法进行更细的分离，得到两个纯组分。对萃取物及所得各馏分用 GC/MS 进行分析和表征。

5.4.1　各族组分的收率

各馏分的收率如表 5–12 所列。表中显示，5 种煤样各族组分的收率差别很大，其中：F_{C-1} 的产率由高到低次为：神府煤、葛亭煤、童亭煤、平朔煤和胜利煤；F_{C-2} 的产率依次为：神府煤、平朔煤、葛亭煤、童亭煤和胜利煤；F_{C-3} 的产率依次为童亭煤、葛亭煤、平朔煤、神府煤和胜利煤；F_{C-4} 及 F_{C-5} 只在神府煤中富集到；F_{C-6} 只在神府煤、童亭煤和胜利煤中分离到，收率依次为童亭煤、胜利煤和神府煤。在 0.4201 g 的胜利煤 F_C 中仅分离到分析量的 F_{C-1} 和 F_{C-2}，但却分离到了 0.0790 g 的 F_{C-3} 和 0.0058 g 的 F_{C-6}，这与胜利煤的元素分析结果相一致，即胜利煤有较高的氧含量和氮含量，有较大的极性。神府煤的萃取率也较低，但其 F_{C-1} 和 F_{C-2} 的产率在 5 种煤中却是最高的，这可能是因为神府煤中存在较多的脂环族的萜类及甾类化合物，以及处于芳构化过程中的芳香松香烷类及芳香甾烷类组分。

表5-12　各馏分的收率（g/100g煤）

煤样	F_c	F_{C-1}	F_{C-2}	F_{C-3}	F_{C-4}	F_{C-5}	F_{C-6}
胜利煤	0.4201	分析	分析	0.0790	—	—	0.0058
神府煤	0.8150	0.1637	0.2337	0.1031	0.0059	0.0530	0.0097
童亭煤	5.0990	0.1105	0.0860	0.2245	—	—	0.0305
葛亭煤	3.0400	0.1310	0.1185	0.1508	—	—	—
平朔煤	2.5318	0.0726	0.1400	0.1046	—	—	—

5.4.2　FC-1 的 GC/MS 分析

F_{C-1}GC/MS 分析升温程序为：升温梯度 10℃ /min，从 100℃升温到 200℃，然后升温梯度改为 5℃ /min，继续升温到 300℃，并保持 300℃恒温至无谱峰流出，终止程序，其他气质条件同第二章所述。图 5-8、5-9、5-10、5-11 和 5-12 分别为胜利煤、童亭煤、平朔煤、神府煤和葛亭煤的 F_{C-1} 的总离子流色谱图。在 5 种煤样的 F_{C-1} 中检测到了种类丰富的脂肪烃及脂环烃组分，本节中根据组分的结构特点归纳为正构烷烃、支链烷烃、环己烷类、萜类烃和甾类烃五类进行论述，5 种煤样 F_{C-1} 中各类组分数分布如表 5-12 所列，除正构烷烃外，其他四类组分中大多为在煤 CS_2 萃取物的原始馏分中未检测到的化合物。

表5-13　煤F_{C-1}中GC/MS检测到的组分分布

煤样	正构烷烃	支链烷烃	环己烷类	萜类烃	甾类烃	总数
童亭煤	24	15	10	27		76
平朔煤	23	18	8	58		107
神府煤	20	10	2	76	21	129
葛亭煤	15	5	5	24		49
胜利煤	19	7	1	22		50
总　数	25	29	11	96	21	182

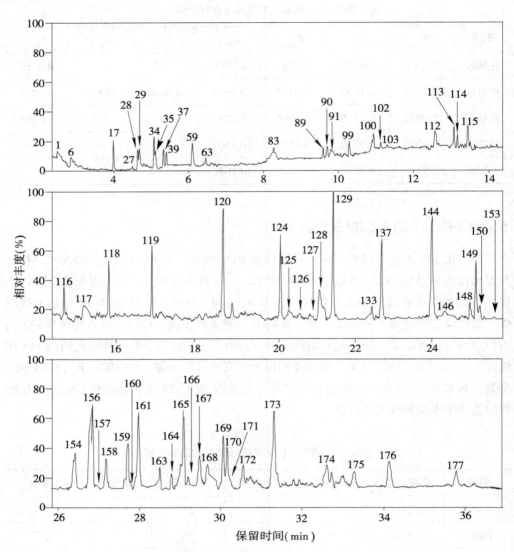

图 5-8　胜利煤 F_{C-1} 的总离子流色谱图

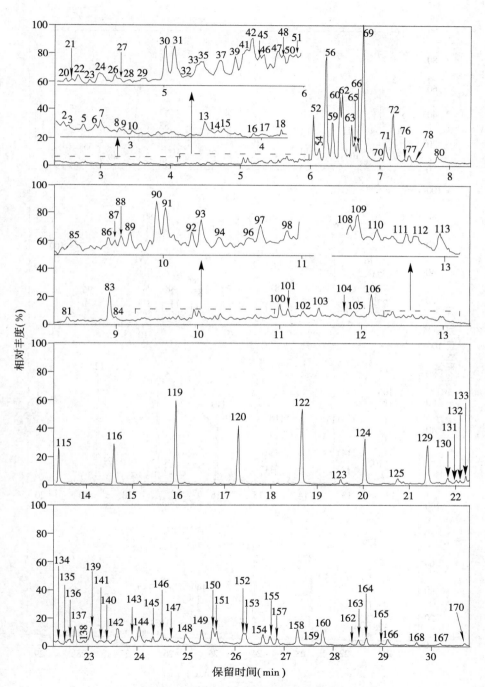

图 5-9　神府煤 F_{C-1} 的总离子流色谱图

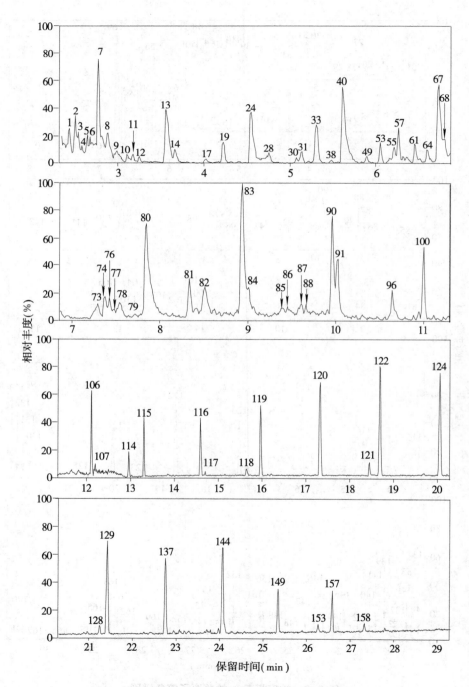

图 5-10　童亭煤 F_{C-1} 的总离子流色谱图

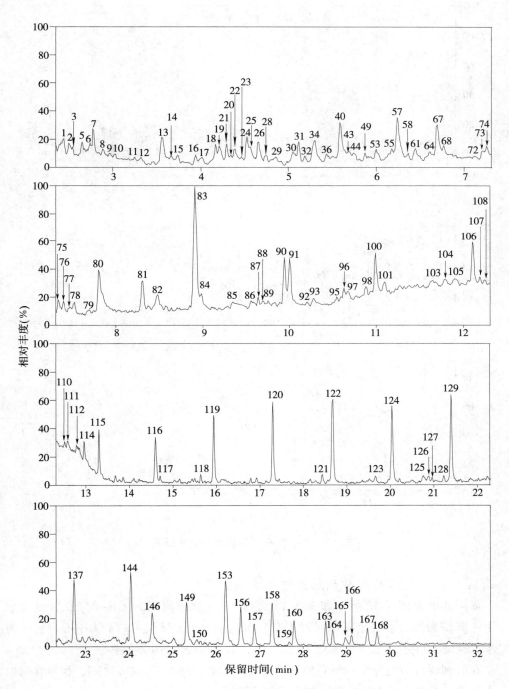

图 5-11　平朔煤 F_{C-1} 的总离子流色谱图

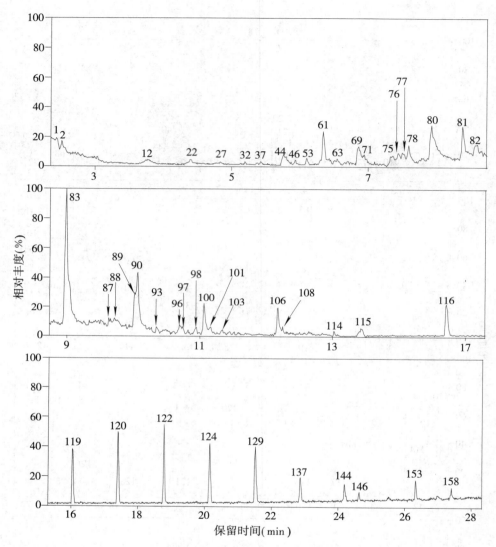

图 5-12　葛亭煤 F_{C-1} 的总离子流色谱图 I

1. FC-1 中 GC/MS 检测到的正构烷烃

如图 5-8 至图 5-12 所示和表 5-14 所列，F_{C-1} 中检测到的正构烷烃在含量上以二十一碳烷为界，呈两个正态或近正态分布，一为十七碳烷（83）为中心，另一为二十三碳烷（119）、二十五碳烷（122）或二十七碳烷（129）为中心。

在胜利煤这一馏分中检测到的正构烷烃，碳数分布在 C_{17}–C_{35} 之间，相对含量以二十七碳烷为中心成正态分布，有微弱奇碳优势。

神府煤 F_{C-1} 中检测到的正构烷烃碳数分布在 C_{11}–C_{33} 之间，其间的 C_{14}、C_{15} 和 C_{32} 的烷烃没有检测到。含量分布上以二十三碳烷含量最高，二十五碳烷略低，以二十三碳烷和二十五碳烷为中心呈近正态分布，奇碳优势明显，在神府煤的这一馏分中检测到的低碳数烃较少，虽然也检测到十七碳烷且其峰高在 C_{11}–C_{18} 之间也较突出，但在检测到的烷烃整体中比较，含量很低。

在童亭煤 F_{C-1} 中检测到的正构烷烃碳数分布在 C_{11}–C_{34} 之间，相对含量在 C_{11}–C_{21} 之间以十七碳烷为中心，呈近正态分布，在 C_{22}–C_{34} 之间，以二十五碳烷为中心，呈正态分布。高碳数烃（C_{25} 以上）在含量上显示奇数碳优势，低碳数烃（C_{24} 以下）不显示奇偶碳优势。

在平朔煤 F_{C-1} 中检测到的正构烷烃碳数分布在 C_{11}–C_{34} 之间，相对含量在 C_{11}–C_{21} 之间也以十七碳烷为中心，但不呈正态分布，十七碳烷的含量占有鲜明的优势，其余烷烃的峰高相近，且均在其二分之一以下；在 C_{21}–C_{32} 之间，以 C_{24}–C_{27} 的烷烃为中心呈正态分布，二十七碳烷含量最高。高碳数烃（C_{25}–C_{34}）的含量奇碳优势明显，低碳数烃含量无明显奇偶碳优势。

在葛亭煤 F_{C-1} 中检测到的正构烷烃碳数分布在 C_{15}–C_{31} 之间，相对含量以十七碳烷含量最高，在 C_{15}–C_{21} 之间以十七碳烷为中心，呈近正态分布；在 C_{22}–C_{31} 之间，以二十三碳烷为中心，呈正态分布。无明显奇偶碳优势。

在检测到的正构烷烃中，胜利煤和神府煤中以 C_{20} 以上者占绝对优势，最高含量组分在 C_{23}–C_{27} 之间；而对葛亭煤、平朔煤和童亭煤，最高含量组分均为十七碳烷，其中葛这亭煤和平朔煤除了十七碳烷外，C_{21} 以下的其他烷烃含量较低，整体上仍然是 C_{20} 以上的烷烃占优势含量；童亭煤的 C_{21} 以下的其他烷烃也都有较高的相对含量，与 C_{21} 以上的正构烷烃优势均等甚至略有超过。

正构烷烃广泛分布于植物及其他生物体中，有报道[96]认为 C_{20} 以下的正构烷烃源自菌藻类，C_{20} 以上者源于高等植物蜡质。一般认为正烷烃在 C_{25}–C_{35} 区间的色谱图中如具有明显的奇碳优势，则多数情况下是来源于高等植物蜡质[97]，而蓝绿藻类的正构烷烃则以 C_{14}–C_{19} 占优势[98]。

表5–14 F_{C-1} 中的正构烷烃（GC/MS检测）

No.	化合物	分子式	GT	SF	TT	PS	SL
7	十一碳烷	$C_{11}H_{24}$		√	√	√	
13	十二碳烷	$C_{12}H_{26}$		√	√	√	

No.	化合物	分子式	GT	SF	TT	PS	SL
24	十三碳烷	$C_{13}H_{28}$		√	√	√	
40	十四碳烷	$C_{14}H_{30}$			√	√	
67	十五碳烷	$C_{15}H_{30}$	√		√	√	
80	十六碳烷	$C_{16}H_{34}$	√	√	√	√	
83	十七碳烷	$C_{17}H_{36}$	√	√	√	√	√
90	十八碳烷	$C_{18}H_{32}$	√	√	√	√	√
100	十九碳烷	$C_{19}H_{40}$	√	√	√	√	√
106	二十碳烷	$C_{20}H_{42}$	√	√	√	√	√
115	二十一碳烷	$C_{21}H_{44}$	√	√	√	√	√
116	二十二碳烷	$C_{22}H_{46}$	√	√	√	√	√
119	二十三碳烷	$C_{23}H_{48}$	√	√	√	√	√
120	二十四碳烷	$C_{24}H_{50}$	√	√	√	√	√
122	二十五碳烷	$C_{25}H_{52}$	√	√	√		√
124	二十六碳烷	$C_{26}H_{54}$	√	√	√	√	√
129	二十七碳烷	$C_{27}H_{56}$	√	√	√	√	√
137	二十八碳烷	$C_{28}H_{58}$	√	√	√	√	√
144	二十九碳烷	$C_{29}H_{60}$	√	√	√	√	√
149	三十碳烷	$C_{30}H_{62}$		√	√	√	√
156	三十一碳烷	$C_{31}H_{64}$		√	√	√	√
161	三十二碳烷	$C_{32}H_{66}$			√	√	√
165	三十三碳烷	$C_{33}H_{68}$		√	√	√	√
169	三十四碳烷	$C_{34}H_{70}$			√		√
173	三十五碳烷	$C_{35}H_{72}$					√

2. FC-1 中 GC/MS 检测到的支链烷烃

如表 5-15 中所列，在 5 种煤的 F_{C-1} 中共检测到 24 种支链烷，其中在葛亭煤中 5

种，神府煤中 10 种，童亭煤中 15 种，平朔煤 18 种，胜利煤 7 种。检测到支链烷烃的含量远远低于正构烷烃的含量。由于支链烷烃的分子离子峰不稳定，含量又很低，半数左右的支链烷烃分子结构不能确定。所检测到的支链烷烃中，有多种是长链类异戊二烯类烃，如 2,6,10,14- 四甲基十五碳烷、2,6,11,15- 四甲基十六碳烷、2,6,10,14- 四甲基十六碳烷和 2,6,10,15- 四甲基十七碳烷。这类物质被认为是来源于高等植物蜡和细菌蜡 [96]。支链烷烃同系物的检出可为煤化学及有机地球化学研究提供丰富的指纹信息 [99]。

表5-15　F_{C-1}中的支链烷烃（GC/MS检测）

No.	化合物	分子式	GT	SF	TT	PS	SL
2	2,6,7- 三甲基癸烷	$C_{13}H_{28}$	√	√	√	√	
3	3,6- 二甲基十一碳烷	$C_{13}H_{28}$		√	√	√	
4	2,5,9- 二甲基癸烷	$C_{13}H_{28}$			√		
8	2,5,6- 三甲基癸烷	$C_{13}H_{28}$			√	√	
11	支链烷烃	不确定			√	√	
12	支链烷烃	不确定	√		√	√	
14	支链烷烃	不确定		√	√	√	
19	支链烷烃	不确定		√		√	
34	2,6,11- 三甲基十二碳烷	$C_{15}H_{30}$				√	
57	2,7,10- 三甲基十二碳烷	$C_{15}H_{30}$			√	√	
58	2- 甲基十四碳烷	$C_{15}H_{30}$	√		√	√	
68	2,6,10,14- 四甲基十五碳烷	$C_{20}H_{42}$			√	√	
81	2,6,11,15- 四甲基十六碳烷	$C_{20}H_{42}$	√	√		√	
91	2,6,10,14- 四甲基十六碳烷	$C_{20}H_{42}$			√	√	√
98	支链烷烃	不确定	√		√	√	
99	支链烷烃	不确定					√
107	2,6,10,15- 四甲基十七碳烷	$C_{21}H_{44}$			√	√	
117	支链烷烃	不确定			√	√	

续 表

No.	化合物	分子式	GT	SF	TT	PS	SL
123	支链烷烃	不确定		√		√	√
125	支链烷烃	不确定		√		√	
126	支链烷烃	不确定					√
127	支链烷烃	不确定					√
133	支链烷烃	不确定					√
176	支链烷烃	不确定					√

3. FC-1 中 GC/MS 检测到的环己烷类

如表 5-16 所示，从所选 5 种煤样的 F_{C-1} 中检测到了一系列不同碳数的长链烷基环己烷，主要分布童亭煤和平朔煤中。通过特征离子峰 m/z 83 可以确定这类组分的结构，能够鉴定出的取代烷基侧链主要是正构长链烷基，有戊基、辛基、壬基、癸基和十三烷基。其他因为没有检测到分子离子峰不能确定的环己烷类组分中，猜测可能有支链烷取代基，因为它们的分子离子峰更不稳定。这类组分在总离子流色谱图中的流出次序类似于正构烷烃，但它们的含量都较低。关于煤中长链环己烷类物质的报导较少，这类结构应当如正构烷烃和支链烷烃一样，有重要的地球化学意义。关于煤中这一类物质的来源、成因等未见报导，有待于进一步的研究。另有十氢萘和甲基十氢萘，也列于表 5-16 中。

表5-16 F_{C-1} 的环己烷类（GC/MS检测）

No.	化合物	分子式	GT	SF	TT	PS	SL
6	戊基环己烷	$C_{11}H_{22}$		√	√	√	
9	甲基十氢萘	$C_{10}H_{20}$		√	√		
10	烷基环己烷	不确定		√	√		
55	辛基环己烷	$C_{14}H_{28}$			√	√	
75	壬基环己烷	$C_{15}H_{30}$	√				
82	癸基环己烷	$C_{16}H_{32}$	√		√	√	
96	十三烷基环己烷	$C_{18}H_{30}$	√		√	√	

No.	化合物	分子式	GT	SF	TT	PS	SL
114	烷基环己烷	不确定	√		√	√	
118	烷基环己烷	不确定			√		
121	烷基环己烷	不确定			√	√	
128	烷基环己烷	不确定			√		√

4. FC-1 中 GC/MS 检测到的萜类

如图 5-8 到图 5-12 所示和表 5-13 所列，不同煤样的 F_{C-1} 中检测到的萜类组分在含量上及种类分布上差异很大。如表 5-17 所列，在所选 5 种煤样中的 F_{C-1} 中，富集并检测到了种类丰富的萜类化合物，包括 56 个二环倍半萜类、17 个三环二萜类和 18 个五环三萜类三类。萜类化合物及其衍生物在有机地球化学领域被广泛研究，但由于这一类物质异构体较多，各种谱图库及文献资料中有关的数据较少，故仅用 GC/MS 方法不能确定其准确结构。

在葛亭煤和童亭煤的 F_{C-1} 中检测到较少种类的萜类组分，相对含量也较低，且主要为低萜烷类。其中在葛亭煤共检测到 24 种萜类，包括 2 个 C_{13}- 二环倍半萜烷，1 个 C_{14}- 二环倍半萜烷，5 个 C_{15}- 二环倍半萜烯，2 个 C_{15}- 二环倍半萜烷，3 个 C_{16}- 三环二萜烷，4 个 C_{18}- 三环二萜烷，3 个 C_{19}- 三环二萜烷，1 个 C_{19}- 三环二萜烯和 3 个藿烷。在童亭煤中共检测到 26 种萜类，包括 1 个 C_{12}- 二环倍半萜烷，7 个 C_{14}- 二环倍半萜烷，1 个 C_{15}- 二环倍半萜烯，4 个 C_{15}- 二环倍半萜烷，7 个 C_{16}- 三环二萜烷，4 个 C_{18}- 三环二萜烷和 2 个藿烷。

在平朔煤的 F_{C-1} 中共检测到 55 种萜类，种类多且有一定的丰度，主要是萜烷类，包括 3 个 C_{12}- 二环倍半萜烷，7 个 C_{13}- 二环倍半萜烷，7 个 C_{14}- 二环倍半萜烷，2 个 C_{15}- 二环倍半萜烯，5 个 C_{15}- 二环倍半萜烷，7 个 C_{16}- 三环二萜烷，8 个 C_{18}- 三环二萜烷，3 个 C_{19}- 三环二萜烷，1 个 C_{19}- 三环二萜烷，2 个 C_{20}- 三环二萜烯和 10 个 C_{27}-C_{32} 藿烷。

在胜利煤 F_{C-1} 中检测到的萜类主要是藿烷类，包括 C_{27}-C_{34} 藿烷 18 个，仅有 2 个 C_{19}- 三环二萜烷和 1 个 C_{20}- 三环二萜烯。

在神府煤的 F_{C-1} 中共检测到 74 种萜类，包括 3 个 C_{12}- 二环倍半萜烷，6 个 C_{13}- 二环倍半萜烷，5 个 C_{14}- 二环倍半萜烷，24 个 C_{15}- 二环倍半萜烯，1 个 C_{15}- 二环倍半萜烷，4 个 C_{16}- 三环二萜烷，8 个 C_{18}- 三环二萜烷，4 个 C_{19}- 三环二萜烷，1 个 C_{19}- 三环二萜烯，2 个 C_{20}- 三环二萜烷，4 个 C_{20}- 三环二萜烯和 12 个 C_{27}-C_{32} 藿烷。

表5-17　F_{C-1}中GC/MS检测到的萜类

No.	化合物	分子式	GT	SF	TT	PS	SL
15	$C_{12}-$二环倍半萜烷	$C_{12}H_{22}$		√		√	
16	$C_{12}-$二环倍半萜烷	$C_{12}H_{22}$		√		√	
17	$C_{12}-$二环倍半萜烷	$C_{12}H_{22}$		√	√	√	
18	$C_{13}-$二环倍半萜烷	$C_{13}H_{24}$				√	
20	$C_{13}-$二环倍半萜烷	$C_{13}H_{24}$		√		√	
21	$C_{13}-$二环倍半萜烷	$C_{13}H_{24}$		√		√	
22	$C_{13}-$二环倍半萜烷	$C_{13}H_{24}$	√	√		√	
23	$C_{13}-$二环倍半萜烷	$C_{13}H_{24}$		√		√	
25	$C_{13}-$二环倍半萜烷	$C_{13}H_{24}$				√	
26	$C_{13}-$二环倍半萜烷	$C_{13}H_{24}$		√			
27	$C_{13}-$二环倍半萜烷	$C_{13}H_{24}$	√	√			
28	$C_{14}-$二环倍半萜烷	$C_{14}H_{26}$		√	√	√	
29	$C_{14}-$二环倍半萜烷	$C_{14}H_{26}$		√		√	
30	$C_{14}-$二环倍半萜烷	$C_{14}H_{26}$		√	√	√	
31	$C_{14}-$二环倍半萜烷	$C_{14}H_{26}$		√	√	√	
32	$C_{15}-$二环倍半萜烯	$C_{15}H_{26}$	√	√		√	
33	$C_{14}-$二环倍半萜烷	$C_{14}H_{26}$		√	√	√	
35	$C_{15}-$二环倍半萜烯	$C_{15}H_{26}$		√	√	√	
36	$C_{14}-$二环倍半萜烷	$C_{14}H_{26}$			√	√	
37	$C_{15}-$二环倍半萜烯	$C_{15}H_{26}$		√			
38	$C_{14}-$二环倍半萜烷	$C_{14}H_{26}$			√		
39	$C_{15}-$二环倍半萜烯	$C_{15}H_{26}$		√		√	
41	$C_{15}-$二环倍半萜烯	$C_{15}H_{26}$		√			
42	$C_{15}-$二环倍半萜烯	$C_{15}H_{26}$		√			
43	$C_{14}-$二环倍半萜烷	$C_{14}H_{26}$				√	

No.	化合物	分子式	GT	SF	TT	PS	SL
44	C_{14}- 二环倍半萜烷	$C_{14}H_{26}$	√			√	
45	C_{15}- 二环倍半萜烯	$C_{15}H_{26}$		√			
46	C_{15}- 二环倍半萜烯	$C_{15}H_{26}$	√	√			
47	C_{15}- 二环倍半萜烯	$C_{15}H_{26}$		√			
48	C_{15}- 二环倍半萜烯	$C_{15}H_{26}$		√			
49	C_{15}- 二环倍半萜烷	$C_{15}H_{28}$			√	√	
50	C_{15}- 二环倍半萜烯	$C_{15}H_{26}$		√			
51	C_{15}- 二环倍半萜烯	$C_{15}H_{26}$		√			
52	C_{15}- 二环倍半萜烯	$C_{15}H_{26}$		√			
53	C_{15}- 二环倍半萜烷	$C_{15}H_{28}$	√		√	√	
54	C_{15}- 二环倍半萜烯	$C_{15}H_{26}$		√			
56	C_{15}- 二环倍半萜烯	$C_{15}H_{26}$		√			
59	C_{15}- 二环倍半萜烯	$C_{15}H_{26}$		√			
60	C_{15}- 二环倍半萜烯	$C_{15}H_{26}$		√			
61	C_{15}- 二环倍半萜烷	$C_{15}H_{28}$	√		√	√	
62	C_{15}- 二环倍半萜烯	$C_{15}H_{26}$		√			
63	C_{15}- 二环倍半萜烯	$C_{15}H_{26}$	√	√			
64	C_{15}- 二环倍半萜烷	$C_{15}H_{28}$			√	√	
65	C_{15}- 二环倍半萜烯	$C_{15}H_{26}$		√			
66	C_{15}- 二环倍半萜烯	$C_{15}H_{26}$		√			
69	C_{15}- 二环倍半萜烯	$C_{15}H_{26}$	√	√			
70	C_{15}- 二环倍半萜烯	$C_{15}H_{26}$		√			
71	C_{15}- 二环倍半萜烯	$C_{15}H_{26}$	√	√			
72	C_{15}- 二环倍半萜烷	$C_{15}H_{28}$		√		√	
73	C_{16}- 二环倍半萜烷	$C_{16}H_{30}$			√	√	

No.	化合物	分子式	GT	SF	TT	PS	SL
74	C_{16}– 二环倍半萜烷	$C_{16}H_{30}$			√	√	
76	C_{16}– 二环倍半萜烷	$C_{16}H_{30}$	√	√	√	√	
77	C_{16}– 二环倍半萜烷	$C_{16}H_{30}$	√	√	√	√	
78	C_{16}– 二环倍半萜烷	$C_{16}H_{30}$	√	√	√	√	
79	C_{16}– 二环倍半萜烷	$C_{16}H_{30}$			√	√	
84	C_{16}– 二环倍半萜烷	$C_{16}H_{30}$		√		√	
85	C_{18}– 三环二萜烷	$C_{18}H_{32}$		√	√	√	
86	C_{18}– 三环二萜烷	$C_{18}H_{32}$		√	√	√	
87	C_{18}– 三环二萜烷	$C_{18}H_{32}$	√	√	√	√	
88	C_{18}– 三环二萜烷	$C_{18}H_{32}$	√	√	√	√	
89	C_{18}– 三环二萜烷	$C_{18}H_{32}$	√	√		√	
92	C_{18}– 三环二萜烷	$C_{18}H_{32}$		√		√	
93	C_{18}– 三环二萜烷	$C_{18}H_{32}$		√		√	
94	C_{18}– 三环二萜烷	$C_{18}H_{32}$		√			
95	C_{18}– 三环二萜烷	$C_{18}H_{32}$				√	
97	C_{19}– 三环二萜烷	$C_{19}H_{34}$	√	√		√	
101	C_{19}– 三环二萜烷	$C_{19}H_{34}$	√	√		√	
102	C_{19}– 三环二萜烷	$C_{19}H_{34}$		√			√
103	C_{19}– 三环二萜烷	$C_{19}H_{34}$	√	√		√	√
104	C_{20}– 三环二萜烯	$C_{20}H_{34}$		√		√	
105	C_{20}– 三环二萜烯	$C_{20}H_{34}$		√		√	
108	C_{19}– 三环二萜烯	$C_{19}H_{32}$	√	√		√	
109	C_{20}– 三环二萜烷	$C_{20}H_{36}$		√			
111	C_{20}– 三环二萜烷	$C_{20}H_{36}$		√			
112	C_{20}– 三环二萜烯	$C_{20}H_{34}$		√			√

No.	化合物	分子式	GT	SF	TT	PS	SL
113	C_{20}– 三环二萜烯	$C_{20}H_{34}$		√			
146	C_{27}– 藿烷	$C_{27}H_{46}$	√	√		√	√
148	C_{27}– 藿烷	$C_{27}H_{46}$					√
153	C_{27}– 藿烷	$C_{29}H_{50}$	√	√	√	√	√
157	C_{29}– 藿烷	$C_{29}H_{50}$		√		√	√
158	C_{30}– 藿烷	$C_{30}H_{52}$	√	√	√	√	√
159	C_{27}– 藿烷	$C_{29}H_{50}$		√			√
160	C_{30}– 藿烷	$C_{30}H_{52}$		√			√
163	C_{31}– 藿烷	$C_{31}H_{54}$		√		√	√
164	C_{31}– 藿烷	$C_{31}H_{54}$		√		√	√
166	C_{31}– 藿烷	$C_{31}H_{54}$		√		√	√
167	C_{32}– 藿烷	$C_{32}H_{56}$		√		√	√
168	C_{32}– 藿烷	$C_{32}H_{56}$		√		√	√
170	C_{32}– 藿烷	$C_{32}H_{56}$		√			√
171	C_{32}– 藿烷	$C_{32}H_{56}$					√
172	C_{32}– 藿烷	$C_{32}H_{56}$					√
174	C_{34}– 藿烷	$C_{34}H_{60}$					√
175	C_{34}– 藿烷	$C_{34}H_{60}$					√
177	C_{34}– 藿烷	$C_{34}H_{60}$					√

在 5 种煤的 F_{C-} 中均检测到低萜烯类物质，应引起注意。其中童亭煤、葛亭煤、胜利煤和平朔煤中检测到的萜烯类组分极少，含量也很低，萜烷类为主要的萜类组分；但是神府煤中的萜烯类组分却有较高的含量，是主要的萜类组分。在神府煤中共检测到 24 个 C_{15}– 二环倍半萜烯、1 个 C_{19}– 三环二萜烯和 4 个 C_{20}– 三环二萜烯，在整个神府煤 F_{C-1} 中，C_{15}– 二环倍半萜烯（69）是最高含量组分。萜烯类物质不稳定，易被还原为饱和萜类。神府煤中如此多的萜烯类组分的存在可能归因于其弱还原性环境。

萜类化合物中存在着广泛的同分异构现象，包含构造异构和立体异构，一系列的 $C_{15}-$ 二环倍半萜烯可能为烷基（甲基、乙基、丙基）的位置异构体或（和）分子构型异构体，仅用质谱法尚不能确定其精细结构。Zhao 等[2] 从两种典型的煤显微组分即镜质组和惰质组中检测到了这类物质，并推测了它们的可能的结构式。本研究中检测到更多的 $C_{15}-$ 二环倍半萜烯组分，借鉴 Zhao 等的研究结果，笔者推测 $C_{15}-$ 二环倍半萜烯可能的结构式如图 5-13 所示。

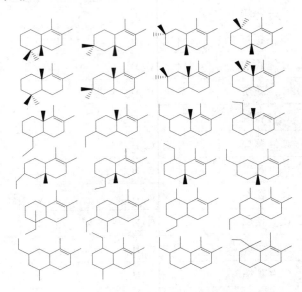

图 5-13　可能的 $C_{15}-$ 二环倍半萜烯的同分异构体

多数情况下，藿烷被认为是微生物成因的，也有报导在地衣、真菌、藻类和高等植物中存在藿烷。煤中的二环倍半萜烯及三环二萜烯可能源于五环藿烷在复杂的成煤过程中的热降解作用。如图 5-14 所示（a），Schmitter 等[100] 在研究了五环藿烷的立体化学结构以后认为，C_8-C_{14} 单键断裂所需能量低，受热断裂可形成 8,14- 断藿烷；8,14- 断藿烷的 $C_{11}-C_{12}$ 键在煤沉积过程中易受热断裂成 $C_{15}-$ 二环倍半萜烯。

笔者认为藿烷分子中的 $C_{13}-C_{18}$ 也是较弱的化学键。如图 5-14（b）所示，在沉积过程中在热力作用下 $C_{13}-C_{18}$ 键断裂生成 13,18- 断藿烷，继而 $C_{15}-C_{16}$ 的键断裂生成 $C_{20}-$ 三环二萜烯。检测的 $C_{15}-$ 二环倍半萜烯的种类远较 $C_{20}-$ 三环二萜烯的种类丰富，丰度也较后者高得多，由此判断，其 $C_{13}-C_{18}$ 键断裂的机率要比 C_8-C_{14} 的小得多。生成的 $C_{15}-$ 二环倍半萜烯和 $C_{20}-$ 三环二萜烯经过异构化、脱烷基化及还原作用等，转化为种类丰富的各种二环倍半萜类及三环二萜类物质。当然，三环二萜类物质也可能源于其他途径。

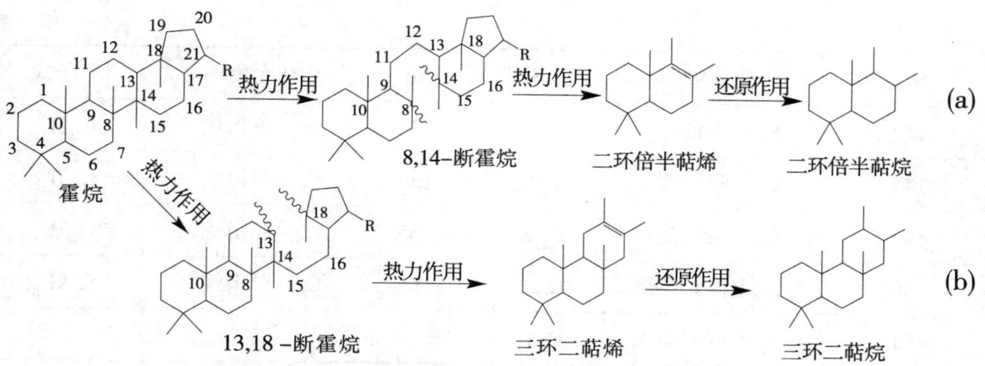

图 5-14　藿烷到倍半萜类及二萜类的可能演变过程

5. FC-1 中 GC/MS 检测到的甾类

如表 5-18 所列，在神府煤的 F_{C-} 中共检测到 21 种甾类烃，其中主要为饱和种类，包括 1 个 $C_{19}-$ 雄甾烷、4 个 $C_{28}-$ 胆甾烷、6 个 $C_{29}-$ 胆甾烷、2 个 $C_{29}-$ 重排胆甾烷、2 个 $C_{30}-$ 胆甾烷、1 个 $C_{29}-$ 豆甾烷和 1 个 $C_{31}-$ 胆甾烷。在饱和甾类中，$C_{29}-C_{30}$ 的胆甾烷相对含量较高一些。另外还有 4 种不饱和甾类烃，含量均很小，包括两个单芳甾烷（分子式不能确定）、1 个 $C_{29}-$ 甾烯和一个不能准确测定的甾类烯。在其余四中煤的 F_{C-1} 中都未能检测到这类组分。

普遍认为，甾烷是进入到沉积物中的原始甾醇或甾酮经过还原作用形成的，甾烯和甾二烯则是这一转化过程的中间产物[99]：甾烯不稳定，经历异构化作用或者在适当的条件下催化重排形成重排甾烯，甾烯和重排甾烯由于还原作用而产生甾烷和重排甾烷，也可能在适当条件下发生芳构化生成单芳甾烷、二芳甾烷、三芳甾烷直至菲族物质。甾烷指纹的复杂性主要受两个因素的影响，即来源的差异性和成熟度的差异性。

表5-18　神府煤F_{C-1}中GC/MS检测到的甾类

No.	化合物	分子式	No.	化合物	分子式
110	$C_{19}-$雄甾烷	$C_{19}H_{32}$	136	$C_{29}-$胆甾烷	$C_{29}H_{52}$
130	$C_{29}-$烯	$C_{29}H_{50}$	138	$C_{28}-$胆甾烷	$C_{28}H_{50}$
131	$C_{28}-$胆甾烷	$C_{28}H_{50}$	139	$C_{29}-$胆甾烷	$C_{29}H_{52}$
132	$C_{28}-$胆甾烷	$C_{28}H_{50}$	140	$C_{28}-$胆甾烷	$C_{28}H_{50}$
134	甾类烯	不确定	141	单芳甾类烷	不确定
135	单芳甾类烷	不确定	142	$C_{29}-$胆甾烷	$C_{29}H_{52}$

No.	化合物	分子式	No.	化合物	分子式
143	C_{29}- 胆甾烷	$C_{29}H_{52}$	152	C_{29}- 豆甾烷	$C_{29}H_{52}$
145	C_{29}- 胆甾烷	$C_{29}H_{52}$	154	C_{30}- 胆甾烷	$C_{30}H_{54}$
147	C_{29}- 胆甾烷	$C_{29}H_{52}$	155	C_{30}- 胆甾烷	$C_{30}H_{54}$
150	C_{29}- 重排胆甾烷	$C_{29}H_{52}$	162	C_{31}- 胆甾烷	$C_{31}H_{56}$
151	C_{29}- 重排胆甾烷	$C_{29}H_{52}$			

5.4.3　FC-2 的 GC/MS 分析

F_{C-2} 的 GC/MS 分析的升温程序为：升温梯度 10℃/min，从 100℃升温到 200℃，然后升温梯度改为 5 速度/min，继续升温到 300℃，在 300℃保持恒温至无谱峰流出后终止程序。其他气质条件同第二章所述。

1. 平朔煤、童亭煤和葛亭煤的 FC-2 的 GC/MS 分析

GC/MS 检测结果显示，童亭、平朔和葛亭三种煤 F_{C-2} 中检测到的芳煤组分有一定的相似性，在此一并论述。图 5-15、5-16 和 5-17 分别为童亭煤、葛亭煤和平朔煤 F_{C-2} 的总离子流色谱图。从三种煤的 F_{C-2} 中共检测到 120 种芳烃，列于表 5-19 中。另外还有 5 种含氧杂环化合物，也一并列出。

在这三种煤 F_{C-2} 中检测到的芳烃中，主要是拥有苯、萘、菲、茚、蒽、䓛、芘和苊等典型芳环结构或由这些典型芳环结构并或联而成的芳环结构的芳烃，包括它们的烷基化和异构化衍生物，本论文中称为典型芳烃。另外还检测到数量较少的部分芳构化芳烃，主要是萘满（1,2,3,4- 四氢萘）的烷基取代衍生物，这里不单独讨论，在神府煤中检测到种类较多的这类芳烃，将专一讨论。

从三种煤 F_{C-2} 中检测到的芳烃，芳环环数从 1 环到 4 环，主要为烷基取代芳烃，涉及到的芳环结构包括苯、苯并环己烷、茂并芳庚、萘、萘满、联苯、苯联萘、二苯基甲烷、9H- 芴、蒽、菲和芘等。从三种煤 F_{C-2} 中检测到的芳烃，从种类和含量上占优势的是 2-3 环的芳烃，其中主要是烷基萘和烷基菲，但对三种煤，芳烃的组成分布却有明显差异，这些差异在某种程度上可能对照着煤的大分子芳环结构。三种煤 F_{C-2} 中芳烃组分的分布情况如下：

童亭煤 F_{C-2}：共检测 87 种芳烃，包括 5 种单环芳烃，含量都很低，在三种煤中相比也是最低的；28 种二元稠环类，其中 24 种烷基和多烷基萘、3 种茂并芳庚及其烷基化物和 1 个多甲基萘满类；18 种三元稠环类，其中有蒽、13 个菲系芳烃

和 4 个 9H- 芴系芳烃；4 种四元稠环类，即 3 个芘系芳烃和苯并 –1,2,3,4– 四氢荧蒽；另外还有 14 个联苯类、6 个二苯基甲烷类和 6 个苯联萘类的芳烃。整体上以烷基的萘、菲和芘为优势组分，单个组分以二甲基萘（31）含量最高，没有含量特别突出的组分。

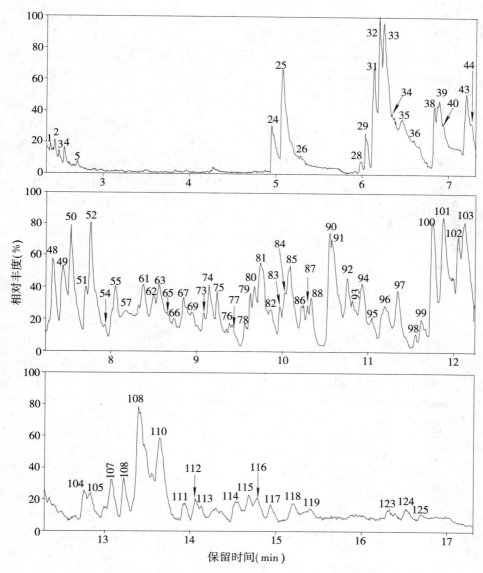

图 5-15　童亭煤 F_{C-2} 的总离子流色谱图

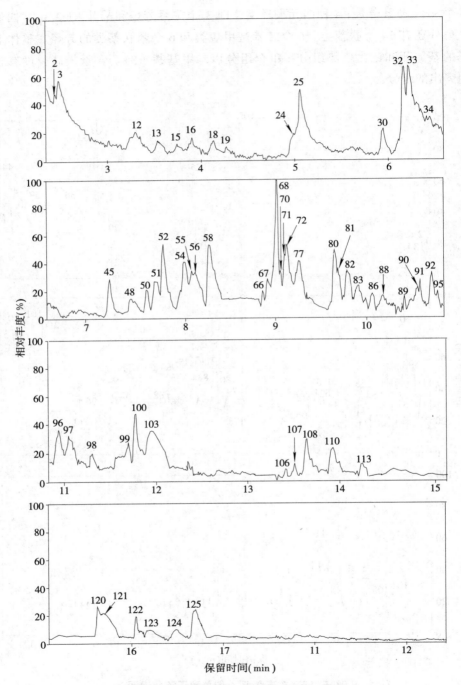

图 5-16　葛亭煤 F_{C-2} 的总离子流色谱图

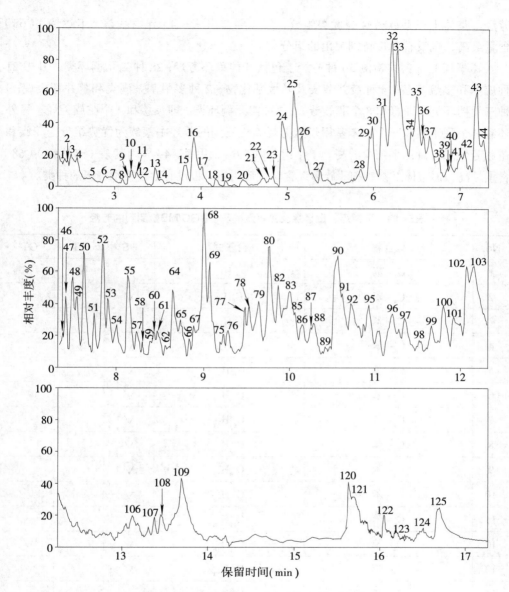

图 5-17　平朔煤 F_{C-2} 的总离子流色谱图

平朔煤 F_{C-2}：共检测 99 种芳烃，其中有 15 种烷基苯，含量都很低，但在三种煤中相比，其单环组分的含量和种数是最多的；49 种二元稠环类，其中 37 个烷基萘、4 个茂并芳庚及其烷基化物、6 种多甲基萘满类以及苯并环庚烷和三甲基 -2,3- 二氢 -1H- 茚；12 种三元稠环芳烃，其中有蒽、8 个菲系芳烃和 3 个 9H- 芴系芳烃；5 种四元稠环类，即荧蒽和 4 个芘族芳烃；另外还有 14 个联苯类和 8 个二苯基甲烷族芳烃。整体上以萘族芳烃为优势组分，以 1,6- 二甲基 -4- 异丙基萘（卡达烯）（68）含量最高，也没有含量特别突出的组分。

葛亭煤 F_{C-2}：共检测 56 种芳烃，包括 5 种单环芳烃；28 种二元稠环类，其中 21 种烷基和多烷基萘、4 种茂并芳庚及其烷基化物、2 种多甲基萘满类和苯并环庚烷；9 种三元稠环类，即蒽和 8 个菲族芳烃；5 种四元稠环类，即荧蒽和 4 个芘族芳烃；另外还有 8 个联苯族和 7 个二苯基甲烷族芳烃。检测到的芳烃中萘族为优势组分，菲族和芘族芳烃的含量比平朔煤的高。单个组分以 1,6- 二甲基 -4- 异丙基萘（卡达烯）（68）含量最高，但整体上萘族和菲族芳烃含量优势明显，也没有含量特别突出的种类。

表5-19 平朔煤、童亭煤及葛亭煤的 F_{C-2} 中GC/MS检测到的芳烃

No.	化合物	分子式	PS	TT	GT
1	C_3- 苯	C_9H_{12}	√	√	
2	C_3- 苯	C_9H_{12}	√	√	√
3	C_3- 苯	C_9H_{12}	√	√	√
4	C_3- 苯	C_9H_{12}	√		
5	C_4- 苯	$C_{10}H_{14}$	√		
6	C_4- 苯	$C_{10}H_{14}$	√		
7	C_4- 苯	$C_{10}H_{14}$	√		
8	C_4- 苯	$C_{10}H_{14}$	√		
9	C_4- 苯	$C_{10}H_{14}$	√		
10	C_4- 苯	$C_{10}H_{14}$	√		
11	C_4- 苯	$C_{11}H_{16}$	√		
12	C_4- 苯	$C_{11}H_{16}$	√		√
13	C_4- 苯	$C_{10}H_{14}$	√		√
14	C_5- 苯	$C_{11}H_{16}$	√		
15	C_5- 苯	$C_{11}H_{16}$	√		√
16	萘	$C_{10}H_8$	√		√
17	茂并芳庚	$C_{10}H_8$	√		
18	二甲基萘满	$C_{12}H_{16}$	√		√

No.	化合物	分子式	PS	TT	GT
19	苯并环庚烷	$C_{11}H_{14}$	√		√
20	三甲基 –2,3– 二氢 –1H– 茚	$C_{12}H_{16}$	√		
21	二甲基萘满	$C_{12}H_{16}$	√		
22	二甲基萘满	$C_{12}H_{16}$	√		
23	二甲基萘满	$C_{12}H_{16}$	√		
24	甲基萘	$C_{11}H_{10}$	√	√	√
25	甲基萘	$C_{11}H_{10}$	√	√	√
26	三甲基萘满	$C_{13}H_{18}$	√	√	
27	三甲基萘满	$C_{13}H_{18}$	√		
28	联苯	$C_{12}H_{10}$	√	√	
29	乙基萘	$C_{12}H_{12}$	√	√	
30	乙基萘	$C_{12}H_{12}$	√		√
31	二甲基萘	$C_{12}H_{12}$	√	√	
32	二甲基萘	$C_{12}H_{12}$	√	√	√
33	二甲基萘	$C_{12}H_{12}$	√	√	√
34	二甲基萘	$C_{12}H_{12}$	√	√	√
35	二甲基萘	$C_{12}H_{12}$	√	√	
36	二甲基萘	$C_{12}H_{12}$	√	√	
37	二甲基萘	$C_{12}H_{12}$	√		
38	甲基联苯	$C_{13}H_{12}$	√	√	
39	甲基联苯	$C_{13}H_{12}$	√	√	
40	甲基联苯	$C_{13}H_{12}$	√	√	
41	异丙基萘	$C_{13}H_{14}$	√		
42	异丙基萘	$C_{13}H_{14}$	√		
43	甲基乙基萘	$C_{13}H_{14}$	√	√	
44	甲基乙基萘	$C_{13}H_{14}$	√	√	
45	四甲基萘满	$C_{14}H_{20}$			√

No.	化合物	分子式	PS	TT	GT
46	甲基乙基萘	$C_{13}H_{14}$	√		
47	甲基乙基萘	$C_{13}H_{14}$	√		
48	三甲基萘	$C_{13}H_{14}$	√	√	√
49	三甲基萘	$C_{13}H_{14}$	√	√	
50	三甲基萘	$C_{13}H_{14}$	√	√	√
51	三甲基萘	$C_{13}H_{14}$	√	√	√
52	三甲基萘	$C_{13}H_{14}$	√	√	
53	三甲基萘	$C_{13}H_{14}$	√		
54	三甲基萘	$C_{13}H_{14}$	√	√	√
55	三甲基萘	$C_{13}H_{14}$	√	√	√
56	三甲基萘	$C_{13}H_{14}$	√		√
57	9H- 芴	$C_{13}H_{10}$	√	√	
58	三甲基萘	$C_{13}H_{14}$	√		√
59	甲基 -9H- 芴	$C_{14}H_{12}$	√		
60	二甲基联苯	$C_{14}H_{14}$	√		
61	二甲基联苯	$C_{14}H_{14}$	√	√	
62	二甲基乙基萘	$C_{14}H_{16}$	√	√	
63	二甲基联苯	$C_{14}H_{14}$		√	
64	甲基二苯并呋喃	$C_{13}H_{10}O$	√	√	
65	二甲基乙基萘	$C_{14}H_{16}$	√	√	
66	二甲基乙基萘	$C_{14}H_{16}$	√	√	√
67	甲基二苯并呋喃	$C_{13}H_{10}O$	√	√	√
68	1,6- 二甲基 -4- 异丙基萘	$C_{15}H_{18}$	√		√
69	四甲基萘	$C_{14}H_{16}$	√	√	
70	二甲基异丙基萘	$C_{15}H_{18}$			√
71	二甲基异丙基萘	$C_{15}H_{18}$			√
72	二甲基异丙基萘	$C_{15}H_{18}$			√

No.	化合物	分子式	PS	TT	GT
73	甲基二苯并呋喃	$C_{13}H_{10}O$		√	
74	甲基二苯并呋喃	$C_{13}H_{10}O$		√	
75	四甲基萘	$C_{14}H_{16}$	√	√	
76	四甲基萘	$C_{14}H_{16}$	√		
77	四甲基萘	$C_{14}H_{16}$	√		√
78	二甲基二苯并呋喃	$C_{14}H_{12}O$	√		
79	C_5– 萘	$C_{15}H_{18}$	√		
80	二甲基乙基茚并芳庚	$C_{15}H_{18}$	√	√	√
81	二甲基乙基茚并芳庚	$C_{15}H_{18}$			√
82	二甲苯基甲烷	$C_{15}H_{16}$	√	√	√
83	二甲苯基甲烷	$C_{15}H_{16}$	√	√	√
84	二甲苯基甲烷	$C_{15}H_{16}$		√	
85	二甲苯基甲烷	$C_{15}H_{16}$	√	√	
86	二甲苯基甲烷	$C_{15}H_{16}$	√	√	√
87	甲基 –9H– 芴	$C_{14}H_{12}$	√	√	
88	二甲苯基甲烷	$C_{15}H_{16}$	√	√	√
89	二甲苯基甲烷	$C_{15}H_{16}$	√		√
90	菲	$C_{14}H_{10}$	√	√	√
91	蒽	$C_{14}H_{10}$	√	√	√
92	四甲基联苯	$C_{16}H_{18}$	√	√	√
93	二甲基 –9H– 芴	$C_{15}H_{14}$		√	
94	二甲基 –9H– 芴	$C_{15}H_{14}$		√	
95	四甲基联苯	$C_{16}H_{18}$	√		√
96	四甲基联苯	$C_{16}H_{18}$	√		
97	二甲基异丙茚并芳庚	$C_{15}H_{18}$	√	√	√
98	二甲基异丙茚并芳庚	$C_{15}H_{18}$	√	√	√
99	四甲基联苯	$C_{16}H_{18}$	√	√	√

No.	化合物	分子式	PS	TT	GT
100	甲基菲	$C_{15}H_{12}$	√	√	√
101	甲基菲	$C_{15}H_{12}$	√	√	
102	甲基菲	$C_{15}H_{12}$	√	√	
103	甲基菲	$C_{15}H_{12}$	√	√	√
104	苯联萘	$C_{16}H_{12}$		√	
105	苯联萘	$C_{16}H_{12}$		√	
106	二甲基菲	$C_{16}H_{14}$	√	√	√
107	二甲基菲	$C_{16}H_{14}$	√	√	√
108	二甲基菲	$C_{16}H_{14}$	√	√	√
109	1-（庚-2-基)-7-异丙基萘	$C_{20}H_{28}$	√	√	
110	二甲基菲	$C_{16}H_{14}$		√	√
111	苯联萘	$C_{16}H_{12}$		√	
112	苯联萘	$C_{16}H_{12}$		√	
113	苯联萘	$C_{16}H_{12}$		√	√
114	三甲基菲	$C_{17}H_{16}$		√	
115	三甲基菲	$C_{17}H_{16}$		√	
116	三甲基菲	$C_{17}H_{16}$		√	
117	三甲基菲	$C_{17}H_{16}$		√	
118	甲基苯联萘	$C_{18}H_{16}$		√	
119	1,2,3,4-四氢苯并[a]蒽	$C_{18}H_{16}$		√	
120	荧蒽	$C_{16}H_{10}$	√		√
121	芘	$C_{16}H_{10}$	√		√
122	1-甲基-7-异丙基菲	$C_{18}H_{18}$	√		
123	甲基芘	$C_{17}H_{12}$	√	√	√
124	甲基芘	$C_{17}H_{12}$	√	√	√
125	甲基芘	$C_{17}H_{12}$	√	√	√

整体上，从童亭煤中分离到的芳烃比从平朔煤及葛亭煤中的趋向于较高的环数：从芳烃的种类及谱峰的丰度上，前者单环芳烃较少而三到四环芳烃增多，葛亭煤居中。这一结果显示三种煤小分子相中芳香结构单位的尺寸不同，其大分子结构中的芳环平均大小也可能与之有关，在一定程度上可能关联着煤的缩合度，据此猜测三种煤中芳环结构单位的大小依次为平朔煤＜葛亭煤＜童亭煤。联苯类和二苯基甲烷类及苯联萘类芳烃的鉴定显示了煤中芳核之间的两类联接方式，即直接联接和亚甲基桥联。

另外，从三种煤 F_{C-2} 中都检测到属于含氧芳香族化合物的甲基苯并呋喃类物质，这显示了煤中氧原子在环结构中的一种普遍的存在形式。

2. 神府煤 FC-2 的 GC/MS 分析

从神府煤 F_{C-2} 中检测到的芳烃种类极为丰富，其总离子流色谱图明显地分为两部分，第一部分在保留时间 21min 之前，检测到的组分为典型的芳烃和部分环芳构化芳烃，如图 5-18 所示。第二部分从保留时间 21min 以后，所检测到的组分主要是芳香甾类烃，如图 5-19 所示。本节分为典型芳烃，部分环芳构化芳烃和芳香甾类烃来分别论述。

（1）典型芳烃

在神府煤 F_{C-2} 中共检测这类芳烃 81 种，列于表 5-20 中。另检测到的一种含氧杂原子芳香族化合物甲基二苯并呋喃也列于表 5-20 中。神府煤的 F_{C-2} 中检测到的典型芳烃也为 1-4 环芳烃，以 2-3 环芳烃的种类较多和含量较大，涉及到的芳环结构与前述童亭煤、平朔煤和葛亭煤相似。

比之前面提到的三种煤，神府煤 F_{C-2} 中的典型芳烃有较高的环数，在含量分布上有选择性，且有两个相对含量突出的组分，1-(庚 -2- 基)-7- 丙其萘（104）和 1- 甲基 -7- 异丙基菲（惹烯）（118），其中 1- 甲基 -7- 异丙基菲是含量最高的组分，峰面积约为 1-(庚 -2- 基)-7- 丙其萘的二倍。其中检测到的单环芳烃仅有四种，即 C_6- 烯苯、C_9- 苯、C_8- 二烯基苯和 C_9- 环烷基苯，前三种含量极微，均有长链的取代基，且有两种为不饱和取代基，C_9- 环烷基苯含量稍高。检测到的二元稠环芳烃仍以烷基萘为种类最多的组分，共 40 种，其中有一系列二取代的长链烷基萘类，取代基的总碳数从 C_2 到 C_{11} 不等。其中的三元稠环组分主要是各种烷基取代的菲，但与二元稠环上的取代烷基相比，三元稠环上的取代基数量要少，碳链长度也较短。其中的四元稠环芳烃的种类较少，取代基数更少且其碳链更短。总体趋势是，随着芳环结构的增大，环上取代基数目减少且碳链变短。在神府煤的 F_{C-2} 中也有少量的联苯和二苯基甲烷类的芳烃。

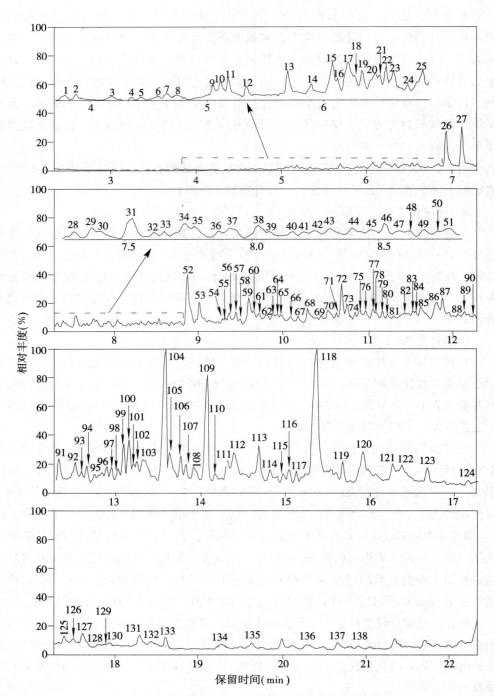

图 5-18 神府煤 F_{C-2} 的总离子流色谱图

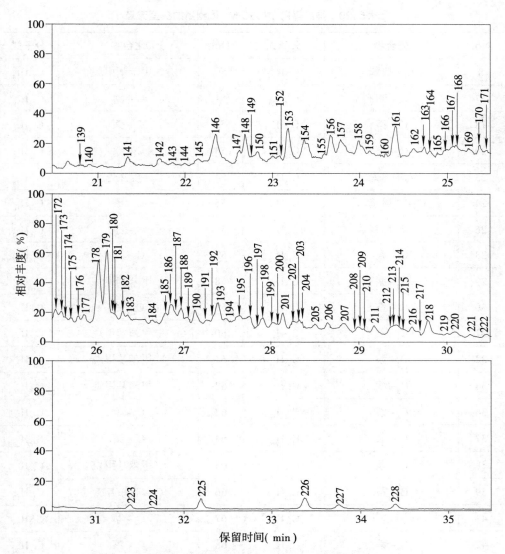

图 5-19　神府煤 F_{C-2} 的总离子流色谱图

表5-20　神府煤F_{C-2}中GC/MS检测到的典型芳烃

No.	化合物	分子式	No.	化合物	分子式
8	C_6- 烯苯	$C_{12}H_{16}$	50	二甲苯基甲烷	$C_{15}H_{16}$
17	C_9- 苯	$C_{15}H_{24}$	51	C_5- 萘	$C_{15}H_{18}$
18	C_2- 萘	$C_{12}H_{12}$	52	C_5- 萘	$C_{15}H_{18}$
20	C_2- 萘	$C_{12}H_{12}$	53	C_5- 萘	$C_{15}H_{18}$
23	六甲基茚	$C_{15}H_{20}$	54	C_5- 茂并芳庚	$C_{15}H_{18}$
24	C_8- 二烯基苯	$C_{14}H_{18}$	55	C_4- 萘	$C_{14}H_{16}$
26	C_9- 环烷基苯	$C_{15}H_{22}$	56	C_6- 萘	$C_{16}H_{20}$
28	C_3- 萘	$C_{13}H_{14}$	57	C_5- 萘	$C_{15}H_{18}$
29	C_3- 萘	$C_{13}H_{14}$	58	二甲苯基甲烷	$C_{15}H_{16}$
30	C_3- 萘	$C_{13}H_{14}$	59	C_4- 萘	$C_{14}H_{16}$
31	C_3- 萘	$C_{13}H_{14}$	60	二甲苯基甲烷	$C_{15}H_{16}$
32	C_3- 萘	$C_{13}H_{14}$	61	二甲苯基甲烷	$C_{15}H_{16}$
34	C_3- 萘	$C_{13}H_{14}$	62	二甲苯基甲烷	$C_{15}H_{16}$
36	C_4- 萘	$C_{14}H_{16}$	63	C_6- 萘	$C_{16}H_{20}$
37	C_4- 萘	$C_{14}H_{16}$	64	C_6- 萘	$C_{16}H_{20}$
38	C_3- 萘	$C_{13}H_{14}$	65	二甲苯基甲烷	$C_{15}H_{16}$
39	C_3- 萘	$C_{13}H_{14}$	66	C_5- 茂并芳庚	$C_{15}H_{18}$
41	C_2- 基菲	$C_{16}H_{22}$	67	C_6- 萘	$C_{16}H_{20}$
42	C_3- 萘	$C_{13}H_{14}$	68	C_6- 萘	$C_{16}H_{20}$
43	C_4- 萘	$C_{14}H_{16}$	69	C_4- 联苯	$C_{16}H_{18}$
45	甲基二苯并呋喃	$C_{13}H_{10}O$	71	C_4- 联苯	$C_{16}H_{18}$
47	C_4- 萘	$C_{14}H_{16}$	72	C_7- 萘	$C_{17}H_{22}$
48	C_4- 萘	$C_{14}H_{16}$	73	C_7- 萘	$C_{17}H_{22}$
49	C_4- 萘	$C_{14}H_{16}$	74	C_4- 联苯	$C_{16}H_{18}$
75	C_7- 萘	$C_{17}H_{22}$	111	芘	$C_{16}H_{10}$

续　表

No.	化合物	分子式	No.	化合物	分子式
76	C_4- 联苯	$C_{16}H_{18}$	113	五甲基己基萘	$C_{21}H_{30}$
77	C_4- 联苯	$C_{16}H_{18}$	118	1- 甲基 -7- 异丙基菲（惹烯）	$C_{18}H_{18}$
79	C_7- 萘	$C_{17}H_{22}$	120	C_4- 菲（异构化惹烯）	$C_{18}H_{18}$
80	C_7- 萘	$C_{17}H_{22}$	121	甲基芘	$C_{17}H_{12}$
83	C_8- 萘	$C_{18}H_{24}$	122	甲基芘	$C_{17}H_{12}$
84	甲基菲	$C_{15}H_{12}$	123	C_5- 菲	$C_{19}H_{20}$
85	甲基蒽	$C_{15}H_{12}$	124	C_6- 菲	$C_{20}H_{22}$
86	C_5- 联苯	$C_{17}H_{20}$	125	C_5- 菲	$C_{19}H_{20}$
87	甲基己基萘	$C_{18}H_{24}$	126	C_5- 菲	$C_{19}H_{20}$
88	C_9- 萘	$C_{19}H_{26}$	127	C_5- 菲	$C_{19}H_{20}$
97	三甲基己基萘	$C_{19}H_{26}$	130	二甲基芘	$C_{18}H_{14}$
101	二甲基菲	$C_{16}H_{14}$	132	三联苯	$C_{18}H_{14}$
103	二甲苯基甲烷	$C_{18}H_{22}$	133	C_3- 四氢䓛	$C_{21}H_{26}$
104	1-(庚 -2- 基)-7- 丙基萘	$C_{20}H_{28}$	134	叔丁基苯联萘	$C_{20}H_{20}$
107	己基联苯	$C_{18}H_{22}$	137	2- 甲基 -1- 戊基芘	$C_{22}H_{22}$
108	C_{10}- 萘	$C_{20}H_{26}$	138	三甲基己基联苯	$C_{21}H_{26}$

（2）部分环芳构化芳烃

在神府煤的这一馏分中检测到两类这类芳烃：不同烷基取代的萘满（1,2,3,4-四氢萘）类芳烃，和从松香烷到惹烯的芳构化过程中的一系列中间体的芳烃，如表 5-21 所列。

表5-21　神府煤F_{C-2}中GC/MS检测到的部分环芳构化芳烃

No.	化合物	分子式	No.	化合物	分子式
1	C_2- 萘满	$C_{12}H_{16}$	40	五降松香三烯	$C_{15}H_{20}$
2	C_3-2,3- 二氢 -1H- 茚	$C_{12}H_{16}$	44	C_6- 茚满	$C_{15}H_{22}$
3	C_3- 萘满	$C_{13}H_{18}$	46	C_7- 萘满	$C_{17}H_{26}$
4	C_3-2,3- 二 氢 -1H- 茚	$C_{12}H_{16}$	70	C_8- 萘满	$C_{18}H_{28}$
5	C_3- 萘满	$C_{13}H_{18}$	78	19- 降松香三烯（C 环）	$C_{19}H_{28}$
6	C_3- 萘满	$C_{13}H_{18}$	81	松香三烯（C 环）	$C_{20}H_{30}$
7	C_3- 萘满	$C_{13}H_{18}$	82	松香三烯（C 环）	$C_{20}H_{30}$
9	C_3- 萘满	$C_{13}H_{18}$	89	二降西蒙内利烯（B,C 环）	$C_{17}H_{20}$
10	C_3- 萘满	$C_{13}H_{18}$	90	二降西蒙内利烯（B,C 环）	$C_{17}H_{20}$
11	C_3- 萘满	$C_{13}H_{18}$	91	19- 降松香 -5,8,11,13- 四烯	$C_{19}H_{26}$
12	C_3- 萘满	$C_{13}H_{18}$	92	二降西蒙内利	$C_{17}H_{20}$
13	1,1,6- 三甲基 -1,2,3,4- 四氢萘	$C_{13}H_{18}$	93	19- 降松香三烯 (C 环)	$C_{19}H_{28}$
14	C_4- 萘满	$C_{14}H_{20}$	94	松香二烯	$C_{20}H_{32}$
15	C_4- 萘满	$C_{14}H_{20}$	95	降西蒙内利烯	$C_{18}H_{22}$
16	C_5- 萘满	$C_{15}H_{22}$	96	松香三烯（C 环）	$C_{20}H_{30}$
19	C_4- 萘满	$C_{14}H_{20}$	98	松香三烯	$C_{20}H_{30}$
20	C_2- 萘	$C_{12}H_{12}$	99	松香三烯	$C_{20}H_{30}$
21	六甲基茚满	$C_{15}H_{22}$	100	松香三烯	$C_{20}H_{30}$
22	C_5- 萘满	$C_{15}H_{22}$	102	松香三烯	$C_{20}H_{30}$
25	C_4- 萘满	$C_{14}H_{20}$	105	西蒙内利烯	$C_{19}H_{24}$
27	C_4- 萘满	$C_{14}H_{20}$	106	西蒙内利烯	$C_{19}H_{24}$
33	C_6- 萘满	$C_{16}H_{24}$	109	西蒙内利烯	$C_{19}H_{24}$
35	C_5- 萘满	$C_{15}H_{22}$	110	升西蒙内利烯	$C_{20}H_{26}$

No.	化合物	分子式	No.	化合物	分子式
112	西蒙内利烯	$C_{19}H_{24}$	119	异构化升西蒙内利烯	$C_{20}H_{26}$
114	异构化西蒙内利烯	$C_{19}H_{24}$	128	甲基 –8,9,10,11– 四氢苯并 [a] 蒽	$C_{19}H_{18}$
115	升西蒙内利烯	$C_{20}H_{26}$	129	甲基 –8,9,10,11– 四氢苯并 [a] 蒽	$C_{19}H_{18}$
116	升西蒙内利烯	$C_{20}H_{26}$	131	甲基 –8,9,10,11– 四氢苯并 [a] 蒽	$C_{19}H_{18}$
117	异构化西蒙内利烯	$C_{19}H_{24}$	135	降松香二烯	$C_{19}H_{30}$
118	1– 甲基 –7– 异丙基菲（惹烯）	$C_{18}H_{18}$	136	降松香二烯	$C_{19}H_{30}$

在神府煤 F_{C-2} 中检测到种类极为丰富的含萘满环结构的物质，共有 23 种，其中有 8 种为紫罗烯的异构体，其余为其同系物。紫罗烯（1,1,6– 三甲基 –1,2,3,4– 四氢萘）被证明来源于孢粉素类物质的热裂解，是孢粉素类物质的输入标志[101]。

在神府煤中 F_{C-2} 检测到一系列介于松香烷和惹烯（1– 甲基 –7– 异丙基菲）之间、不同程度芳构化、脱烷基化和异构化的中间产物，包括松香二烯、松香三烯（C 环单芳松香烷）、松香四烯和西蒙内利烯（B、C 环二芳松香烷）等。这类化合物被认为是地质样品中陆源植物输入的标志物[102]，源于许多高等植物树脂和组织中的二萜类化合物，许多是由树脂酸氧化、还原和异构化而形成的。这些部分芳构化的芳烃从表面上阐释了从松香烷到惹烯的演化过程，如图 5–20 所示。

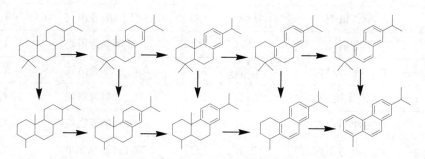

图 5–20　从松香烷到惹烯芳构化的可能演化过程示意图

（3）芳香族甾类烃

图 5–19 所示和表 5–22 所列，在神府煤的 F_{C-2} 中检测到种类丰富的不同程度芳构化的芳香甾烷 90 种，包括单芳甾烷、三芳甾烷和二芳甾烷。

在检测到的芳香甾烷中，单芳甾烷种类最多，含量也较大。检测到的单芳甾烷多为 C 环单芳甾烷，碳数分布在 C_{27}–C_{31} 之间，以 C_{29}– 单芳甾烷为主要种类，其次是 C_{27}– 单芳甾烷。C 环单芳甾烷的结构可通过其分子离子峰和特征离子 m/z 253 确定。有两种 B 环单芳蒽甾烷烯类（178 和 179），特征离子 m/z 211。

检测到的二芳甾烷种类较多但含量甚微，有两类结构特点：一类为 A,B 环或 B,C 环的二芳甾烷，这类二芳甾烷两个芳构化环相连，在分子组成是为相应的甾烷脱除 10 个氢，其结构可通过特征离子 m/z 249 或 275 确定；另一类为 A,C 环二芳甾烷，其两个芳构化环不相连，分子组成为相应的甾烷脱除 12 个氢，其质谱特征离子峰为 m/z 247 或 277 等。

检测到的三芳甾烷种类相对较少，含量比单芳甾烷低得多，但要比二芳甾烷类的含量高。三芳甾烷主要 C_{29}– 三芳甾烷，有的在侧链上有不饱和键。三芳甾烷可通过 m/z 245 或 231 系列的碎片离子确认。

另外还有一类组分，其相对分子质量依次为 408、418、432、446 和 460，从分子组成分析可能属于 A，B 或 B，C 环二芳甾烷，但特征离子峰为 m/z 191，但并不显示其他藿烷类的碎片离子，因此判断不属于藿烷类物质，其总的分子结构有待进一步鉴定。

表5–22　神府煤F_{C-2}中GC/MS检测到的芳香族甾类烃

No.	化合物	分子式	No.	化合物	分子式
139	单芳甾烷	不确定	149	单芳甾烷	$C_{28}H_{44}$
140	单芳甾烷	不确定	150	C_{29}– 单芳甾烷	$C_{29}H_{46}$
141	单芳甾烷	不确	151	C_{29}– 单芳甾烷	$C_{29}H_{46}$
142	C_{27}– 单芳甾烷	$C_{27}H_{42}$	152	C_{28}– 单芳甾烷	$C_{28}H_{44}$
143	C_{27}– 二芳胆甾烷 (A,B/B,C)	$C_{27}H_{38}$	153	C_{29}– 单芳甾烷	$C_{29}H_{46}$
144	C_{27}– 单芳甾烷	$C_{27}H_{42}$	154	C_{29}– 单芳甾烷	$C_{29}H_{46}$
145	C_{26}– 单芳甾烷	$C_{26}H_{40}$	155	二芳甾烷（A,B/B,C）	$C_{26}H_{36}$
146	C_{27}– 单芳甾烷	$C_{27}H_{42}$	156	C_{28}– 单芳甾烷	$C_{28}H_{44}$
147	C_{29}– 单芳甾烷	$C_{29}H_{46}$	157	C_{30}– 单芳甾烷	$C_{30}H_{46}$
148	C_{29}– 单芳甾烷	$C_{29}H_{46}$	158	单芳甾烷	不确定

No.	化合物	分子式	No.	化合物	分子式
159	二芳甾烷（A,C）	不确定	183	C_{29}- 三芳甾烷	$C_{29}H_{44}$
160	二芳甾烷（A,C）	不确定	184	二芳甾烷 (A,B/B,C)	$C_{29}H_{40}$
161	C_{29}- 单芳甾烷	$C_{29}H_{46}$	185	C_{28}- 二芳甾烷 (A,B/B,C)	$C_{28}H_{40}$
162	二芳甾烷（A,C）	不确定	186	C_{28}- 二芳甾烷（A,C）	$C_{28}H_{38}$
163	C_{29}- 单芳甾烷	$C_{29}H_{46}$	187	C_{29}- 三芳甾烷（侧链上有二双键）	$C_{29}H_{40}$
164	C_{29}- 单芳甾烷	$C_{29}H_{46}$	188	三芳甾烷	不确定
165	单芳甾烷	不确定	189	C_{30}- 单芳甾烷（侧链上有双键）	$C_{30}H_{46}$
166	单芳甾烷	$C_{29}H_{46}$	190	二芳甾烷 (A,B/B,C)	不确定
167	二芳甾烷（A,C）	不确定	191	C_{29}- 二芳甾烷 (A,B/B,C)	$C_{29}H_{42}$
168	二芳甾烷（A,C）	不确定	192	三芳甾烷	不确定
169	单芳甾烷	不确定	193	C_{29}- 二芳甾烷 (A,B/B,C)	$C_{29}H_{42}$
170	二芳甾烷（A,C 环）	$C_{29}H_{40}$	194	C_{28}- 三芳甾烷	$C_{28}H_{36}$
171	单芳藿烷	$C_{30}H_{46}$	195	C_{29}- 三芳甾烷	$C_{29}H_{40}$
172	单芳藿烷	$C_{29}H_{44}$	196	C_{31}- 二芳甾烷（A,C 环）	$C_{31}H_{44}$
173	二芳甾烷（A,B/B,C）	不确定	197	三芳甾烷	不确定
174	二芳甾烷（A,C 环）	$C_{29}H_{40}$	198	C_{31}- 二芳甾烷（A,C 环）	$C_{31}H_{44}$
175	单芳甾烷（侧链上有双键	$C_{29}H_{44}$	199	C_{28}- 三芳甾烷	$C_{28}H_{36}$
176	C_{27}- 二芳甾烷 (A,B/B,C)	$C_{27}H_{38}$	200	三芳甾烷	$C_{29}H_{38}$
177	二芳甾烷（A,C 环）	$C_{29}H_{42}$	201	C_{28}- 二芳甾烷 (A,B/B,C)	$C_{28}H_{40}$
178	C_{27}- 单芳蒽甾烷	$C_{27}H_{40}$	202	二芳甾烷 (A,C 环)	不确定
179	C_{27}- 单芳蒽甾烷	$C_{27}H_{40}$	203	C_{28}- 三芳甾烷	$C_{28}H_{36}$
180	二芳甾烷（A,C 环）	$C_{29}H_{42}$	204	二芳甾烷 (A,C 环)	不确定
181	C_{27}- 三芳甾烷	$C_{28}H_{36}$	205	三芳甾烷	$C_{29}H_{38}$
182	C_{29}- 二芳甾烷 (A,B/B,C 环)	$C_{29}H_{42}$	206	三芳甾烷	$C_{29}H_{38}$

No.	化合物	分子式	No.	化合物	分子式
207	三芳甾烷	不确定	218	C_{31}-三芳甾烷（侧链上有二双键）	$C_{31}H_{48}$
208	C_{29}-二芳甾烷(A,B/B,C)	$C_{29}H_{42}$	219	C_{31}-三芳甾烷（侧链上有二双键）	$C_{31}H_{48}$
209	三芳甾烷	不确定	220	C_{30}-二芳甾烷(A,B/B,C 环)	$C_{30}H_{44}$
210	三芳甾烷	不确定	221	三芳甾烷	$C_{29}H_{38}$
211	C_{29}-二芳甾烷(A,B/B,C)	$C_{29}H_{42}$	222	C_{31}-二芳甾烷(A,B/B,C 环)	$C_{31}H_{46}$
212	二芳甾烷(A,C 环)	不确定	223	C_{31}-二芳甾烷(A,B/B,C 环)	$C_{31}H_{46}$
213	C_{28}-三芳甾烷	$C_{28}H_{36}$	224	C_{31}-二芳甾烷(A,B/B,C 环)	$C_{31}H_{46}$
214	三芳甾烷	$C_{29}H_{38}$	225	基峰 191	$C_{32}H_{48}$
215	二芳甾烷(A,C 环)	$C_{31}H_{44}$	226	基峰 191	$C_{33}H_{50}$
216	C_{29}-三芳甾烷	$C_{29}H_{38}$	227	C_{31}-三芳甾烷	$C_{31}H_{42}$
217	二芳甾烷(A,C 环)	不确定	228	基峰 191	$C_{34}H_{52}$

　　单芳甾烷、二芳甾烷和三芳甾烷的相对含量可以通过比较相关的提取离子流色谱图来进行粗略的比较，图 4-21 分别为 m/z253、245、277、275 的提取离子流色谱图，依次代表单芳甾烷、三芳甾烷、A,B 或 B,C 环二芳甾烷、A,C 环二芳甾烷。从纵坐标的标度判断，单芳甾烷的整体丰度约为三芳甾烷的 4 倍，约为二芳甾烷的 6 倍。当然，这种比较是很粗略的。

　　在地球化学样品中发现的芳香甾烷通常为 A 环或 C 环单芳甾烷和三芳甾烷，关于二芳甾烷的报导较少，这可能是因为二芳甾烷在沉积物及化石样品中的丰度较低，因而检测不到。

　　煤中的单芳甾烷、二芳甾烷和三芳甾烷可能源于类似于浮游植物的活有机体中的甾醇类前身物，甾醇成岩和成熟过程中形成甾烯和重排甾烯，除了被还原为甾烷外，还可能发生芳构化作用，形成从单芳甾烷、二芳甾烷到三芳甾烷的一系列芳香甾烷类化合物[99]：A 环单芳烷存在于较浅的或未成熟的沉积物中；B 环的单芳甾烷或蒽甾类被认为是甾烷骨架重排、B 环芳构化作用形成的；C 环单芳甾烷经实验证明，是在酸性条件下甾烯重排过程中形成的；二芳甾烷是单芳甾烷到三芳甾烷的中间体；三芳甾烷随成熟度增加，侧链可发生断裂，甲基可能在 A、B、C 环上，最后侧链和 D 环进一步催化降解形成烷基菲；单芳甾类烃向三芳甾类烃转化之芳构化程度具有随沉积物成熟度增加而增加的趋势。图 5-22 所示为芳香甾烷可能的演化过程和芳香甾烷质谱特征离子的断裂机理。

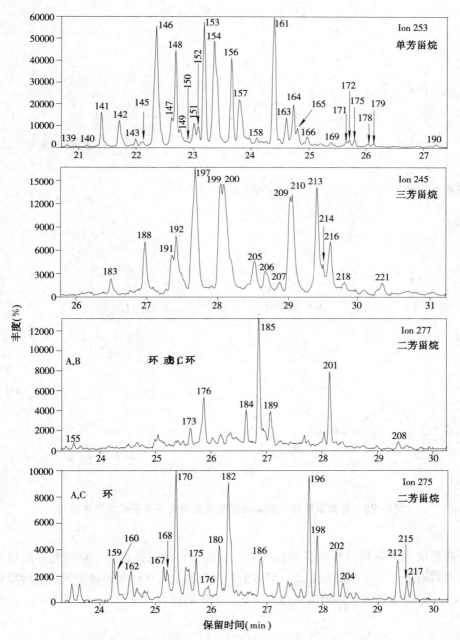

图 5-21　神府煤 F_{C-2} 中芳香甾烷的提取离子流色谱图

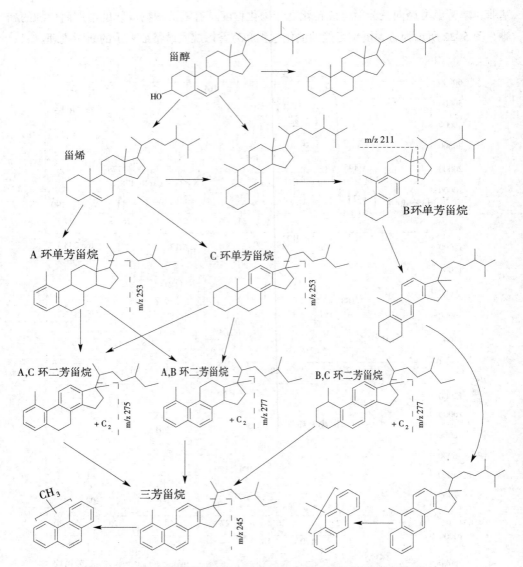

图 5-22　芳香甾烷的可能演化过程及质谱特征离子峰的产生机理

　　在神府煤中富集并检测到如此种类丰富的芳香甾烷类组分，对研究神府煤及相关煤种的地球化学过程很有意义。单芳甾烷含量的绝对优势表明神府煤成煤阶段较年轻，C_{29}– 芳香甾烷被较多地认为是由于陆源生物的输入。

3. 胜利煤 FC-2 的 GC/MS 分析

图 5-23 为胜利煤 F_{C-2} GC/MS 分析的总离子流色谱图。从胜利煤的这一馏分中检测到的芳烃组分较少，仅有 48 种，列于表 5-23 中。在胜利煤的这一馏中检测到的芳烃组分主要包括种类虽多但含量较低的烷基萘以及相对含量较高的烷基菲和从松香烷到惹烯的芳构化过程的一系列中间体。其中以 1- 甲基 -7- 异丙基菲（惹烯）的含量最高。前一类物质已在平朔煤等 F_{C-2} 的分析中讨论，后一类物质在神府 F_{C-2} 的分析中已经详细讨论过，这里不再重复。

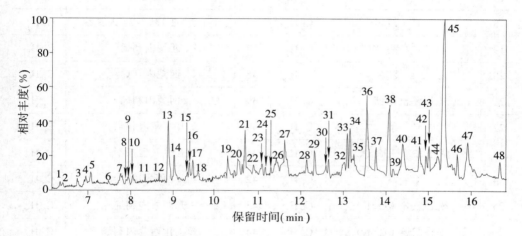

图 5-23　胜利煤 F_{C-2} 的总离子流色谱图

表5-23　胜利煤F_{C-2}中GC/MS检测到的芳烃

No.	化合物	分子式	No.	化合物	分子式
1	C_5- 萘满	$C_{15}H_{22}$	7	C_5- 萘满	$C_{15}H_{22}$
2	六甲基茚	$C_{15}H_{20}$	8	C_4- 萘	$C_{14}H_{16}$
3	C_4- 萘满	$C_{14}H_{20}$	9	C_4- 萘	$C_{14}H_{16}$
4	C_9- 环烷基苯	$C_{15}H_{22}$	10	C_3- 萘	$C_{13}H_{14}$
5	C_4- 萘满	$C_{14}H_{20}$	11	甲基二苯并呋喃	$C_{13}H_{10}O$
6	C_6- 萘满	$C_{16}H_{24}$	12	C_5- 萘	$C_{15}H_{18}$

No.	化合物	分子式	No.	化合物	分子式
13	C_5-萘	$C_{15}H_{18}$	31	降西蒙内利烯	$C_{18}H_{22}$
14	C_5-萘	$C_{15}H_{18}$	32	松香三烯	$C_{20}H_{30}$
15	C_4-萘	$C_{14}H_{16}$	33	松香三烯	$C_{20}H_{30}$
16	C_6-萘	$C_{16}H_{20}$	34	松香三烯	$C_{20}H_{30}$
17	C_5-萘	$C_{15}H_{18}$	35	松香三烯	$C_{16}H_{14}$
18	C_4-萘	$C_{14}H_{16}$	36	1-（庚-2-基）-7-丙其萘	$C_{20}H_{28}$
19	C_6-萘	$C_{16}H_{20}$	37	西蒙内利烯	$C_{19}H_{24}$
20	C_8-萘满	$C_{18}H_{28}$	38	西蒙内利烯	$C_{19}H_{24}$
21	甲基己基萘	$C_{17}H_{22}$	39	西蒙内利烯	$C_{19}H_{24}$
22	C_7-萘	$C_{17}H_{22}$	40	升西蒙内利烯	$C_{20}H_{26}$
23	19-降松香-三烯（C 环）	$C_{19}H_{28}$	41	五甲基己基萘	$C_{21}H_{30}$
24	C_7-萘	$C_{17}H_{22}$	42	升西蒙内利烯	$C_{20}H_{26}$
25	松香三烯（C 环）	$C_{20}H_{30}$	43	升西蒙内利烯	$C_{20}H_{26}$
26	松香三烯（C 环）	$C_{20}H_{30}$	44	异构化西蒙内利烯	$C_{19}H_{24}$
27	甲基菲	$C_{15}H_{12}$	45	1-甲基-7-异丙基菲（惹烯）	$C_{18}H_{18}$
28	二降西蒙内利烯	$C_{19}H_{26}$	46	异构化升西蒙内利烯	$C_{20}H_{26}$
29	19-降松香-5,8,11,13-四烯	$C_{19}H_{26}$	47	C_4-菲（异构化惹烯）	$C_{18}H_{18}$
30	19-降松香三烯	$C_{19}H_{28}$	48	C_5-菲	$C_{19}H_{20}$

根据胜利煤 F_{C-2} 中已检测到的芳烃组分，在所选 5 种煤样中，胜利煤和神府煤的芳环结构和分布特点较为接近。如环数较高，且有含量上有突出优势的组分 1-甲基-7-异丙基菲，也有从松香烷到惹烯的芳构化过程中的一系列中间体芳烃。但由于胜利煤较高的氧含量和相应较高的极性，CS_2 的萃取率很低，也阻碍了芳烃类组分的提取，更多的芳烃组分的信息有待于其他方法。

4. FC-2 的 GC/MS 分析结果比较

根据 GC/MS 分析结果，煤 F_{C-2} 中芳烃的组成分布和结构特点，童亭、平朔和葛亭三种煤相似，胜利煤和神府煤较为接近。

在童亭、平朔和葛亭三种煤 F_{C-2} 中检测到的芳烃，主要是拥有苯、萘、菲、苊、蒽、䓛、芘和二萘嵌苯等典型芳环结构、或由这些典型芳环结构并或联而成的芳环结构的芳烃，从种类和含量上占优势的是 2-4 环的芳烃，没有含量特别突出的组分。三种煤 F_{C-2} 中芳环结构单位的大小依次为平朔煤 < 葛亭煤 < 童亭煤。

在神府煤 F_{C-2} 中检测到的芳烃可归纳为三类：第一类与童亭、平朔和葛亭三种煤的相似，但趋向于较高的环数；第二类组分为部分环芳构化的芳烃，包括紫罗烯的异构体及其同系物，以及从松香烷到惹烯演化过程中的一系列中间芳构化烃类；第三类是以单芳甾烷为主的种类丰富的芳香甾类烃，其中煤中二芳甾烷的检出较少有报导。后两类都是重要的生物标志物。从胜利煤 F_{C-2} 中检测到 48 种，主要包括种类虽多但含量较低的烷基萘、相对含量较高的烷基菲以及从松香烷到惹烯的芳构化过程的一系列中间体。在这两种煤 F_{C-2} 中的芳烃组分有含量上有突出优势的组分为 1-甲基-7-异丙基菲。胜利煤有较高的氧含量和相应较高的极性，更多的芳烃组分的信息有待于其他方法研究。神府煤和胜利煤中芳烃组分的组成和分布有重要的地球化学研究意义。

煤中富含的芳烃是其煤作为洁净燃料利用的主要不利因素之一，同时又是珍贵的化工原料和中间体，煤中芳烃的分离与分析对煤的燃料利用和非燃料利用以及煤化学研究和地球化学研究都有着重要的意义。

5.4.4　F_{C-3} 的 GC/MS 分析

图 5-24 为 5 种煤 F_{C-3} 的总离子流色谱图和其中所检测到的主要组分的分子结构。检测到的组分主要为三种芳香族酯类，即邻苯二甲酸二异丁酯、邻苯二甲酸二丁酯和邻苯二甲酸二异辛酯。同样分析条件下检测所使用的溶剂，未检测到这类组分的信息。煤中这类组分的存在还有待于进一步的研究，推测煤中的芳香族酯类组分和其中的腐植质结构之间可能有一定的关联。邻苯二甲酸酯类物质被广泛地用作塑料增塑剂。

5.4.5　神府煤 FC-4 及 FC-5 的 GC/MS 分析

在神府煤 CS_2 萃取物中富集到了长链脂肪族的酯类馏分（F_{C-4}）和羧酸馏分（F_{C-5}）。图 5-25 和 5-26 所示为 F_{C-4} 和 F_{C-5} 的总离子流色谱图，所检测到的化合物，列于表 5-24 和 5-25 中。GC/MS 分析的升温程序为：升温梯度 10℃ /min，从 100℃升温到 300℃，然后在 300℃温度下恒温保持 10 min 以上，直至无谱峰流出，终止程序，其他条件如前所述。

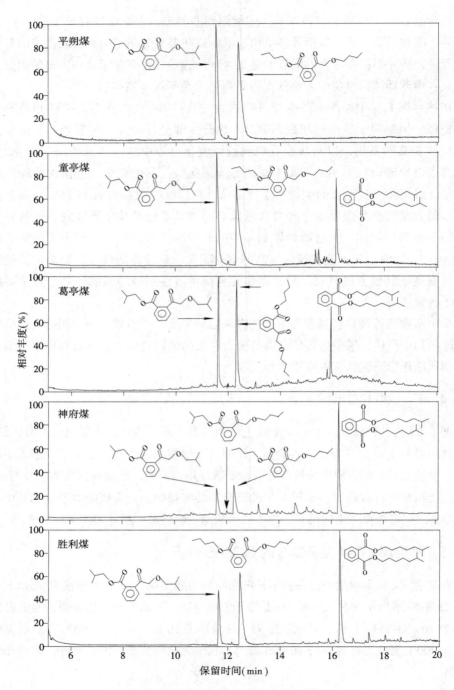

图 5-24　煤 F_{C-3} 的总离子流色谱图

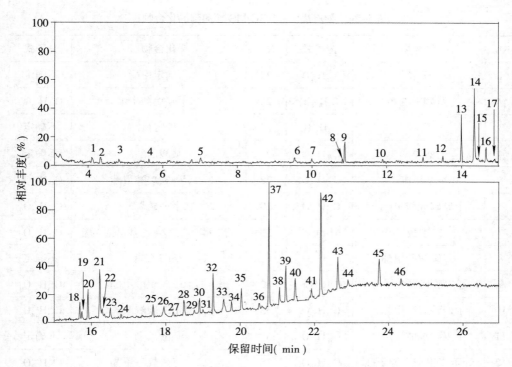

图 5-25　神府煤 F_{C-4} 的总离子流色谱图

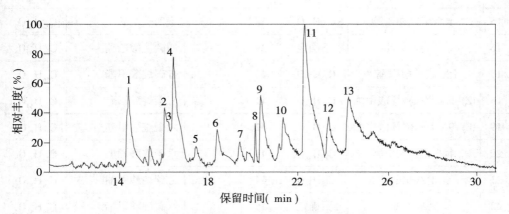

图 5-26　神府煤 F_{C-5} 的总离子流色谱图

表5-24 神府煤F_{C-4}中GC/MS 检测到的化合物

No.	化合物	分子式	No.	化合物	分子式
1	壬醛	$C_9H_{18}O$	24	不确定甲酯	不确定
2	辛酸甲酯 *	$C_9H_{18}O_2$	25	二十碳烷酸甲酯	$C_{21}H_{42}O_2$
3	辛酸	$C_8H_{16}O_2$	26	不确定羧酸	不确定
4	壬酸甲酯 *	$C_{10}H_{20}O_2$	27	某酸乙酯	不确定
5	癸酸甲酯 *	$C_{11}H_{22}O_2$	28	二十一碳烷酸甲酯	$C_{22}H_{44}O_2$
6	十二碳烷酸甲酯 *	$C_{13}H_{26}O_2$	29	二十一碳烷酸	$C_{21}H_{42}O_2$
7	羧酸	不确定	30	乙二醇－二(2-乙基己酸)酯	$C_{18}H_{34}O_4$
8	十三碳烷酸甲酯 *	$C_{14}H_{28}O_2$	31	某酸乙酯	不确定
9	联二硫代碳酸甲酯	$C_4H_6O_2S_4$	32	二十二碳烷酸甲酯	$C_{23}H_{46}O_2$
10	十四碳烷酸甲酯 *	$C_{15}H_{30}O_2$	33	二十二碳烷酸	$C_{22}H_{44}O_2$
11	十五碳烷酸甲酯 *	$C_{16}H_{32}O_2$	34	某酸乙酯	不确定
12	邻苯二甲酸二异丁酯	$C_{16}H_{22}O_4$	35	二十三碳烷酸甲酯	$C_{24}H_{48}O_2$
13	十六碳烷酸甲酯	$C_{17}H_{34}O_2$	36	二十三碳烷酸乙酯	$C_{25}H_{50}O_2$
14	十六碳烷酸	$C_{16}H_{32}O_2$	37	二十四碳烷酸甲酯	$C_{25}H_{50}O_2$
15	十六碳烷酸乙酯	$C_{18}H_{36}O_2$	38	二十四碳烷酸	$C_{24}H_{48}O_2$
16	不确定甲酯	不确定	39	二十四碳烷酸乙酯	$C_{26}H_{52}O_2$
17	十七碳烷酸甲酯 *	$C_{18}H_{36}O_2$	40	二十五碳烷酸甲酯	$C_{26}H_{52}O_2$
18	(Z)-9-十八碳烯酸甲酯	$C_{19}H_{36}O_2$	41	二十五碳烷酸乙酯	$C_{27}H_{54}O_2$
19	(Z)-9-十八碳烯酸甲酯	$C_{19}H_{36}O_2$	42	二十六碳烷酸甲酯	$C_{27}H_{54}O_2$
20	十八碳烷酸甲酯	$C_{19}H_{36}O_2$	43	二十六碳烷酸乙酯	$C_{28}H_{56}O_2$
21	十八烷酸	$C_{18}H_{36}O_2$	44	二十七碳烷酸甲酯	$C_{28}H_{56}O_2$
22	某酸乙酯	不确定	45	二十八碳烷酸甲酯	$C_{29}H_{58}O_2$
23	十八碳烷酸乙酯	$C_{20}H_{40}O_2$	46	二十八碳烷酸乙酯	$C_{30}H_{60}O_2$

* 根据特征离子峰和保留时间推断，未测到分子离子峰。

表5-25　神府煤F_{C-5}中GC/MS 检测到的化合物

No.	化合物	分子式	No.	化合物	分子式
1	棕榈酸	$C_{16}H_{32}O_2$	8	2- 乙基己氧基苯甲酸	$C_{16}H_{22}O_4$
2	油酸	$C_{18}H_{34}O_2$	9	二十二碳烷酸	$C_{22}H_{44}O_2$
3	十八碳烯酸	$C_{18}H_{34}O_2$	10	二十三碳烷酸	$C_{23}H_{46}O_2$
4	十八碳烷酸	C18H36O2	11	二十四碳烷酸	$C_{24}H_{48}O_2$
5	十九碳烷酸	$C_{19}H_{38}O_2$	12	二十五碳烷酸	$C_{25}H_{50}O_2$
6	二十碳烷酸	$C_{20}H_{40}O_2$	13	二十六碳烷酸	$C_{26}H_{52}O_2$
7	二十一碳烷酸	$C_{21}H_{42}O_2$			

在 F_{C-4} 中共检测到 46 种化合物，包括 37 种长链脂肪酸酯、8 种脂肪酸和壬醛，其中的脂肪酸和壬醛除正 16 碳烷酸外含量极微，酯类为主要组分。所检测到的酯在 C_9-C_{30} 之间，包括正构的和支链的、饱和的和不饱和的、甲基的和乙基的酯类，其中饱和正构长链脂肪酸甲基酯占优势含量，二十四碳烷酸甲酯含量最大（37）。

在神府煤的 F_{C-5} 中检测到 13 种化合物，包括 C_{16}-C_{28} 之间的 12 种脂肪族羧酸和 1 个芳香族羧酸，其中以正二十四碳烷酸含量相对最高。

在含量分布上，所检测到的脂肪酸有明显的偶碳数酸优势，所检测到的脂肪酸酯也以偶碳数酸的酯占优势。对应着神府煤中正构烷烃的奇碳优势，推测在有机质热演化过程中部分羧酸可能发生脱羧基反应而转化为正构烷烃。脂肪族羧酸广泛存在于动植物的油脂中，羧酸易酯化为对应的酯类。

5.4.6　FC-6 的 GC/MS 分析

从胜利、神府和童亭三种煤的 CS_2 萃取物中富集到了脂肪族酰胺馏分（F_{C-6}）。F_{C-6} 的 GC/MS 分析升温程序为：升温梯度 5℃ /min，从 100℃升温到 300℃，然后在 300℃温度下恒温保持 10 min 以上，直至无谱峰流出，终止程序，其他条件如第二章所述。

1. GC/MS 分析

图 5-27 为三种煤中 F_{C-6} 的总离子流色谱图，对应的化合物列于表 5-26 中。

在三种煤 F_{C-6} 中检测到 22 种酰胺组分 (1-22)。组分 1-22 的质谱图均以 m/z 59 和 m/z 72 的离子为基峰和次强峰，前者源于酰胺分子离子断裂的 Mclafferty 重排离子（•CH_2-C（NH_2）=O$^+$H）（m/z 59）[103]，后者源于酰胺分子离子断裂产生的碎片离子（H_2C=CH-C（NH_2）-OH$^+$）（m/z 72）[104]，如图 5-28 所示。准确鉴定出的组分有 14 种烷酰胺（6-8、11-14 和 16-22）和三种烯酰胺（9、10 和 15），另外有 5 个酰胺（1-

5），根据它们的基峰和次强峰可确认为脂肪族酰胺，但没有检测到分子离子峰，根据其保留时间在整个总离子流色谱图中的位置，猜测为 C_{10}-C_{14} 的酰胺。在胜利煤和神府煤中富集并检测到的酰胺在组成上较为相似，检测到的主要组分（7–22）分布在 C_{16}-C_{28} 之间，饱和组分占优势。酰胺 1–22 在胜利煤中都检测到，其中 22 碳烷酰胺含量最大。在神府煤 F_{C-6} 中检测到酰胺 5 和 C_{16}-C_{28}（7–22），其中含量最高组分为二十四碳烷酰胺。相比之下，在童亭煤中只富集到四种酰胺，分别为 C_{16} 和 C_{18} 的烷酰胺（7 和 11）和 C_{18} 及 C_{22} 的烯酰胺（9 和 15），其中十八碳烯酰胺的含量占突出优势。在三种煤中鉴定出的两种 C_{18} 的烯酰胺可能为双键位置异构或 Z/E 构型异构体，另一个不饱和酰胺为二十二碳烯酰胺。在检测到的酰胺中显示明显的偶碳酸酰胺优势。

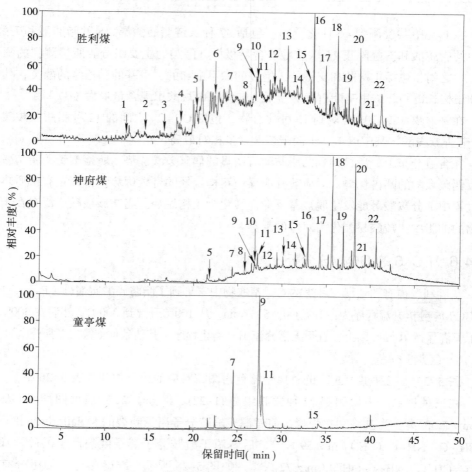

图 5-27　神府煤 F_{C-6} 的总离子流色谱图

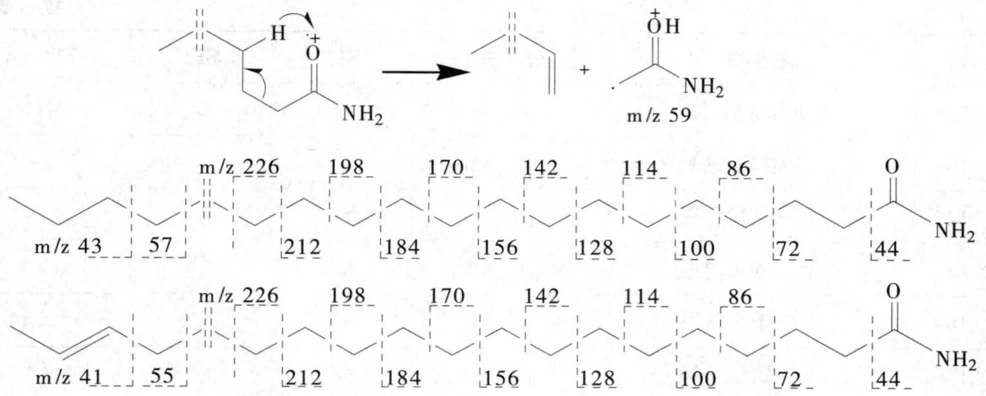

图 5-28　脂肪族酰胺的质谱反应机理

CS₂ 对酰胺组分的萃取作用，主要可归因于 CS₂ 分子中的 C=S 和酰胺分子中的 C=O 之间的分子间 π–π 键力。另外，脂肪族酰胺分子中的长链烃基也使酰胺的极性大在减弱。把分离到的酰胺馏分重新溶解在 CS₂ 溶剂中，溶解很快进行，也证明了 CS₂ 和酰胺分子之间存在着较强的分子间作用力。

表5-26　三种煤F_{C-6} GC/MS 检测到的化合物

No.	化合物	分子式	SL*	SF*	TT*
1	酰胺	不确定	√		
2	酰胺	不确定	√		
3	酰胺	不确定	√		
4	酰胺	不确定	√		
5	酰胺	不确定	√	√	
6	十五碳烷酰胺	$C_{15}H_{31}NO$	√	√	
7	十六碳烷酰胺	$C_{16}H_{33}NO$	√	√	√
8	十七碳烷酰胺	$C_{17}H_{35}NO$	√	√	
9	十八碳烯酰胺	$C_{18}H_{35}NO$	√		√
10	十八碳烯酰胺	$C_{18}H_{35}NO$	√	√	
11	十八碳烷酰胺	$C_{18}H_{37}NO$	√	√	√

No.	化合物	分子式	SL*	SF*	TT*
12	十九碳烷酰胺	$C_{19}H_{39}NO$	√	√	
13	二十碳烷酰胺	$C_{20}H_{41}NO$	√	√	
14	二十一碳烷酰胺	$C_{21}H_{43}NO$	√	√	
15	二十二碳烯酰胺	$C_{33}H_{43}NO$	√	√	√
16	二十二碳烷酰胺	$C_{33}H_{45}NO$	√	√	
17	二十三碳烷酰胺	$C_{23}H_{47}NO$	√	√	
18	二四烷碳酰胺	$C_{24}H_{49}NO$	√	√	
19	二十五碳烷酰胺	$C_{25}H_{51}NO$	√	√	
20	二十六碳烷酰胺	$C_{26}H_{53}NO$	√	√	
21	二十七碳烷酰胺	$C_{27}H_{55}NO$	√	√	
22	二十八碳烷酰胺	$C_{28}H_{57}NO$	√	√	

＊ SL、SF 和 TT 分别代表胜利煤、神府煤和葛亭煤。

2. 结果讨论

煤中有机氮化合物的分子表征对有机地球化学、煤化学和煤洁净利用的重要性引起了煤化学家的极大关注。几乎所有的含氮组分都存在于煤的有机质中，在煤燃烧过程中转化为含氮氧化物，释放到空气中引起严重的环境污染，如酸雨、光化学雾、温室效应及臭氧层的衰竭等[105-107]。非分离的方法如 ^{15}N NMR[108]、X 射线光电子能谱[109] 和 X 射线吸收近边光谱[110] 等，常被用于研究煤中有机氮的结构，这些研究提出了多个关于煤中有机氮组分的的结构模型[109-113]，结果显示[114-115]，煤的有机氮组分主要是芳香族的含氮化合物，包括嘧啶、苯胺、喹啉、吲哚、腈和二苯并喹啉等及它们的衍生物。然而由于煤中有机氮组分在组成和结构上的复杂性和它们极低的浓度，这些方法不能从分子水平上提供煤有机氮化合物的信息，而且煤中其他种类的有机氮化合物如酰胺等却鲜见报导。

脂肪族羧酸酰胺属于天然脂类产物，有显著的生物活性和药学作用[116]。它们是生物激发剂，广泛存在于植物[117-120]、微藻类[121-126] 和动物[127-133] 甚至是人体中[129-132]。一系列同源的 C_{14}-C_{18} 饱和正构脂肪酸的 N-(3- 甲基丁基) 酰胺被鉴定并证明，是一种紫花苜蓿基因型植物的内分泌腺毛状体二氯甲烷萃取物的主要组分[120]。Dembitsky 等[123] 从一种淡水藻类中鉴定出 8 种脂肪族的酰胺，Xu 等[127] 从一种昆虫的乙酸乙酯萃取物中富集到两种不饱和酰胺，9(Z)- 十八烯酰胺和 9(Z) 和 12(Z)- 十八二烯酰胺。Pohnert 等[128] 用高效液相色谱 – 质谱法从七种毛虫的口腔分泌物中，鉴定到一族结构重排的带酰胺基的 C_{14}-、C_{16}- 和 C_{18}- 脂肪酸的谷氨酸和谷氨酸盐。拥有多种生物活性的油酰胺，在哺乳动物包括人类的血浆和脑脊髓液中被鉴定到[129-132]。在哺乳动物血液中有浓度在 9.4~16.7pmol/ml 之间的十六碳烷酰胺乙醇[133]，Lambert 等[134] 其药理学特性。煤中酰胺的分离与分析可为追溯其生物前身物质提供有用的信息[135]。

在所选 5 种煤的 CS_2 萃取物中并没有直接和准确地鉴定出酰胺，只检测到酰胺的特征离子峰的信息，这应归因于煤及其萃取物中较低的酰胺含量。

5.4.7　两个纯组分

从神府煤芳烃馏分 F_{C-2} 中分离到 1- 甲基 -7- 异丙基菲（惹烯），图 5-29 所示为其的总离子流色谱图、质谱图及 NIST05 谱图库中的标准质谱图。

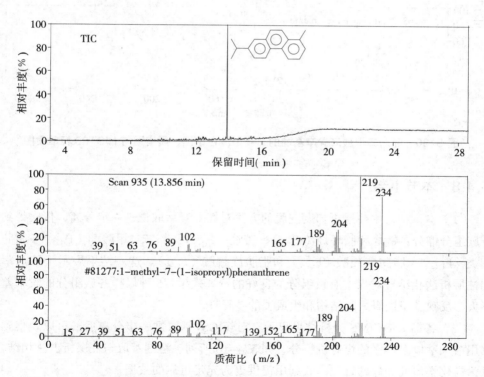

图 5-29　1- 甲基 -7- 异丙基菲的总离子流色谱图、质谱图与标准质图

从神府煤、童亭煤 F_{C-3} 中分离到邻苯二甲酸二异辛基酯，图 5-30 为其 GC/MS 分析的总离子流色谱图、质谱图及 NIST05 谱图库中的标准质谱图。

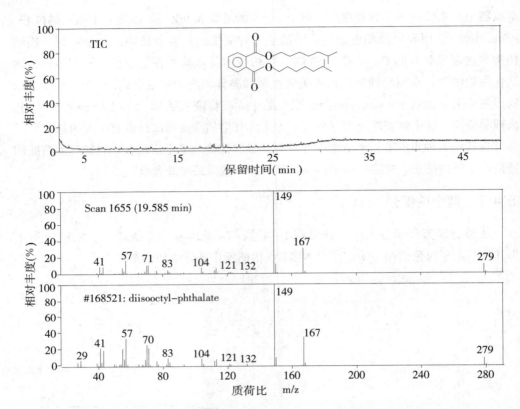

图 5-30　邻苯二甲酸二异辛基酯的总离子流色谱图、质谱图与 NIST05 标准质图

5.4.8　本节小结

（1）本章中，用柱层析梯度洗脱的方法对煤 CS_2 萃取物进一步分离，依次得到六个族组分馏分：链烃和脂环烃（F_{C-1}）、芳烃（F_{C-2}）、邻苯二甲酸酯（F_{C-3}）、脂肪族酯类（F_{C-4}）、脂肪族羧酸（F_{C-5}）和脂肪族酰胺（F_{C-6}）。这一结果展示了溶剂萃取和柱层析法相结合对煤中有机组分的良好的分离效果。5 种煤样各族组分的收率差别很大，反映了不同煤之间结构和组成上的差异性。

（2）各馏分 GC/MS 分析结果显示，对煤 CS_2 萃取进一步分离后，可以观察到比仅用溶剂萃取多得多的煤有机组分，如表 4-16 所列。溶剂萃取与柱层析方法相结合，可为煤化学研究和煤的合理高效利用提供更为充足可靠的数据。

（3）通过本章的研究，建立了煤中有机组分"溶剂萃取－柱层析分离－GC/MS 检测"的研究方法，丰富和完善了煤有机组分可分离分析的研究方法体系。

（4）根据煤 F_{C-2} 的 GC/MS 分析结果，煤中芳烃的组成分布和结构特点，童亭、平朔和葛亭三种煤相似，胜利煤和神府煤较为接近。煤中芳香结构单位为平朔煤 < 葛亭煤 < 童亭煤 < 神府煤。

（5）从神府和胜利煤 F_{C-2} 中检测到种类丰富的、部分环芳构化的从松香烷到惹烯芳构化过程中的的中间芳烃，从神府煤 F_{C-2} 中检测到种类丰富的芳香甾类烃。这些组分的检出具有重要的地球化学研究意义，其中煤中二芳甾烷的研究较少报导。

表5-27　煤各馏分中检测到的化合物种类数比较

煤样	F_C	F_{C-1}	F_{C-2}	F_{C-3}	F_{C-3}	F_{C-4}	F_{C-5}	$F_{C-1}-F_{C-5}$
童亭煤	9	76	87	4	—	—	4	167
平朔煤	61	107	99	3	—	—	—	209
神府煤	53	129	228	4	13	46	17	429*
葛亭煤	76	49	56	4	—	—	—	109
胜利煤	62	50	48	4	—	—	22	102

* 神府煤 F_{C-3} 和 F_{C-4} 两馏分中有 8 种组分是重复的

5.5　煤液化油及液化残渣中有机组分的分离与分析

本章选用这两种煤的催化加氢液化的液化油和液化残渣进行有机组分的分离与分析研究。为了表达方便，在本章中，煤液化油记作 F_O，煤液化残渣 CS_2 萃取物记作 F_R，从中进一步分离所得馏分在此基础上编记。

5.5.1　煤液化油的族组分分离与分析

对煤液化油，用正己烷 / 乙酸乙酯为洗脱剂进行硅胶柱梯度洗脱，依次得到的主要馏分有烷烃（F_{O-1}）、氢化芳烃（F_{O-2}）（单芳环氢化）、两个芳烃馏分（F_{O-3}、F_{O-4}，环大小不同）和氮氧化合物馏分（F_{O-5}）。如表 5-28 所列，煤液化油的主要组分为芳烃组分，两种煤液化油两芳烃馏分的总收率分别为 0.6506 g/g 液化油（胜利煤）和 0.7535 g/g 液化油（神府煤），脂肪烃的含量极微，同时还含有一定量的杂原子化合物。这一结果显示，煤液化技术作为获取多环芳烃等精细化学品的手段，比用于生产液体燃料油更有优势。

表5-28 煤液化油柱层析分离所得各主要馏分收率（g/g 液化油）

样品	F_{O-1}	F_{O-2}	芳 烃		F_{O-5}
			F_{O-3}	F_{O-4}	
胜利煤液化油	分析	0.0056	0.2518	0.3988	0.1513
神府煤液化油	分析	0.0490	0.6002	0.1533	0.0219

1.煤液化油 FO-1 的 GC/MS 分析

F_{O-1} GC/MS 分析的升温程序为：升温梯度 10℃ /min，从 100° 升温到 200℃，然后升温梯度改为 5℃ /min，继续升温到 300℃，并保持 300℃恒温至无谱峰流出，终止程序。图 5-31 和图 5-32 分别为胜利和神府煤液化油 F_{O-1} 的总离子流色谱图。

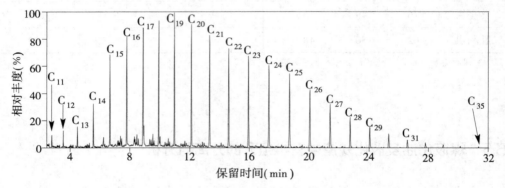

图 5-31 胜利煤液化油 F_{O-1} 的总离子流色谱图

图中显示，从两种煤液化油中分离出的烷烃，均以饱和正构烷烃为主要组分，胜利煤液化油的 F_{O-1} 包含 C_{11}-C_{35} 之间的烷烃，神府煤液化油的 F_{O-1} 包含 C_{11}-C_{27} 之间的烷烃。与原煤相比，煤液化油中的链烃不再具有奇偶碳优势和在含量上的两个正态与近正态分布中心，而是只有一个正态分布中心，以正十九碳烷为中心，成近正态分布。这一结果显示，液化改变了煤中烷烃组分的分布。

煤液化油中的烷烃可能属于三种类型：① 原煤中原有的烷烃组分、② 原有烷烃断裂加氢生成的烷烃、③ 大分子结构中链烃侧链断裂并加氢生成的烷烃。据此结果推测煤大分子结构中可能含有较长的烷烃侧链或较长的亚甲基桥链。

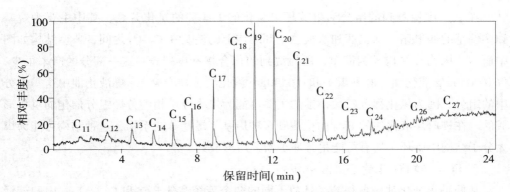

图 5-32　神府煤液化油 F_{O-1} 的总离子流色谱图

2. 煤液化油 FO-2 GC/MS 分析

对胜利煤和神府煤液化油柱层析分离都得到氢化程度较大、只有一个环未氢化的芳烃馏分 F_{O-2}。图 5-33 和 53-4 所示分别为两种煤液化油 F_{O-2} 的总离子流色谱图（GC/MS 的升温梯度为 5℃，从 100℃升温至 300℃，然后保持恒温至无谱峰流出）。

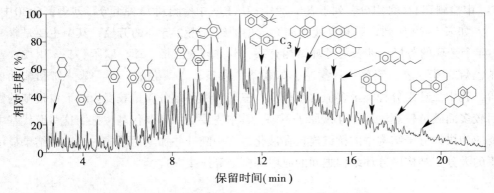

图 5-33　胜利煤液化油 F_{O-2} 的总离子流色谱图

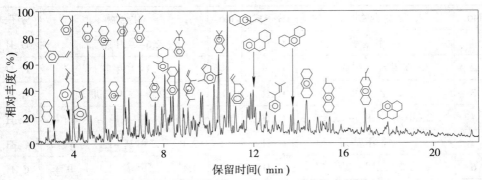

图 5-34　神府煤液化油 F_{O-2} 的总离子流色谱图

在 F_{O-2} 中检测到的组分为单芳环未氢化的 1-4 环的氢化芳烃，其中主要为烷基和多烷基的四氢萘、八氢菲和八氢蒽，环结构上的烷基在 C_1-C_4 之间，典型结构如图中所示。因为环结构较为简单，所检测到的化合物不再列表。这一馏分的产率很少，仅 0.0056g/g 液化油（胜利煤）和 0.0490g/g 液化油（神府煤）。煤液化油中这一馏分中的组分，因为氢化程度较大，推测主要可能为煤小分子相中芳烃组分催化加氢化形成的。在神府煤液化油的 F_{O-2} 中检测到多种甲基丁烯基苯同系物，这种结构可能为煤大分子结构中脂环（或有可能是芳环）断开后形成的。

3. FO-3 和 FO-4 的 GC/MS 分析

从两种煤液化油中各得到了环数不同的两个芳烃馏分 F_{O-3} 和 F_{O-4}，F_{O-4} 中的芳烃组分环结构平均大于前者。F_{O-3} 和 F_{O-4} 的分割是由于实验过程本身，两种煤液化油 F_{O-3} 或 F_{O-4} 没有可比性，但 F_{O-3} 和 F_{O-4} 的总和反应了两种煤液化油中芳烃组分的结构特征。

（1）胜利煤液化油 FO-3 和 FO-4 的 GC/MS 分析

图 5-35 和 5-36 所示分别为胜利煤 F_{O-3} 和 F_{O-4} 气质分析的总离子流色谱图，从 F_{O-3} 中检测到116种组分，列于表 5-29 中；从 F_{O-4} 中检测到73种组分，列于表 5-30 中。

如表 5-29 所列，胜利煤液化油 F_{O-3} 中的组分为 2-5 环的芳烃，其中主要是含有 2-4 个芳环的芳烃，涉及的芳环结构有萘、苯并环庚三烯、茚、联苯、二苯甲烷、二苯乙烷、菲、蒽、荧蒽、六氢芘、苯联萘、联萘、二萘嵌苯、䓛、苯并菲和苯并蒽等，其中二环组分种类虽多但含量较低，三环和四环组分含量较高。环上取代基的数目较多而碳链较短，从 1-4 碳原子不等，其中主要是甲基取代基，推测这些取代基主要应为煤大分子结构中的桥键连接在液化过程中断开并加氢后形成的，这一结果显示煤的大分子结构中芳环结构之间的亚甲基桥键等连接方式。

表5-29 胜利煤液化油F_{O-3}中气质检测到的化合物

No.	化合物	分子式	No.	化合物	分子式
1	1- 甲基萘	$C_{11}H_{10}$	7	2,6- 二甲基萘	$C_{12}H_{12}$
2	苯并环庚三烯	$C_{11}H_{10}$	8	1,3- 二甲基萘	$C_{12}H_{12}$
3	2- 乙基萘	$C_{12}H_{10}$	9	2,2'- 二甲基联苯	$C_{14}H_{14}$
4	2- 甲基 -1,1'- 联苯	$C_{13}H_{12}$	10	5- 甲基 -1,1'- 联苯	$C_{13}H_{12}$
5	1,7- 二甲基萘	$C_{12}H_{12}$	11	2,4'- 二甲基 -1,1'- 联苯	$C_{14}H_{14}$
6	2,7- 二甲基萘	$C_{12}H_{12}$	12	4,4'- 二甲基 -1,1'- 联苯	$C_{14}H_{14}$

续 表

No.	化合物	分子式	No.	化合物	分子式
13	3,3'– 二甲基 –1,1'– 联苯	$C_{14}H_{14}$	39	1,2– 二苯基乙烷	$C_{14}H_{12}$
14	2– 异丙基萘	$C_{13}H_{14}$	40	3– 甲基 –9H– 荧蒽	$C_{14}H_{12}$
15	1– 异丙基萘	$C_{13}H_{12}$	41	4,4'– 二甲基联苯	$C_{14}H_{14}$
16	4,7 二甲基 –1H– 茚	$C11H12$	42	0,13– 二氢环丙烷并[6]荧蒽	$C_{14}H_{12}$
17	2– 乙基 –1,1'– 联苯	$C_{14}H_{14}$	43	甲基丁基联苯	$C_{17}H_{20}$
18	二苯并呋喃	$C_{12}H_8O$	44	9,9– 二甲基 –9H– 芴	$C_{15}H_{14}$
19	1,6,7– 三甲基萘	$C_{13}H_{14}$	45	9– 甲基 –9,10– 二氢菲	$C_{15}H_{14}$
20	对二甲苯基甲烷	$C_{15}H_{16}$	46	甲基丁基联苯	$C_{17}H_{20}$
21	1,4,6– 三甲基萘	$C_{13}H_{14}$	47	1,2,3,5– 四氢蒽	$C_{14}H_{14}$
22	3– 异丙基 – 1,1'– 联苯	$C_{15}H_{16}$	48	1,2,3,5– 四氢菲	$C_{14}H_{14}$
23	2,3,6– 三甲基萘	$C_{13}H_{14}$	49	甲基丁基联苯	$C_{17}H_{20}$
24	2,3'– 二甲基 –1,1'– 联苯	$C_{14}H_{14}$	50	菲	$C_{14}H_{10}$
25	对二甲苯基甲烷	$C_{15}H_{16}$	51	2– 甲基 –9,10– 二氢菲	$C_{15}H_{14}$
26	2– 甲基 –1– 丙基萘	$C_{14}H_{16}$	52	2,3– 二甲基 –9H– 荧蒽	$C_{15}H_{14}$
27	1– 苯基 –3,5– 甲基苯	$C_{15}H_{16}$	53	1– 甲基 –9,10– 二氢菲	$C_{15}H_{14}$
28	荧蒽	$C_{13}H_{10}$	54	三甲基联苯	$C_{15}H_{16}$
29	2–(丙 –1– 烯 –2– 基 l) 萘	$C_{13}H_{12}$	55	D 二甲基 –9H– 荧蒽	$C_{15}H_{14}$
30	9– 甲基 –9H– 荧蒽	$C_{14}H_{12}$	56	1– 甲基 –2– 苯乙烯基苯	$C_{15}H_{14}$
31	1– 烯丙基萘	$C_{13}H_{12}$	57	2– 甲基 –2– 苯乙烯基苯	$C_{15}H_{14}$
32	5– 甲基二苯并呋喃	$C_{13}H_{10}O$	58	1,2– 二苯基丙 –1– 烯	$C_{15}H_{14}$
33	2– 乙基 –1,1'– 联苯	$C_{14}H_{14}$	59	10– 丙基 –5,6,7,8– 四氢蒽	$C_{17}H_{20}$
34	2– 丙基 –3'– 乙基 –1,1'– 联苯	$C_{16}H_{18}$	60	3,3',4,4'– 四甲基 –1,1'– 联苯	$C_{16}H_{18}$
35	1,1– 二苯基丁烷	$C_{16}H_{18}$	61	三甲基联苯	$C_{15}H_{16}$
36	1,1– 二基乙烷	$C_{14}H_{14}$	62	5–(2– 苯基乙基) 苯酚	$C_{14}H_{12}O$
37	1– 苯基 –3,5– 二甲基苯	$C_{15}H_{16}$	63	二氢苯并苯并环丁二氧芑	$C_{14}H_{10}O_2$
38	二甲苯基甲烷	$C_{15}H_{16}$	64	2– 甲基菲	$C_{15}H12$

续　表

No.	化合物	分子式	No.	化合物	分子式
65	二甲基 -9,10- 二氢菲	$C_{16}H_{16}$	91	C_{5-} 菲	$C_{15}H_{10}O_2$
66	甲基菲	$C_{15}H_{12}$	92	9- 丁基菲	$C_{18}H_{18}$
67	甲基菲	$C_{15}H_{12}$	93	（乙苯基）乙炔基丙基苯	$C_{19}H_{20}$
68	二甲基 -9,10- 二氢菲	$C_{16}H_{16}$	94	1- 甲基芘	$C_{17}H_{12}$
69	二甲基 -9,10- 二氢吖啶	$C_{14}H_{12}N_2$	95	二甲基苯联萘	$C_{18}H_{16}$
70	三甲基 -9,10- 二氢吖啶	$C_{15}H_{14}N_2$	96	5,6,8,9,10,11- 六氢并四苯	$C_{18}H_{18}$
71	1,5- 二苯基 -1,3- 丁二烯	$C_{16}H_{14}$	97	二甲苯联萘	$C_{18}H_{16}$
72	二甲基菲	$C_{16}H_{14}$	98	二甲基苯联萘	$C_{18}H_{16}$
73	10- 烯丙基蒽	$C_{17}H_{14}$	99	甲基乙基苯联萘	$C_{19}H_{18}$
74	二甲基菲	$C_{16}H_{14}$	100	C_{5-} 菲	$C_{19}H_{20}$
75	1,2,3,3a,4,5- 六氢芘	$C_{16}H_{16}$	101	二甲基芘	$C_{18}H_{14}$
76	二甲基菲	$C_{16}H_{14}$	102	甲基乙联萘	$C_{19}H_{18}$
77	1,2,3,6,7,8- 六氢芘	$C_{16}H_{16}$	103	1,3- 二甲基芘	$C_{18}H_{14}$
78	乙基 -9,10- 二氢吖啶	$C_{14}H_{12}N_2$	104	甲基乙基苯联萘	$C_{19}H_{18}$
79	丙基 -9,10- 二氢吖啶	$C_{15}H_{14}N_2$	105	C_3 芘	$C_{19}h_{16}$
80	六氢芘	$C_{16}H_{16}$	106	C_{5-} 苯联萘	$C_{20}H_{20}$
81	5,10- 二氢茚并 [2,1-a] 茚	$C_{16}H_{12}$	107	1,2,3,5- 四氢三亚苯基	$C_{18}H_{16}$
82	2,3,5- 三甲基菲	$C_{17}H_{16}$	108	C_{5-} 苯联萘	$C_{20}H_{20}$
83	1,1- 二苯基 -1,3- 戊二烯	$C_{17}H_{16}$	109	C_3- 芘	$C_{19}H_{16}$
84	2,3,5- 三甲基菲	$C_{17}H_{16}$	110	丁 -2- 基苯联萘	$C_{20}H_{20}$
85	三甲基菲	$C_{17}H_{16}$	111	C_3- 芘	$C_{19}H_{16}$
86	C_3-9,10- 二氢菲	$C_{17}H_{18}$	112	C_{5-} 芘	$C_{20}H_{18}$
87	芘	$C_{16}H_{10}$	113	C_{5-} 苯联萘	$C_{21}H_{22}$
88	C_{5-} 菲	$C_{18}H_{18}$	114	5- 甲基䓛	$C_{19}H_{14}$
89	2- 苯基萘	$C_{17}H_{14}$	115	六氢二萘嵌苯	$C_{20}H_{18}$
90	2- 甲基蒽 -9,10- 二酮	$C_{15}H_{10}O_2$	116	5,8- 二甲基苯并 [c] 菲	$C_{20}H_{16}$

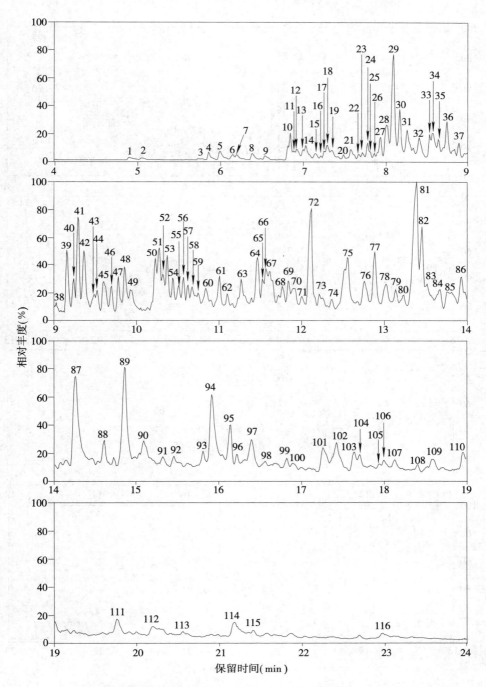

图 5-35　胜利煤液化油 F_{O-3} 的总离子流色谱图

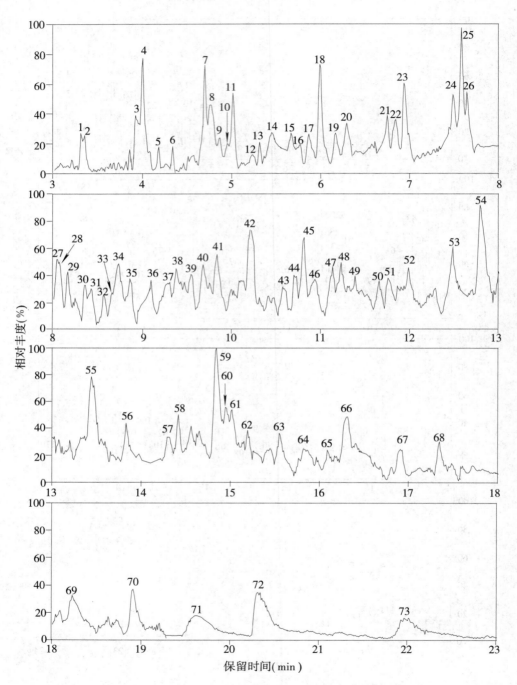

图 5-36　胜利煤液化油 F_{O-4} 的总离子流色谱图

在胜利煤液化油这一馏分 F_{O-3} 中还检测到了多种属于杂原子芳香族的烷基取代的二苯并呋喃和 9,10- 二氢吖啶，前一类物质在原煤的溶剂萃取物中经常检测到，但本次对 5 种煤原煤 CS_2 萃取物中均未准确检测到吖啶类结构，因此猜测这种结构可能主要存在于煤的大分子结构中。

如表 5-30 所列，从胜利煤液化油 F_{O-4} 检测到的组分，为 3-6 环的多环芳烃，主要芳环结构有苯联萘、茚并茚、联萘、三联苯、茚并芘、二萘嵌苯、苯并二萘嵌苯、苯并蒽、二萘甲烷、苯并菧、苄基联苯和苯联芘等。与 F_{O-3} 馏分相比，这一馏分的芳烃有较高的环数和较少的取代基，且烷基取代基的碳链更短，基本上是甲基，环结构越大，取代基的数目越少。

与 F_{O-2} 相比，胜利煤液化油 F_{O-3} 和 F_{O-4} 中的组分氢化程度较低，由此判断，此二馏分的芳烃主要为煤大环结构裂解的片断接受质子后所生成，这些结构在煤的大分子骨架中直接相连或通过亚甲基等桥键相连。胜利煤由于氧含量高，极性较大，在原煤的溶剂萃取中，其大分子结构中较多的极性基团阻碍了萃取溶剂与芳烃等非极性组分的相互作用，原煤溶剂萃取物中检测到较少的芳烃组分。因此胜利煤液化产物包括液化油和液化残渣中芳烃组分的分离与分析，是其结构和组成的研究必要而有效的手段，这一结论可以推广到其他褐煤等极性较大的煤种。

从胜利煤液化油中得到的两个芳烃馏分 F_{O-3} 和 F_{O-4}，总产率为 0.6506g/g 液油，如此高的产率说明，胜利煤液化油的主体是芳烃组分，与石油产品有着本质的区别。

表5-30　胜利煤液化油 F_{O-4} GC/MS检测到的化合物

No.	化合物	分子式	No.	化合物	分子式
1	四氢茚并 [2,1-a] 茚	$C_{16}H_{14}$	10	5,6,8,9,10,11- 六氢苯并 [a] 蒽	$C_{18}H_{18}$
2	2- 苯基 -1,2,3,5- 四氢萘	$C_{16}H_{16}$	11	2,3,5- 三甲基菲	$C_{17}H_{16}$
3	2- 甲基 -2- 苯基 - 萘满	$C_{17}H_{18}$	12	2,3,5- 三甲基菲	$C_{17}H_{16}$
4	8- 甲基 -2- 苯基 - 萘满	$C_{17}H_{18}$	13	6a,7,12,12a- 四氢苯并蒽	$C_{18}H_{16}$
5	3- 苯基 -1,2- 二氢萘	$C_{17}H_{16}$	14	6,8- 二甲基 -2- 甲苯基 - 萘满	$C_{18}H_{20}$
6	9,10- 二氢 -9,10- 二甲基蒽	$C_{16}H_{16}$	15	Ter 苯基	$C_{18}H_{14}$
7	二甲苯基 - 甲基 - 萘满	$C_{18}H_{20}$	16	9- 苯基 -9H- 芴	$C_{19}H_{14}$
8	联二氢二氢 -1H- 茚	$C_{18}H_{28}$	17	C_3- 菲	$C_{17}H_{16}$
9	联二氢二氢 -1H- 茚	$C_{18}H_{28}$	18	3,4,5,6- 四甲基菲	$C_{18}H_{18}$

No.	化合物	分子式	No.	化合物	分子式
19	四甲基菲	$C_{18}H_{18}$	44	八氢苯并 [a] 芘	$C_{20}H_{20}$
20	甲基 异丙基菲	$C_{18}H_{18}$	45	八氢苯并 [a] 芘	$C_{20}H_{20}$
21	二甲基芘	$C_{18}H_{14}$	46	9H-tri 苯并 [a,c,e] 环己烯	$C_{19}H_{14}$
22	11H- 苯并 [b] 芴	$C_{17}H_{12}$	47	2- 甲基三亚苯	$C_{19}H_{14}$
23	C_5- 菲	$C_{19}H_{20}$	48	二甲基四氢苯并 [a] 蒽	$C_{20}H_{20}$
24	5,6,8,9,10,11- 六氢苯 [a] 蒽	$C_{18}H_{18}$	49	2,2′- 联萘	$C_{20}H_{14}$
25	1,2,3,4,5,6- 六氢䓛	$C_{18}H_{18}$	50	9,10,11,12- 四氢苯并 [e] 芘	$C_{20}H_{16}$
26	2-(苯基甲基) 萘	$C_{17}H_{14}$	51	7,12- 二甲基苯 [a] 蒽	$C_{20}H_{16}$
27	乙基芘	$C_{18}H_{14}$	52	二甲基苯 [a] 蒽	$C_{20}H_{16}$
28	6- 甲基 -5,6- 二氢䓛	$C_{19}H_{16}$	53	4,5,11,12- 四氢苯并 [a] 芘	$C_{20}H_{16}$
29	三联苯	$C_{18}H_{14}$	54	7,8,9,10- 四氢苯并 [a] 芘	$C_{20}H_{16}$
30	乙基芘	$C_{18}H_{14}$	55	4,5- 二氢苯并 [a] 芘	$C_{20}H_{14}$
31	C_5- 菲	$C_{19}H_{20}$	56	苯并 [a] 芘	$C_{20}H_{12}$
32	1′,2′,3′,4′,5,6,7,8- 八氢联萘	$C_{20}H_{22}$	57	甲基四氢苯并 [a] 芘	$C_{21}H_{18}$
33	1,12- 二甲基苯 [a] 蒽	$C_{20}H_{16}$	58	C_5- 芘	$C_{21}H_{20}$
34	C_3- 苯联萘	$C_{19}H_{18}$	59	苯 [e] 醋亚菲	$C_{20}H_{12}$
35	C_5- 菲	$C_{19}H_{20}$	60	二萘甲烷	$C_{21}H_{16}$
36	C_3- 苯基萘	$C_{20}H_{20}$	61	C_5- 芘	$C_{21}H_{20}$
37	甲基三联苯	$C_{19}H_{16}$	62	二萘甲烷	$C_{21}H_{16}$
38	C_3- 芘	$C_{19}H_{16}$	63	1-(二苯基亚甲基)- 1H- 茚	$C_{22}H_{16}$
39	2-(苯基甲基)-1,1′- 联苯	$C_{19}H_{16}$	64	二甲基 -1,1′- 联萘	$C_{22}H_{18}$
40	三甲基	$C_{21}H_{18}$	65	5,6- 二氢 -4H- 二苯 [a,kl] 蒽	$C_{21}H_{16}$
41	甲基三联苯	$C_{19}H_{16}$	66	甲基 二萘嵌苯	$C_{21}H_{14}$
42	甲基䓛	$C_{19}H_{14}$	67	二甲基 -1,1′- 联萘	$C_{22}H_{18}$
43	八氢二萘嵌苯	$C_{20}H_{20}$	68	1,7- 二苯基萘	$C_{22}H_{16}$

No.	化合物	分子式	No.	化合物	分子式
69	1,2- 二氢茚并 [1,2,3-cd] 芘	$C_{22}H_{14}$	72	茚并 [1,2,3-cd] 芘	$C_{22}H_{12}$
70	苯基芘	$C_{22}H_{14}$	73	5- 甲基苯并 [ghi] 二萘嵌苯	$C_{23}H_{14}$
71	二苯并 [def,mno] 菎	$C_{22}H_{12}$			

（2）神府煤液化油 FO-3 和 FO-4 的 GC/MS 分析

图 5-37 和 5-38 分别为神府煤液化油 F_{O-3} 和 F_{O-4} 的总离子流色谱图，其中 F_{O-3} 中检测到的 72 种化合物主要为 1-5 环芳烃，列于表 5-31 中，在其 F_{O-4} 中共检测到 51 种化合物，主要为 3-7 环芳烃，列于表 5-32 中。

如表 5-31 和 5-32 所列，在神府煤液化油 F_{O-3} 和 F_{O-4} 中检测到的组分，芳环的结构组成和分布特点与胜利煤液化油的相似，F_{O-3} 中 3-4 环组分为主要组分，F_{O-4} 中五环组分种类多且含量高，在 F_{O-4} 中检测到轮烯和晕苯结构。芳环氢化程度都很低，推测为煤大分子结构裂解产生的芳环片断接受质子后形成。除单环的苯衍生物外，环上烷基取代基的数目较少且主要为甲基，或者没有取代基。F_{O-4} 比 F_{O-3} 中的组分取代基数目更少，环并或联的稠度和频度比前面馏分中的更高。在神府煤液化油的这两个馏分中检测到较多种类和较高含量的烷基取代的菲及苯联萘、联萘和二萘甲烷类组分有，这与从神府原煤中分离出的芳烃馏分的检测结果相对应。这些环结构在原煤的芳烃馏分中都出现过，说明通过对神府煤，通过对煤溶剂萃取物的表征来研究煤大分子芳环结构的合理性。

表5-31　神府煤液化油F_{O-3}中气质检测到的化合物

No.	化合物	分子式	No.	化合物	分子式
1	己 -1- 烯基苯	$C_{12}H_{16}$	8	1-(环戊 -2- 烯基) 苯	$C_{11}H_{12}$
2	1- 甲基萘，	$C_{11}H_{10}$	9	3- 丁基 -1- 甲基 -1H- 茚	$C_{14}H_{18}$
3	1,2,2a,3,4,5- 六氢苊烯	$C_{12}H_{14}$	10	2- 乙基 -1,1'- 联苯	$C_{14}H_{14}$
4	2- 乙烯基萘	$C_{12}H_{10}$	11	芴	$C_{13}H_{10}$
5	2- 甲基 -1,1'- 联苯	$C_{13}H_{12}$	12	3- 叔丁基 -1,2- 二氢萘	$C_{14}H_{18}$
6	1- 乙基 -1,3- 二甲基 -1H- 茚	$C_{13}H_{16}$	13	3- 甲基 -1,1'- 联苯	$C_{13}H_{12}$
7	4,4'- 二甲基联苯	$C_{14}H_{14}$	14	2- 乙基 -1,1'- 联苯	$C_{14}H_{14}$

续　表

No.	化合物	分子式	No.	化合物	分子式
15	9,10- 二氢蒽	$C_{14}H_{12}$	40	1,1- 二苯基戊 -1,3- 二烯	$C_{17}H_{16}$
16	4,4' - 二甲基联苯	$C_{14}H_{14}$	41	十二氢䓛	$C_{18}H_{24}$
17	4a- 苯基十氢萘	$C_{16}H_{22}$	42	吡吲哚	$C_{15}H_{18}N_2$
18	1,2,3,5- 四氢菲	$C_{14}H_{14}$	43	C_3-9,10- 二氢蒽	$C_{17}H_{18}$
19	菲	$C_{14}H_{10}$	44	芘	$C_{16}H_{10}$
20	甲基芴	$C_{15}H_{14}$	45	3,4,5,6- 四甲基菲	$C_{18}H_{18}$
21	十氢荧蒽	$C_{16}H_{20}$	46	9-(2- 丙烯) 蒽	$C_{17}H_{14}$
22	2- 甲基 -9,10- 二氢蒽	$C_{15}H_{14}$	47	1- 甲基芘	$C_{17}H_{12}$
23	9,9- 二甲基 -9H- 芴	$C_{15}H_{14}$	48	二甲基苯联萘	$C_{18}H_{16}$
24	十氢芘	$C_{16}H_{20}$	49	二甲基苯联萘	$C_{18}H_{16}$
25	C_3- 联苯	$C_{15}H_{16}$	50	C_3- 苯联萘	$C_{19}H_{18}$
26	十氢芘	$C_{16}H_{20}$	51	(2-(5- 丁苯基) 乙炔基) 乙基苯	$C_{20}H_{22}$
27	5-(6- 甲氧萘 -2- 基) 丁 -2- 酮	$C_{15}H_{16}O_2$	51	C_3- 苯联萘	$C_{19}H_{18}$
28	1- 甲基菲	$C_{15}H_{12}$	53	1,3- 二甲基芘	$C_{18}H_{14}$
29	1,1- 二苯丁 -1- 烯	$C_{16}H_{16}$	54	甲基二苯基己 -1,3,5- 三烯	$C_{19}H_{18}$
30	十氢芘	$C_{16}H_2$	55	二甲基 - 八氢䓛	$C_{20}H_{24}$
31	四氢二苯并 [a,c] 环辛烯	$C_{16}H_{16}$	56	C_5- 苯联萘	$C_{20}H_{20}$
32	4,5,9,10- 十氢芘	$C_{16}H_{14}$	57	8,9,10,11- 四氢 [a] 蒽	$C_{18}H_{16}$
33	十氢 -1H 苯并 [a] 芴	$C_{17}H_{22}$	58	C_5- 菲	$C_{19}H_{20}$
34	十氢 -1H- 苯并 [a] 芴	$C_{17}H_{22}$	59	C_3- 芘	$C_{16}H_{16}$
35	1,2,3,3a,4,5- 六氢芘	$C_{16}H_{16}$	60	异丙基二氢 -15H- 环庚并菲	$C_{20}H_{20}$
36	C_5- 联苯	$C_{17}H_{20}$	61	1- 苯基二苯并呋喃	$C_{18}H_{12}O$
37	1,2,3,3a,4,5- 六氢芘	$C_{16}H16$	62	5- 甲氧基苯 [c] 菲	$C_{19}H_{14}O$
38	5,10- 二氢茚并 [2,1-a] 茚	$C_{16}H12$	63	4,5,7,8,9,10- 六氢苯并 [a] 芘	$C_{20}H_{18}$
39	2,3,5- 三甲基菲	$C_{17}H_{16}$	64	C_5- 苯联萘	$C_{21}H_{22}$

续　表

No.	化合物	分子式	No.	化合物	分子式
65	5- 甲基苯并 [c] 菲	$C_{19}H_{14}$	69	5,12- 二氢并四苯	$C_{18}H_{14}$
66	1,2,3,10,11,12- 六氢二萘嵌苯	$C_{20}H_{18}$	70	四氢苯并 [pqr] 并四苯	$C_{20}H_{16}$
67	十氢二萘嵌苯	$C_{20}H_{22}$	71	C_3- 六氢苯并 [a] 芘	$C_{20}H_{18}$
68	7,12- 二甲基苯 [a] 蒽	$C_{20}H_{16}$	72	1- 甲基 -2,3- 二苯基 -1H- 茚	$C_{22}H_{18}$

表5-32　神府煤液化油F_{O-4}气质检测到的化合物

No.	化合物	分子式	No.	化合物	分子式
1	甲基 (1- 苯基丙 -1- 烯 -2- 基) 苯	$C_{16}H_{16}$	19	C_3- 苯基萘	$C_{19}H_{18}$
2	4,5,9,10- 四氢芘	$C_{16}H_{14}$	20	C_5- 苯基萘	$C_{20}H_{20}$
3	2,3,5- 三甲基菲	$C_{17}H_{16}$	21	C_3- 芘	$C_{19}H_{16}$
4	2,4,5,7- 四甲基菲	$C_{18}H_{18}$	22	C_5- 苯基萘	$C_{20}H_{20}$
5	3,4,5,6- 四甲基菲	$C_{18}H_{18}$	23	C_5- 苯基萘	$C_{20}H_{20}$
6	9- 苯基 -5H- 苯并 [7] 轮烯	$C_{17}H_{14}$	24	C_5- 苯基萘	$C_{20}H_{20}$
7	C_3- 菲	$C_{17}H_{16}$	25	6- 甲基	$C_{19}H_{14}$
8	C_5- 丁基菲	$C_{19}H_{20}$	26	六氢苯并 [pqr] 苯并蒽	$C_{20}H_{18}$
9	1- 甲基 -7- 丁基菲	$C_{19}H_{20}$	27	八氢苯并 [pqr] 苯并蒽	$C_{20}H_{20}$
10	五甲基菲	$C_{19}H_{20}$	28	二甲基苯并 [c] 菲	$C_{20}H_{16}$
11	9- 丁基蒽	$C_{18}H_{18}$	29	二甲基苯并 [c] 菲	$C_{20}H_{16}$
12	C_5- 丁基菲	$C_{19}H_{20}$	30	二甲基苯并 [c] 菲	$C_{20}H_{16}$
13	C_6- 菲	$C_{20}H_{22}$	31	联萘	$C_{20}H_{14}$
14	二乙基丁基菲	$C_{18}H_{18}$	32	联萘	$C_{20}H_{14}$
15	六氢苯并 [a] 蒽	$C_{18}H_{18}$	33	二萘甲烷	
16	C_6- 菲	$C_{20}H_{22}$	34	二萘甲烷	
17	丙基苯基萘	$C_{19}H_{18}$	35	六氢 -3bH- 苯并 [fg] 并四苯	
18	C_5- 丁基菲	$C_{19}H_{20}$	36	二萘甲烷	

No.	化合物	分子式	No.	化合物	分子式
37	二萘嵌苯		45	二甲基 –1,1' – 联萘	$C_{22}H_{18}$
38	六氢 –3bH– 苯并 [fg] 并四苯		46	茚并 [1,2,3–cd] 芘	$C_{22}H_{12}$
39	甲基二萘嵌苯		47	苯并 [ghi] 二萘嵌苯	$C_{22}H_{12}$
40	八氢茚并 [1,2,3,–cd] 芘		48	二苯并 [def,mno] 䓛	$C_{22}H_{12}$
41	四氢苯并 [b] 三亚苯		49	甲基苯并 [ghi] 二萘嵌苯	$C_{23}H_{14}$
42	7,15– 二氢二苯 [a,h] 蒽		50	甲基苯并 [ghi] 二萘嵌苯	$C_{23}H_{14}$
43	2,2' – 二甲基 –1,1' – 联萘	$C_{22}H_{18}$	51	晕苯	$C_{24}H_{12}$
44	二甲基 –1,1' – 联萘	$C_{22}H_{18}$			

神府煤液化油 F_{O-3} 和 F_{O-4} 的总收率为 0.7535 g/g 液化油，占煤液化油产量的主要部分，应当能够反映神府煤结构中主要的芳环单位，也再一次显示出煤液化油与石油产品本质上的区别。与胜利煤液化油相比，神府煤液化油中芳烃馏分含量较高但组分数较少，其芳环结构上取代烷基种类、数量和异构化方式不如胜利煤中的丰富，这一特点有利于提取高环的稠环芳烃。

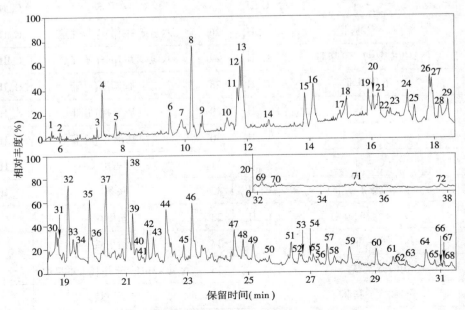

图5–37 神府煤液化油F_{O-3}的总离子流色谱图

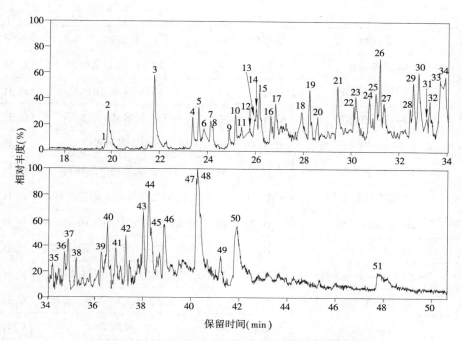

图 5-38　神府煤液化油 F_{O-4} 的总离子流色谱图

（4）煤液化油 FO-5 的 GC/MS 分析

在两种煤液化油中都分离到含杂原子化合物的馏分 F_{O-5}。胜利煤液化油这一馏分的产率为 0.1513 g/g 液化油，远大于神府煤的 0.0219 g/g 液化油，这一结果与两种煤的元素分析及红外分析结果相一致，即胜利煤中杂原子含量较高，极性组分较多。

图 5-39 为胜利煤液化油 F_{O-5} 的总离子流色谱图，从中检测到 140 种化合物，列于表 5-33 中。图 5-40 为神府煤液化油 F_{O-5} 的总离子流色谱图，从中检测到 59 种化合物，列于表 5-34 中。

表5-33　胜利煤液化油F_{O-5} GC/MS检测到的化合物

No.	化合物	分子式	No.	化合物	分子式
1	苯酚	C_6H_6O	5	2,6- 二甲在苯酚	$C_8H_{10}O$
2	2- 甲在苯酚	C_7H_8O	6	2- 甲在苯酚	$C_8H_{10}O$
3	5- 甲在苯酚	C_7H_8O	7	2,5- 二甲在苯酚	$C_8H_{10}O$
4	3- 甲在苯酚	C_7H_8O	8	5- 乙基苯胺	$C_8H_{11}N$

No.	化合物	分子式	No.	化合物	分子式
9	3-乙基苯酚	$C_8H_{10}O$	34	3,5-二乙基苯酚	$C_{10}H_{14}O$
10	3,5-二甲基苯胺	$C_8H_{11}N$	35	丁-2-基苯酚	$C_{10}H_{14}O$
11	2,3-二甲在苯酚	$C_8H_{10}O$	36	1-(乙基苯基)乙基酮	$C_9H_{12}N_2$
12	2-乙基-5-甲在苯酚	$C_9H_{12}O$	37	叔丁基苯酚	$C_{10}H_{14}O$
13	5-异丙基苯酚	$C_9H_{12}O$	38	1-(乙基苯基)乙基酮	$C_{10}H_{12}O$
14	乙基甲基苯酚	$C_9H_{12}O$	39	3,5-二甲基-5-丙基苯酚	$C_{11}H_{16}O$
15	m-异丙基苯胺	$C_9H_{13}N$	40	甲基-2,3-二氢-1H-茚-5-酚	$C_{10}H_{13}N$
16	2-丙基苯酚	$C_9H_{12}O$	41	甲基-2,3-二氢-1H-茚-5-酚	$C_{10}H_{12}O$
17	2-乙基-6-甲在苯酚	$C_9H_{12}O$	42	1-仲丁基-5-甲氧基苯	$C_{11}H_{16}O$
18	乙基甲在苯酚	$C_9H_{12}O$	43	6-甲基-1,2,3,5-四氢喹啉	$C_{10}H_{13}N$
19	乙基苯胺	$C_8H_{11}N$	44	5-苯基苯酚	$C_{11}H_{16}O$
20	2-乙基-6-甲基苯胺	$C_9H_{13}N$	45	C_2-二氢-5H-环戊[b]吡嗪	$C_9H_{12}N_2$
21	乙基甲基苯胺	$C_9H_{13}N$	46	6-甲基-5-茚满-1-酚	$C_{10}H_{12}O$
22	乙基甲基苯胺	$C_9H_{13}N$	47	3-(1-羟基丙基)苯甲醛	$C_{10}H_{12}O_2$
23	p-异丙基苯胺	$C_9H_{13}N$	48	三甲苯基乙基酮	$C_{11}H_{14}O$
24	乙基甲在苯酚	$C_9H_{12}O$	49	2,5-二甲基乙酸苯酯	$C_{10}H_{12}O_2$
25	甲基丙基苯酚	$C_{10}H_{14}O$	50	三甲苯基乙基酮	$C_{11}H_{14}O$
26	二乙基苯酚	$C_{10}H_{14}O$	51	2,2-二甲基苯并二氢吡喃	$C_{11}H_{14}O$
27	叔丁基苯酚	$C_{10}H_{14}O$	52	5-甲酸基苯甲酸乙基酯	$C_{10}H_{10}O_3$
28	2-(1-甲基丙基)苯酚	$C_{10}H_{14}O$	53	5-丁基苯甲酸	$C_{11}H_{14}O_2$
29	2-异丙基-5-甲基苯酚	$C_{10}H_{14}O$	54	5,6,7,8-四氢萘-1-胺	$C_{10}H_{13}N$
30	2-甲基-5-异丙基苯酚	$C_{10}H_{14}O$	55	2-乙基-4,6-二甲基苯甲醛	$C_{11}H_{14}O$
31	2,3-二氢-1H-茚-5-酚	$C_9H_{10}O$	56	甲基-5,6,7,8-四氢萘-1-酚	$C_{11}H_{14}O$
32	三甲基苯胺	$C_{10}H_{15}N$	57	(丁-1-烯-2-基)-甲氧基苯	$C_{11}H_{14}O$
33	2,6-二乙基苯胺	$C_{10}H_{15}N$	58	1-(3,4,5-三甲苯基)乙基酮	$C_{11}H_{14}O$

No.	化合物	分子式	No.	化合物	分子式
59	甲基 –5,6,7,8– 四氢萘 –1– 胺	$C_{11}H_{14}N$	84	C_5–5,6,7,8– 四氢萘 –1– 酚	$C_{14}H_{20}O$
60	甲基 –5,6,7,8– 四氢萘 –1– 胺	$C_{11}H_{14}N$	85	C_5–5,6,7,8– 四氢萘 –1– 酚	$C_{14}H_{20}O$
61	3– 甲基二氢苯并噻喃酮	$C_{10}H_{10}OS$	86	邻苯二甲酸酯	不确定
62	(5– 甲氧苯基) 丁 –3– 烯 –2– 酮	$C_{11}H_{12}O_2$	87	5H– 茚 [1,2-b] 嘧啶	$C_{12}H_9N$
63	甲基四氢萘酚	$C_{11}H_{14}O$	88	1,2,3,5– 四氢 –3– 甲基咔唑	$C_{13}H_{15}N$
64	二甲基四氢萘酚	$C_{12}H_{16}O$	89	5– 己酰基 –3– 甲氧基 –1H– 异苯并吡喃	$C_{12}H_{10}O_4$
65	甲基四氢萘酚	$C_{11}H_{14}O$			
66	二甲基四氢萘酚	$C_{12}H_{16}O$	90	邻苯二甲酸酯	不确定
67	2– 环己基苯酚	$C_{12}H_{16}O$	91	二氨基甲基苯并 [f] 喹唑啉	$C_{13}H_{12}N_4$
68	乙基四氢萘酚	$C_{12}H_{16}O$	92	甲基咔唑	$C_{13}H_{11}N$
69	5– 甲基 –2– 苯基苯酚	$C_{13}H_{12}$	93	甲基咔唑	$C_{13}H_{11}N$
70	1– 甲基 –2-(p– 甲苯氧基) 苯	$C_{14}H_{14}O$	94	邻苯二甲酸二丁基酯	$C_{16}H_{22}O_4$
71	C_2– 3,5– 二氢 –2H– 苯并吡喃	$C_{13}H_{18}O$	95	9– 甲基 –9H– 咔唑	$C_{13}H_{11}N$
72	8– 丙基 –5,6,7,8– 四氢萘酚	$C_{13}H_{18}O$	96	甲基咔唑	$C_{13}H_{11}N$
73	8– 丙基 –5,6,7,8– 四氢萘酚	$C_{13}H_{18}O$	97	甲基咔唑	$C_{13}H_{11}N$
74	2-(5– 异丁苯基) 丙 –1– 醇	$C_{13}H_{20}O$	98	9– 乙基 –9H– 咔唑	$C_{14}H_{13}N$
75	三甲基 –5,6,7,8– 四氢萘酚	$C_{13}H_{18}O$	99	3,6– 二甲氧基菲	$C_{16}H_{14}O_2$
76	C_3–5,6,7,8– 四氢萘 –1– 酚	$C_{13}H_{18}O$	100	二甲基咔唑	$C_{14}H_{13}N$
77	C_3–5,6,7,8– 四氢萘 –1– 酚	$C_{13}H_{18}O$	101	二甲基咔唑	$C_{14}H_{13}N$
78	环己基甲在苯酚	$C_{13}H_{18}O$	102	二甲基咔唑	$C_{14}H_{13}N$
79	C_3–5,6,7,8– 四氢萘 –1– 酚	$C_{13}H_{18}O$	103	3– 乙基咔唑	$C_{14}H_{13}N$
80	甲基甲氧基苯	$C_{14}H_{14}O$	104	甲基四氢 –1H– 嘧啶并咔唑	$C_{15}H_{16}N_2$
81	C_3–5,6,7,8– 四氢萘 –1– 酚	$C_{13}H_{18}O$	105	3– 乙基咔唑	$C_{14}H_{13}N$
82	C_3–5,6,7,8– 四氢萘 –1– 酚	$C_{13}H_{18}O$	106	C_2– 咔唑	$C_{14}H_{13}N$
83	5– 丁基 –7,8– 二氢喹啉	$C_{13}H_{17}N$	107	二氢 –5H– 二苯并氮杂卓	$C_{14}H_{13}N$

No.	化合物	分子式	No.	化合物	分子式
108	三甲基咔唑	$C_{15}H_{15}N$	125	仲丁基酚嗪	$C_{16}H_{16}N_2$
109	丙基咔唑	$C_{15}H_{15}N$	126	丙基吖啶	$C_{16}H_{15}N$
110	甲基乙基咔唑	$C_{15}H_{15}N$	127	C_5- 酚嗪	$C_{16}H_{16}N_2$
112	9- 乙基吖啶	$C_{15}H_{15}N$	128	2,5- 双 (1- 苯乙基) 苯酚	$C_{22}H_{22}O$
113	C_3- 咔唑	$C_{15}H_{15}N$	129	2,5- 双 (2- 苯丙 -2- 基) 苯酚	$C_{24}H_{26}O$
114	C_5- 咔唑	$C_{16}H_{17}N$	130	甲基四氢 -5H- 苯并 [b] 咔唑	$C_{17}H_{17}N$
115	C_5- 咔唑	$C_{16}H_{17}N$	131	11H- 苯并 [a] 咔唑	$C_{16}H_{11}N$
116	9- 丁基 -9H- 咔唑	$C_{16}H_{17}N$	132	六氢苯并 [b] 吖啶	$C_{17}H_{17}N$
117	甲基 -9H- 咔唑基乙基酮	$C_{15}H_{13}NO$	133	六氢苯并 [c] 吖啶	$C_{17}H_{17}N$
118	5- 乙基吖啶	$C_{15}H_{13}N$	134	六氢苯并 [a] 吖啶	$C_{17}H_{17}N$
119	5- 丙基吖啶	$C_{16}H_{15}N$	138	甲基六氢苯并 [b] 吖啶	$C_{18}H_{19}N$
120	乙基甲基吖啶	$C_{16}H_{15}N$	139	不确定	不确定
121	乙基甲基吖啶	$C_{16}H_{15}N$	140	不确定	不确定
122	乙基甲基吖啶	$C_{16}H_{15}N$	135	六氢苯并 [c] 菲啶	$C_{17}H_{17}N$
123	C_5- 咔唑	$C_{17}H_{19}N$	136	六氢苯并 [k] 菲啶	$C_{17}H_{17}N$
124	C_5- 咔唑	$C_{17}H_{19}N$	137	3- 氨基芘	$C_{16}H_{11}N$

表5-34　神府煤液化油F_{O-5}中GC/MS检测到的化合物

No.	化合物	分子式	No.	化合物	分子式
1	3- 甲基苯酚	C_7H_8O	6	乙基甲基苯酚	$C_9H_{12}O$
2	2,6- 二甲在苯酚	$C_8H_{10}O$	7	乙基甲基苯酚	$C_9H_{12}O$
3	3- 乙基苯酚	$C_8H_{10}O$	8	叔丁基苯酚	$C_{10}H_{14}O$
4	2,3- 二甲基苯酚	$C_8H_{10}O$	9	2-(1- 甲基丙基) 苯酚	$C_{10}H_{14}O$
5	2,3- 二甲基苯酚	$C_8H_{10}O$	10	百里酚	$C_{10}H_{14}O$

续　表

No.	化合物	分子式	No.	化合物	分子式
11	2- 甲基 -5- 异丙基苯酚	$C_{10}H_{14}O$	36	二氨基甲基苯并喹唑啉	$C_{13}H_{12}N_2O_4$
12	3,5- 二乙基苯酚	$C_{10}H_{14}O$	37	1,2,3,5- 四氢 -3- 甲基咔唑	$C_{13}H_{15}N$
13	4- 戊基苯酚	$C_{11}H_{16}O$	38	5- 乙酰基 -3- 甲氧基 -1H- 异苯并吡喃 -1- 酮	$C_{12}H_{10}O_4$
14	2,2- 二甲基苯并二氢吡喃	$C_{11}H_{14}O$			
15	4- 甲酰基苯甲酸乙酯	$C_{10}H_{10}O_3$	39	邻苯二甲酸酯	不确定
16	二甲基二氢苯并噻喃酮	$C_{10}H_{10}OS$	40	甲基咔唑	$C_{13}H_{11}N$
17	二甲基四氢萘酚	$C_{12}H_{16}O$	41	二甲基咔唑	$C_{14}H_{13}N$
18	二甲基四氢萘酚	$C_{12}H_{16}O$	42	甲基四氢 -1H- 嘧啶并咔唑	$C_{15}H_{16}N_2$
19	二甲基四氢萘酚	$C_{11}H_{16}O$	43	二氢 -5H- 二苯并氮杂卓	$C_{14}H_{13}N$
20	乙基 四氢萘酚	$C_{11}H_{14}O$	44	三甲基咔唑	$C_{15}H_{15}N$
21	甲基 -2-(p- 甲苯氧基) 苯	$C_{14}H_{14}O$	45	9- 乙基吖啶	$C_{15}H_{15}N$
22	丙基 -5,6,7,8- 四氢萘酚	$C_{13}H_{18}O$	46	C_3- 咔唑	$C_{15}H_{15}N$
23	三甲基 -5,6,7,8- 四氢萘酚	$C_{13}H_{18}O$	47	丙基吖啶	$C_{16}H_{15}N$
24	C_3-5,6,7,8- 四氢萘 -1- 酚	$C_{13}H_{18}O$	48	乙基吖啶	$C_{15}H_{13}N$
25	C_3-5,6,7,8- 四氢萘 -1- 酚	$C_{13}H_{18}O$	49	甲基乙基吖啶	$C_{16}H_{15}N$
26	环己基甲基苯酚	$C_{13}H_{18}O$	50	甲基乙基吖啶	$C_{16}H_{15}N$
27	C_3-5,6,7,8- 四氢萘 -1- 酚	$C_{13}H_{18}O$	51	丙基吖啶	$C_{16}H_{15}N$
28	C_3-5,6,7,8- 四氢萘 -1- 酚	$C_{13}H_{18}O$	52	2,5- 联 (2- 苯丙 -2- 基) 苯酚	$C_{24}H_{26}O$
29	C_3-5,6,7,8- 四氢萘 -1- 酚	$C_{13}H_{18}O$	53	甲基四氢 -5H- 苯并咔唑	$C_{17}H_{17}N$
30	5- 丁基 -7,8- 二氢喹啉	$C_{13}H_{17}N$	54	六氢苯并 [b] 吖啶	$C_{17}H_{17}N$
31	C_5-5,6,7,8- 四氢萘 -1- 酚	$C_{14}H_{20}O$	55	六氢苯并 [c] 吖啶	$C_{17}H_{17}N$
32	C_5-5,6,7,8- 四氢萘 -1- 酚	$C_{14}H_{20}O$	56	六氢苯并 [a] 吖啶	$C_{17}H_{17}N$
33	邻苯二甲酸酯	不确定	57	3- 氨基芘	$C_{16}H_{11}N$
34	5H- 茚并 [1,2-b] 嘧啶	$C_{12}H_9N$	58	5- 甲氧基苯并 [c] 菲	$C_{19}H_{14}O$
35	咔唑	$C_{12}H_9N$	59	甲基六氢苯并 [b] 吖啶	$C_{18}H_{19}N$

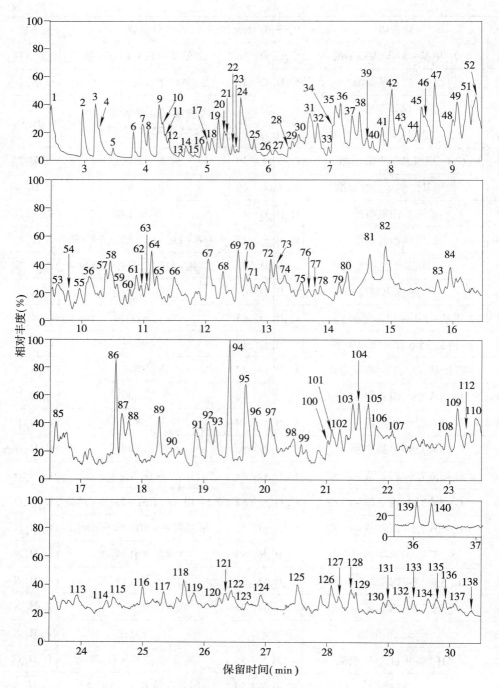

图 5-39　胜利煤液化油 F_{O-5} 的总离子流色谱图

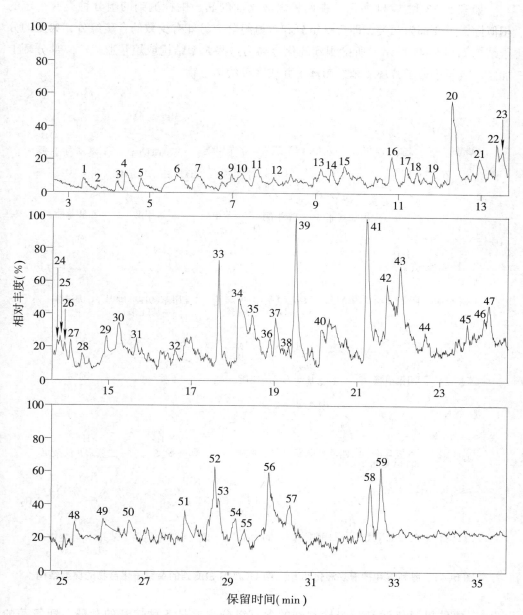

图 5-40　神府煤液化油 F_{O-5} 的总离子流色谱图

如表 5-33 和 5-34 所示，在两种煤液化油的 F_{O-5} 中检测到的组分种类有一定的相似性，主要都为两类，即含氧组分和含氮组分，另外有少数的含硫组分，典型的分子结构如图 5-41 所示，所检测到的化合物为这些典型结构或烷基取代、或部分环上加氢、或与小分子芳环（苯或茚环）并或联等的衍生物。

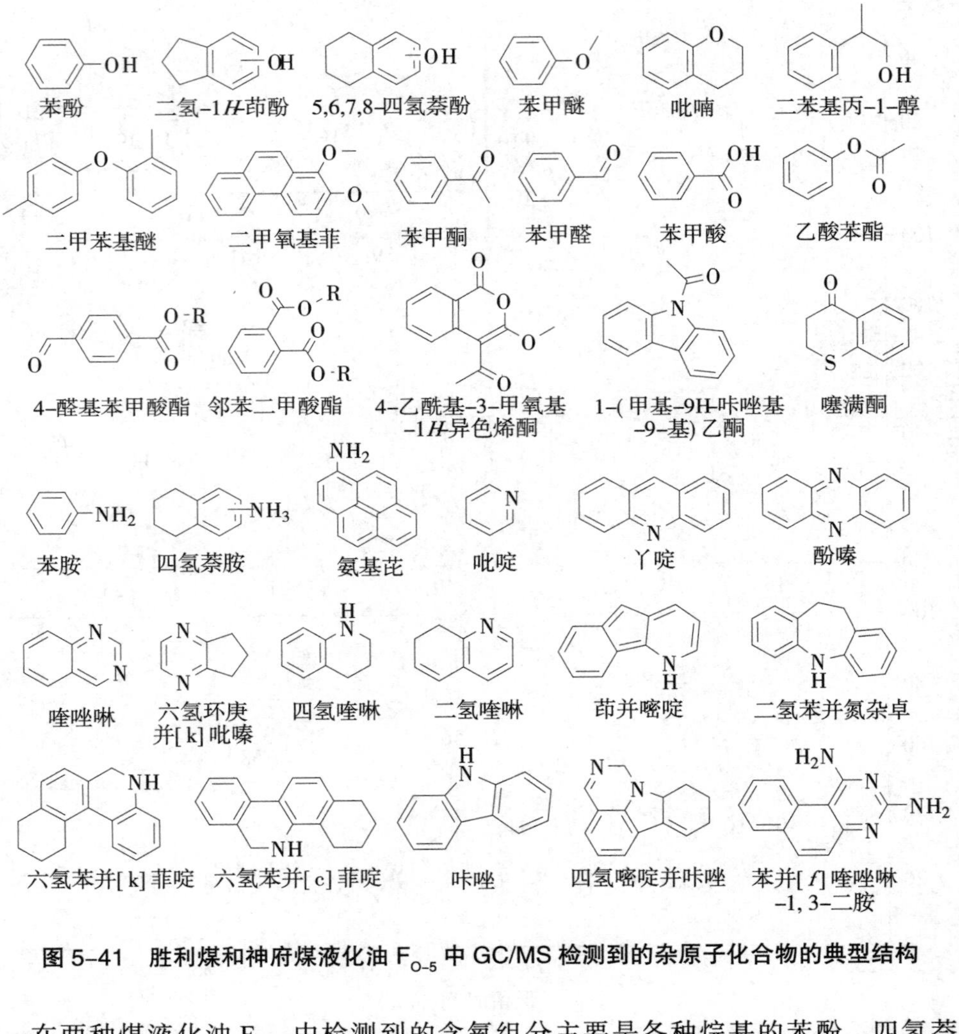

图 5-41　胜利煤和神府煤液化油 F_{O-5} 中 GC/MS 检测到的杂原子化合物的典型结构

在两种煤液化油 F_{O-5} 中检测到的含氧组分主要是各种烷基的苯酚、四氢萘酚和二氢茚酚以及少量芳香族的醇、酮、醛、酸、酯和醚，其中的氧原子的存在形式有羟基、醚键和羰基（酮羰基、醛基、酯基和羧基）等，较少是以杂原子芳环的形式存在。检测到的含氮组分中，氮原子处于环外和环内的都较多，前者是芳胺类物质，包括一系列的烷基苯胺和四氢萘胺，还检测到较大环的氨其芘（芘胺）。后者为各种氮杂环类物质，特征结构有吡啶、吖啶、菲啶、嘧啶、喹啉、喹唑啉、咔唑、酚嗪、吡嗪和氮杂卓等，推测这些氮杂环结构为煤大分子的结构片断。苯并 [f] 喹唑啉 –1,3– 二胺既有环内的氮原子，又有环上的取代氨基。另外还检测到一种含硫及氮原子的组分（3– 甲基二氢苯并噻喃酮）和含氮和氧的组分（1–(甲基 –9H– 咔唑基 –9– 基) 乙酮）。

一般认为在煤的液化过程中，存在于芳环外的氧、氮和硫等杂原子将主要与氢结合并以小分子氢化物的形式脱除，检测到如此种类丰富且含量较多的酚、醇、酮、醛、酯、酸、醚和芳胺类组分应引起注意。检测到较少的含硫组分，且没有检测到存在于芳环外的硫组分，说明煤催化加氢液化有较好的脱硫效果。

到目前，煤的液化研究都以制备液体燃料油为目的，煤液化油中的这些杂原子组分是其作为燃料油利用的不利因素，再一次显示出煤液化技术用于生产液体燃料等石油代用品的局限性。其中的含氮杂原子组分，必须进一步脱除，但是要选择性脱除其中的氮原子尤其是环内的氮原子并不容易。

（5）煤液化油作为液态燃料油存在的问题

根据以上两种煤液化油分离与分析的实验结果，煤液化油与石油产品如汽油和柴油等存在着本质的区别，其主要组分为芳烃（两种煤液化油中芳烃的总含量都在 60% 以上），还含有较高含量的氮氧杂原子化合物，链烃含量极微。这一结果显示，煤液化油作为洁净液体燃料利用，如同煤的直接燃料一样，有着诸多的不利因素。芳烃类组分的致癌和致基因突变性早已为人们熟知，杂原子化合物（特别是含氮组分）的存在，说明煤的液化仍然解决不了煤燃烧过程中产生氮氧化物、继而引起的酸雾酸雨等问题。因此，认为煤液化制备燃料油技术可以缓解石油危机，生产石油代用产品的依据是不充分的。另一方面，煤液化油中较高含量的芳烃组分和杂原子化合物的存在，又展现了它作为非燃料利用，生产芳烃和杂原子芳香族化合物和其他含杂原子的极性化合物等的诱人前景，煤液化技术作为煤化工利用的途径远比生产石油代用品拥有更多的优势。

5.5.2 煤液化残渣中有机组分的分离与分析

1. 煤液化残渣中有机组分的族组分分离

脱矿物质后的煤液化残渣，经 CS_2 超声萃取，得 CS_2 萃取物（F_R），用 GC/MS 检测，显示其中基本是 GC/MS 不可测组分。对 F_R 用柱层析梯度洗脱法分离，依次得的馏分有 F_{R-1}、F_{R-2}、F_{R-3} 和 F_{R-4}。经 GC/MS 检测，F_{R-1} 为烷烃馏分，只在胜利煤液化残渣中分离到，主要是 $C_{11}–C_{35}$ 的烷烃；F_{R-2} 为芳烃馏分；F_{R-3} 和 F_{R-4} 两馏分 GC/MS 分析只能检测到少量的组分，大量的组分是 GC/MS 不可测物质，本节中根据检测到的组分特征分别称它们为杂环化合物馏分和酯类馏分；其余为 GC/MS 不可测馏分。各馏分产率如表 5–35 所列。

表5–35　煤液化残渣有机组分分离的各馏分产率（g/g液化残渣）

样品	F_R	F_{R-1}	F_{R-2}	F_{R-3}	F_{R-4}	其余
胜利煤液化残渣	0.5532	0.0297	0.0682	0.0522	0.1357	GC/MS 不可测
神府煤液化残渣	0.7450	—	0.2032	—	0.1986	

　　两种煤液化残渣的 CS_2 萃取率相对于其原煤高得多，分别为 0.5532g/g 残渣（胜利煤）和 0.7450g/g 残渣（神府煤），而其原煤的 CS_2 萃取率分别为 0.4201g/100g 原煤（胜利煤）和 0.8150g/100g 原煤（神府煤）（见图 5–3）。这说明煤的催化加氢液化过程较为彻底地打破了煤的大分子结构和煤的分子间作用力，改变了其中化合物的种类和分布。如此高的萃取率展示了煤液化残渣的化工利用前景，煤液化残渣中溶剂可溶组分可以通过溶剂萃取、并对萃取物进一步分离的方法生产高附加值的精细化学品。这一点通过对 F_R 的柱层析分离得到烷烃（F_{R-1}）、芳烃（F_{R-2}）、杂环化合物（F_{R-3}）和酯类（F_{R-4}）馏分等得到证实。

　　两种煤相比，神府煤液化残渣 F_R 的收率比胜利煤高，这应归因于胜利煤较高的杂原子含量、其液化残渣中也将有较多的极性组分，而 CS_2 毕竟是非极性溶剂。进一步分离所得各馏分中，神府煤液化残渣比胜利煤有较高的芳烃馏分收率，但却有较低的酯类馏分收率，且从神府煤液化残渣中没有分离到 GC/MS 可测的杂环化合物馏分。这一结果与两种煤的元素分析和红外表征结果相一致。

　　2. 煤液化残渣 FR–2 的 GC/MS 分析

　　图 5–42 和 5–43 为胜利煤和神府煤液化残渣 F_{R-2} 的总离子流色谱图，检测到的组分分别列于有表 5–36 和表 5–37 中。从两种煤液化残渣 F_{R-2} 中检测到的典型芳环结构如图 5–44 所示。

表5–36　胜利煤液化残渣F_{R-2}中GC/MS 检测到的化合物

NO.	化合物	分子式	NO.	化合物	分子式
1	1- 甲基䓛	$C_{19}H_{14}$	4	1,1,2- 三苯基乙烯	$C_{20}H_{16}$
2	1- 甲基䓛	$C_{19}H_{14}$	5	7,12- 二甲基苯并 [a] 蒽	$C_{20}H_{16}$
3	1- 甲基苯并 [c] 菲	$C_{19}H_{14}$	6	4,5,11,12- 四氢苯并 [a] 芘	$C_{20}H_{16}$

续　表

NO.	化合物	分子式	NO.	化合物	分子式
7	5,8- 二甲基苯并 [c] 菲	$C_{20}H_{16}$	31	苯基芘	$C_{22}H_{14}$
8	1,2,3,10,11,12- 六氢二萘嵌苯	$C_{20}H_{18}$	32	苯基芘	$C_{22}H_{14}$
9	1,2'- 联萘	$C_{20}H_{14}$	33	二苯并 [def,mno] 蒀	$C_{22}H_{12}$
10	苯并 [a] 芘	$C_{20}H_{12}$	34	茚并 [1,2,3-cd] 芘	$C_{22}H_{12}$
11	二萘甲烷	$C_{21}H_{16}$	35	三甲基联萘	$C_{23}H_{20}$
12	甲基 - 六氢二萘嵌苯	$C_{21}H_{20}$	36	C_2-5,6- 二氢苯并 [a,h] 蒽	$C_{22}H_{16}$
13	苯并 [e] 芘	$C_{20}H_{12}$	37	苯并 [ghi] 二萘嵌苯	$C_{22}H_{12}$
14	苯并 [k] 荧蒽	$C_{20}H_{12}$	38	2- 甲基 -1- 苯基芘	$C_{23}H_{16}$
15	六氢苯并 [fg] 萘	$C_{21}H_{20}$	39	甲基 - 四氢苯并 [b] 三亚苯	$C_{22}H_{18}$
16	六氢苯并 [fg] 萘	$C_{21}H_{20}$	40	茚 [1,2,3-cd] 荧蒽	$C_{22}H_{12}$
17	3- 甲基 cholanthrene	$C_{21}H_{16}$	41	tri 甲基 bi 萘	$C_{23}H_{20}$
18	甲基二萘嵌苯	$C_{21}H_{14}$	42	甲基苯并 [ghi] 二萘嵌苯	$C_{23}H_{14}$
19	甲基二萘嵌苯	$C_{21}H_{14}$	43	甲基苯并 [ghi] 二萘嵌苯	$C_{23}H_{14}$
20	甲基二萘嵌苯	$C_{21}H_{14}$	44	苄基荧蒽	$C_{23}H_{16}$
21	8H- 茚并 [2,1-b] 菲	$C_{21}H_{14}$	45	苄基荧蒽	$C_{23}H_{16}$
22	二甲基二萘嵌苯	$C_{22}H_{16}$	46	甲基苯并 [ghi] 二萘嵌苯	$C_{23}H_{14}$
23	二甲基二萘嵌苯	$C_{22}H_{16}$	47	二甲基苯并 [ghi] 二萘嵌苯	$C_{24}H_{16}$
24	5,6- 二氢苯并 [a,h] 蒽	$C_{22}H_{16}$	48	萘基菲基甲烷	$C_{25}H_{18}$
25	3,3'- 二甲基 -1,1'- 联萘	$C_{22}H_{18}$	49	二甲基苯并 [ghi] 二萘嵌苯	$C_{24}H_{16}$
26	四氢苯并 [b] 三亚苯	$C_{22}H_{18}$	50	C_3- 苯并 [ghi] 二萘嵌苯	$C_{25}H_{18}$
27	二苯基萘	$C_{22}H_{16}$	51	C_3- 苯并 [ghi] 二萘嵌苯	$C_{25}H_{18}$
28	二甲基联萘	$C_{22}H_{18}$	52	三甲基二苯基萘	$C_{25}H_{22}$
29	甲基二苯基萘萘	$C_{23}H_{18}$	53	丁基苯并 [ghi] 二萘嵌苯	$C_{26}H_{20}$
30	二甲基二萘嵌苯	$C_{23}H_{18}$	54	晕苯	$C_{24}H_{12}$

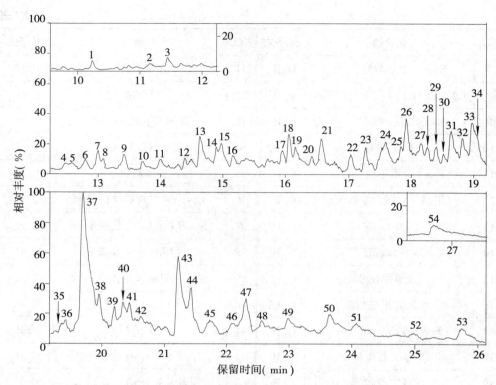

图 5-42　胜利煤液化残渣 F$_{R-2}$ 的总离子流色谱图

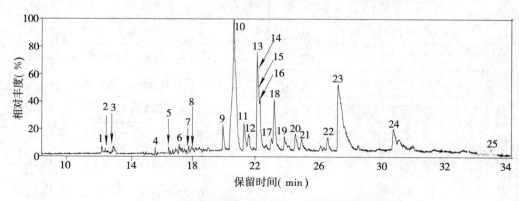

图 5-43　神府煤液化残渣 F$_{R-2}$ 的总离子流色谱图

表5-37　神府煤液化残渣F$_{R-2}$中GC/MS检测到的化合物

No.	化合物	分子式	No.	化合物	分子式
1	芘	$C_{16}H_{10}$	2	2-甲基芘	$C_{17}H_{12}$

续　表

No.	化合物	分子式	No.	化合物	分子式
3	4 - 甲基芘	$C_{17}H_{12}$	15	甲基茚并 [1,2,3-cd] 芘	$C_{23}H_{14}$
4	7,12 - 二甲基苯并 [a] 蒽	$C_{20}H_{16}$	16	甲基茚并 [1,2,3-cd] 芘	$C_{23}H_{14}$
5	苯并 [e] 芘	$C_{20}H_{12}$	17	甲基二苯并 [def,mno] 䓛	$C_{23}H_{14}$
6	二萘嵌苯	$C_{20}H_{12}$	18	甲基二苯并 [def,mno] 䓛	$C_{24}H_{16}$
7	3 - 甲基二萘嵌苯	$C_{21}H_{14}$	19	甲基二苯并 [def,mno] 䓛	$C_{24}H_{16}$
8	二苯并 [cd,mn] 芘	$C_{22}H_{12}$	20	二甲基苯并 [ghi] 二萘嵌苯	$C_{26}H_{18}$
9	茚并 [1,2,3-cd] 芘	$C_{22}H_{12}$	21	乙基苯并 [ghi] 二萘嵌苯	$C_{26}H_{18}$
10	苯并 [ghi] 二萘嵌苯	$C_{22}H_{12}$	22	三甲基苯并 [ghi] 二萘嵌苯	$C_{27}H_{20}$
11	二苯并 [def,mno] 䓛	$C_{22}H_{12}$	23	晕苯	$C_{24}H_{12}$
12	甲基苯并 [ghi] 二萘嵌苯	$C_{23}H_{14}$	24	晕酚	$C_{24}H_{12}O$
13	甲基苯并 [ghi] 二萘嵌苯	$C_{23}H_{14}$	25	9,10 - 二苯基蒽	
14	甲基茚并 [1,2,3-cd] 芘	$C_{23}H_{14}$			

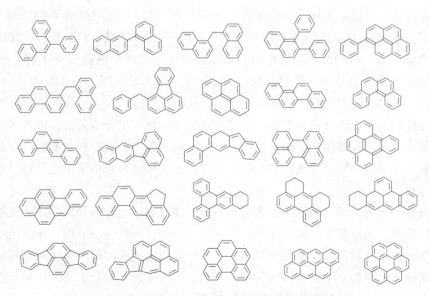

图 5-44　两种化残渣 F_{R-2} 中检测到的典型的环结构

如表 5-36 和 5-37 所列，从两种煤液化残渣 F_{R-2} 中检测到的芳烃，相对于煤液化油和原煤，有较高的环数（3-7 环之间）：除了 1,1,2- 三苯基乙烯以外，均为 4 环以上的芳烃，其中 6 环芳烃具有较高的含量。两种煤液化残渣 F_{R-2} 中最高含量组分均为苯并 [ghi] 二萘嵌苯。

相对而言，胜利煤液化残渣 F_{R-2} 的收率低于神府煤液化残渣，但却检测到较多种类的芳烃组分，总体上神府煤 F_{R-2} 中芳烃组分比胜利煤的有较高的环数，但组分种类远没有后者丰富。

从煤液化残渣中分离到环数较高且种类分布较少的多环芳烃，显示煤液化残渣也是珍贵的化工资源。在现有的煤液化工艺中，煤液化残渣一般占到液化原煤总量的 30% 左右，如果要降低反应温度，煤液化残渣的产率会更高一些。煤液化残渣中多环芳烃等组分的分离与分析是其综合高效利用的关键问题，也是煤液化技术亟需解决的问题之一。但煤液化残渣中的主要组分，或因相对分子量较大，或因分子极性较大，不适于 GC/MS 分析，必须用其他的分析方法如 HPLC/MS 等。鉴于时间所限，本次研究没能涉及，将在今后的工作中进行研究。

5.5.3 本节小结

1. 煤液化油

在本章中，通过柱层析梯度洗脱的方法，从两种煤液化油中依次得到链烃、单芳环未氢化芳烃、芳烃、大环芳烃和氮氧化合物馏分，并对各馏分进行了 GC/MS 分析，结果证实，煤液化油的主要组为芳烃，同时还含有一定量的氮、氧杂原子化合物，脂肪烃的含量极微，两种煤液化油中氢化芳烃和两个芳烃馏分的总收率均超过 60% 以上，杂原子化合物馏分收率分别为 0.1513 g/g 液化油（胜利煤）和 0.0219g/g 液化油（神府煤）。检测到的芳烃环数在 1-6 环之间，其中主要是 2-4 环芳烃。检测到的杂原子化合物均为芳香族杂原子组分，包括含氧组分和含氮组分两类，其中含氧组分中的氧原子主要以芳香族的酚、醇、酮、醛、酯、酸和醚等形式存在，而含氮组分则主要以芳胺和各种氮杂环芳香族化合物的形式存在。芳烃组分和杂原子化合物都是珍贵的化工原料。

煤液化油中有机组分的这种分布特点，说明煤液化技术作为获取多环芳烃等精细化学品的手段，比用于生产液体燃料油更有优势。如作为燃料油使用，煤液化油的性能无法与石油产品相比，煤催化加氢液化有较好的脱硫效果，但不能实现对氮氧杂原子的有效脱除。但如果用于精细化学品的生产，煤液化油经过分离提取多环芳烃和杂原子芳香族化合物，其资源优势是得天独厚的。

2. 煤液化残渣

对两种煤液化残渣，用 CS_2 超声萃取并对萃取物用柱层析梯度洗脱的方法，得到的 GC/MS 可测或部分 GC/MS 的馏有链烃、芳烃和酯类等。所得芳烃馏分为 3~7 环的芳烃，其是主要组分为 6 环芳烃。

这一结果显示煤液化残渣也是珍贵的化工资源，经过分离可以得到高环的稠环芳烃等高附加值的化学品。本章中的研究方法提供了一个有效利用煤液化残渣中溶剂可溶组分的途径。

5.5.4　关于煤液化技术的认识和思考（New Understanding on Coal Liquefaction）

相对于传统的煤化工技术，煤直接液化（简称煤液化）是较为温和的煤转化技术，它是在高压氢气和催化剂存在下将煤溶浆加热至 400 – 470℃，使煤在溶剂中发生热解、加氢和加氢裂解反应，继而通过气相催化加氢裂解等处理过程，使煤中有机质大分子转化为液态的小分子物质 [136]。

到目前，已开发的煤液化工艺均以获取液体燃料为主要目的，和传统煤转化技术一样存在着许多突出问题，包括反应条件苛刻、操作工艺复杂、产品附加值较低、污染较严重、高能耗、煤液化残渣的利用、催化剂回收及高效催化剂研制等。由于这些问题，煤液化技术举步艰难。

另一方面，煤液化油用于提取有机化工产品，比作为燃料油使用更有优势，煤液化残渣中也蕴藏着丰富的化工资源。本文针对煤液化技术当前的发展现状，提出了几点新的思考，供参考。

1. 关于煤液化技术的错误认识 [1]

受到德国和南非关于煤液化技术应用实例的影响，中国煤液化技术的认识、宣传和研究工作，一开始就被直接定位于生产液体燃料油，存在着许多错误的认识：

（1）中国富煤贫油，"煤变油"可以解决中国液体燃料短缺的问题

中国富煤贫油中的"富煤"只是相对于石油资源的缺乏而言。事实上，中国煤资源储量对于中国这样一个人口众多、土地辽阔的大国来说也是有限的。煤变油的过程是一个工艺复杂且高能耗、高污染、低附加值的过程，煤液化油中因为富含芳烃等，其品质与石油基的液体燃料如柴油、汽油等相比有很大不同。煤直接液化作为生产液体燃料的手段，没有足够的社会效益及经济效益上的可行性。从能源的角度出发，煤变油把一种能源变成另一种能源，只是挖东墙补西墙，并不能真正缓解世界能源危机。

（2）煤直接液化技术成熟，没有推广是因为煤价和劳动力成本高

尽管煤液化技术取得了一定的进展，但距离成熟技术进行产业化推广还相当遥远，还有很多技术问题等待解决，如催化剂问题、结焦问题、二次污染问题、液化残渣利用问题等。

（3）煤液化是温和的煤转化技术

煤液化的反应温度约为450℃左右，远低于焦化和气化的温度，但仍然是较为苛刻的温度。在这样的温度下进行煤的液化，能耗之高是可以想象的。为了减少结焦和生成气体等副反应，现有的煤液化的反应温度也需要进一步降低。

（4）煤液化就是为了获得液体燃料

由于中国原油危机，煤液化技术用于生产石油替代产品，是不可避免的，但石油替代产品并不一定都是液体燃料。石油化工是中国国民经济的重要支柱产业，煤大分子结构解聚转化为小分子的化工原料，从这一角度替代石油产品才是主要的。

煤液化技术用于提取制备化工产品更有优势，以非能源利用为主导思想设计煤的液化工艺，从煤液化油及液化残渣中分离出芳烃及杂原子芳香族化合物等高附加值的化学品，同时副产洁净液体或固体燃料，应是煤液化技术发展的基本方向。同时还必须认识到，煤液化产物是复杂的有机物混合体系，如煤焦油、煤热解产物等的利用一样，从分子水平上对其有机组分进行有效分离与分析是问题的关键。

2.煤和石油的比较

煤和石油都是重要的化石资源，但由于各种输入因素和地质因素等，二者分别被赋予了不同的特性。如众所周知的，前者为液态，但后者为固态。在化学组成上也有着根本的不同，石油中的主要组分为脂肪烃，而煤则主要为芳烃和杂原子芳香族化合物。表5-38对比了煤及石油和汽油的元素组成。

表5-38　煤和石油的元素组成(%) 的比较[210]

元素	无烟煤	中挥发性烟煤	低挥发性烟煤	褐煤	石油	汽油
C	93.7	88.4	80.0	71.0	83–87	86
H	2.4	5.4	5.5	5.4	11–14	14
O	2.4	5.1	11.1	21.0	0.3–0.9	
N	0.9	1.7	1.9	1.4	0.2	
S	0.6	0.8	1.2	1.2	1.2	
C/H	0.31	0.67	0.82	0.87	1.76	2.0

不难理解，由煤的大分子结构催化加氢裂解制备的煤液化油，主要组分为芳烃，与石油产品有着本质的不同。因这些差别，通过煤液化技术制备燃料油、替代石油在燃料油中的地位就没有足够的优势。而煤液产物中富含的芳烃类物质，则可以作为许多精细化学品的原料，因此，通过煤液化技术，替代石油在有机化工生产领域的地位，却能具有一定的优势。

3. 中国的液化用煤资源

从理论上，除了无烟煤外，其他煤种均可通过催化加氢的方式液化。但从油收率和工艺经济性方面考虑，液化用煤必须具备一定的条件，主要包括：挥发分大于35%、H 含量大于 5 %、C 含量在 82–85 % 之间、H/C 越高越好、氧含量越低越好、芳香度小于 0.7 及活性组分大于 80 % 等。根据这些条件，液化用煤应选用年青烟煤和年老褐煤[210]。本研究中所选的胜利煤和神府煤，是中国已确定的液化用煤的优选煤种，前者为年老褐煤，后者为年青烟煤。

中国可被选用的直接液化的煤资源十分丰富。在已探明的中国煤炭资源中，约12.5 % 为褐煤；属于年青烟煤的有 29 % 的不黏煤、弱黏煤、长焰煤和 13 % 的气煤。这些低变质程度煤的总含量达 50 % 以上，主要分布在中国东北、西北、华东和西南地区[210]。这些低变质程度的煤种用于燃烧，其热值低，且环境问题严重。通过煤液化技术转化为高附加值的精细化学品，是其高效利用的基本途径。

4. 煤液化技术用于生产精细化学品生产的优势

由于煤的组成和结构上的特点，煤液化技术用于生产精细化学品比生产液体燃料更有优势，主要可概括为以下几点：

（1）煤液化生产精细化学品的物质基础

煤的组成与结构决定了其作为化工原料生产精细化学品的物质基础[137]。煤中有机质的主体是以各种芳香环（通常还含有脂环）作为基本结构单元的有机大分子[138]。煤的大分子结构裂解，可以转化为各种芳香族化合物，这些都是珍贵的化工原料，被称为"特异化学品"，目前主要来自煤焦油[139]。受到钢铁工业和炼焦工业发展形势的制约，从冶金焦副产品煤焦油中获取芳香族化合物已远不能满足目前及未来社会经济发展对芳香族化合物的需求[137]，探索制取芳香族化合物的新途径具有相当的市场前景。

（2）煤液化生产精细化学品的反应条件

从制备芳香族精细化学品的角度出发，可以采用更为温和的反应条件：

① 采用温和的反应温度

现有开发的煤液化工艺，为了取得较高的油收率，都采用了较高的温度。如果从制备精细化学品的角度出发，油收率和溶剂可溶组分产率应是两个关键指标，对溶剂可溶组分即可以进行分离或进一步定向转化后分离以获取精细化学品。因此可以进一步降低反应温度，可考虑将反应温度降至 400℃ 或 350℃ 以下，这样的温度对设备和工艺的要求较容易实现，有利于工业化。

② 降低氢耗

以制备燃料油为出发点的煤液化技术，为了提高油收率，要消耗较多的昂贵的氢气，氢耗是煤液化油成本的主要部分之一。但从制备多环芳烃等精细化学品的角度出发，不须要对芳环结构过度地氢化，氢气的耗量可以降低。还可以考虑较低的氢气压力，在工业上更易于实现。

③ 溶剂萃取

对原煤中有机小分子的溶剂萃取是一项耗时耗力的工作，较为彻底的萃取常要十天甚至更长的时间。这是因为煤复杂的大分子三维网络胶囊结构和复杂的煤分子间力对其中小分子相的束缚。但经过液化以后，煤的大分子结构被打破，液化油可以直接进行分离，液化残渣的溶剂萃取是一件很容易的工作，萃取速度快且萃取率高，一般煤液化残渣的常规溶剂萃取率均在 50% 以上。这些特点都有利于工业化过程的实施。

④ 解决催化剂的回收问题

芳香族精细化学品有较高的附加值，因而可以采用价格较高但催化效果好的催化剂，通过适当的工艺设计可以解决催化剂的回收问题。

（3）将有较好的经济效益

由于工艺上的复杂性和高能耗，煤液化油成本高而附加值低，在经济效益上也无法与石油产品相比。但如果作为生产精细化学品的途径，因为精细化学品的较高的附加值，将有较好的经济效益。

传统的煤化工途径如煤的焦化、气化、一碳化工等，由于环境、能耗、工艺等问题，已面临着严峻的考验，煤的低温液化技术正是煤化工的出路所在，如能实现，将很大程度地改变煤化工和有机化工的产业结构。

5.关天煤液化技术的构想

综上，回顾煤液化技术的现状和存在的问题，从新的角度构建关于煤液化技术体系，如图 5-45 所示，要点简述如下：

（1）煤液化的出发点是制取多环芳烃、杂原子芳香族化合物等高附加值化学品，同时生产液体燃料。

（2）反应温度降至 400℃ 或 350℃ 以下，控制氢耗量

（3）研究新型高效定向转化催化剂，提高煤液化产物中特定组分的选择性，有目的地对煤的大分子结构进行裁剪。

（4）对煤进行连续液化，即在较为缓和的条件下液化，分离出溶剂可溶的小分子产物。对残渣则返回到工艺的进料端，和精制煤一起继续液化，以提高裂解总产

率。定量采出残渣可用于生产其他碳材料制品。

（5）催化剂的回收或重复利用通过液化残渣的循环来实现，并适当补充少量或微量的新鲜催化剂以补偿催化剂的损失。

（6）参照石油化工和焦油化工的方法、经验和催化剂，对煤液化油进行分离、转化，以制取高附加值的化学品，同时生产洁净燃料产品。

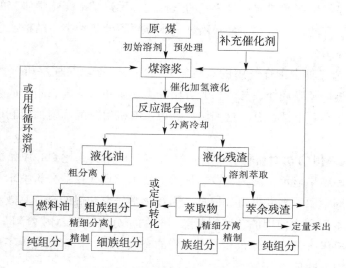

图 5-45　关于煤液化技术的新构想

总之，煤直接液化制油技术产品单一且附加值较低，缺少经济竞争力，投资风险巨大；而出于对中国经济安全性的重要战略考虑，中国又需要进行大规模煤液化的技术储备[140]。这是一对矛盾，其对策就是：以化养油，走液化制精细化学品和液化制燃料油相结合的多联产煤液化路线。

5.6　主要结论、创新点和建议

5.6.1　结论

本章以烟煤、次烟煤和褐煤为研究对象，以 CS_2 超声萃取和柱层析梯度洗脱为基本分离方法、以 GC/MS 为主要检测手段，对原煤、煤液化油及煤液化残渣中的有机组分进行了系统的族组分分离与分析，得出以下结论。

1. 煤中有机组分的 CS2 溶剂萃取和族组分分离

（1）煤 CS_2 溶剂萃取结果显示，5 种煤的 CS_2 萃取率与其煤阶（碳含量）基本一致，萃取率的差异性反映了不同煤种在结构和性质上的不同；煤的 CS_2 萃取物仍是复杂的有机混合体系，GC/MS 检测到的组分包括脂肪烃、脂环烃、芳烃、杂原子芳香族化合物、酚和芳香族及脂肪族的酯、酸、醛、酮、醇等。煤 CS_2 萃取物的组成和结构上的复杂性显示出溶剂萃取本身较差的选择性，无论是从煤化学研究的角度、还是从精细化学品生产的角度出发，都必须进一步分离为分子种类、结构或性质范围更窄的馏分，直至纯组分。

（2）对所选五种中国煤样中的有机组分，用 CS_2 萃取与柱层析分离相结合的方法，分离到了链烃及脂环烃、芳烃、芳香族酯类、脂肪族酯类、脂肪族羧酸和脂肪族酰胺六个族组分和两个纯组分。这一结果为煤系有机组分的高附加值利用提供了一条潜在的途径。

（3）用 GC/MS 方法对所得各馏分进行分析，检测到远比 CS_2 原始馏分中多的煤有机组分。这一结果显示，溶剂萃取、柱层析技术及现代仪器分析技术相结合，可以获得比仅用溶剂萃取较多的煤组分信息，为煤化学研究和煤的合理高效利用提供充足可靠的数据。本研究中使用的"溶剂萃取 – 柱层析分离 –GC/MS 检测"的研究方法，是研究煤中有机组分的组成分布和分子结构的有效方法，丰富和完善了煤有机组分可分离分析的研究方法体系。

（4）煤芳烃馏分 GC/MS 分析结果显示，煤中芳烃的组成分布和结构特点与各种煤的煤阶基本一致。从神府和胜利煤芳烃馏分中检测到种类丰富的、部分环芳构化的从松香烷到惹烯芳构化过程中的中间芳烃，从神府煤芳烃馏分中检测到种类丰富的芳香甾类烃，其中煤中二芳甾烷的研究较少报导。这些组分的检出具有重要的地球化学研究意义。

2. 煤液化油及液化残渣中有机组分的族组分分离

（1）对胜利煤和神府煤液化油的族组分分离与分析结果显示出煤液化油与石油产品本质上的区别。煤液化油的主要组分为芳烃，同时还含有一定量的氮氧杂原子芳香族化合物，而脂肪烃的含量极微，且煤催化加氢液化有较好的脱硫效果，但不能实现对氮氧杂原子脱除。这一结果说明，煤液化技术作为获取多环芳烃等精细化学品的手段，比用于生产液体燃料油更有优势。作为燃料油使用，煤液化油的性能与石油产品无法相比，但如经过分离提取多环芳烃和杂原子芳香族化合物，其优势是显而易见的。

（2）从两种煤液化残渣中得到的 GC/MS 可测的馏分有链烃、芳烃和酯类等，所得芳烃馏分为 4–7 环的芳烃，其是主要组分为 6 环芳烃。这一结果显示煤液化残渣也是珍贵的化工资源，提供了一个有效利用煤液化残渣中溶剂可溶组分的途径。

（3）煤液化油及液化残渣中有机组分的精细分离与分析是煤结构研究的重要手段，可以检测到煤大分子结构中的各种芳环、杂原子芳环和其他杂原子芳香族结构等的结构信息。特别是对于褐煤如胜利煤等，其大分子结构中较多的极性基团阻碍了萃取溶剂与其中的小分子组分的相互作用，原煤溶剂萃取率较低，只能检测到较少的组分。这一研究方法进一步完善了煤结构研究的方法体系。

（4）在对煤液化油和煤液化残渣中有有机组分精细分离与分析的基础上，针对煤液化技术的现状和存在的问题，本研究提出了以制取高附加值精细化学品为出发点、采用更为温和的反应条件和更加高效和有选择性的催化剂，以液化油产率和溶剂可溶组分产率为主要指标的煤液化技术研究和液化产品中有机组分分离与分析的新构想。

5.6.2　创新点（Innovations）

（1）把"溶剂萃取 – 柱层析分离"这一天然产物分离的基本方法成功地运用到煤基有机组分的分离与分析中，并根据煤基有机组分的结构和组成特点，建立了"CS_2 超声萃取 – 正己烷 / 乙酸乙酯梯度洗脱 –GC/MS 分析"的适用于煤基低（或弱极性组分）和中极性组分的分离与分析的研究方法，完善了煤中有机组分的可分离分析的研究方法。

（2）从煤中成功地分离到链烃、芳烃、酯类、羧酸和酰胺等族组分和少量纯组分，为煤基有机组分的高附加值利用提供了一条有效的途径。

（3）从煤液油及液化残渣中分离到链烃、芳烃、氮氧杂原子芳香族化合物和酯类等族组分，以可分离分析方法系统地研究了煤液化油及液化残渣中有机组分的组成分布。

（4）在充分分析的基础上提出了关于煤液化技术的新构想。

（5）煤液化油及液化残渣中有机组分的精细分离与分析作为煤结构研究的重要手段，进一步完善了煤结构研究的方法体系。

5.6.3　问题与建议（Problems and suggestions）

本研究主要利用"CS_2 超声萃取 – 柱层析分离 –GC/MS 分析"的手段，对煤及其液化油和液化残渣中有机组分进行了较为系统的分离与分析，得出了一些有意义的结论，但煤结构研究及煤液化技术研究均是充满挑战性的研究领域，三年的博士研究生的学习时间毕竟有限，还有很多工作等待去做，在论文即将完成之际，学生认为就本课题而言，还可以从以下几方面加以完善：

（1）本研究的主要检测手段为 GC/MS，但原煤及煤液化残渣的有机质中，含量更多的是高度缩合的芳烃和含杂原子芳香族组分以及极性更大的其他极性组分，这些化合物或沸点较高，或极性较大，不适用于 GC/MS 分析，因此可尝试使用其他分析手段如 HPLC/MS 等，这样可以更全面地了解煤基有机组分的结构与组成。

（2）本研究中针对低及中极性的有机组分展开了研究，在今后的研究中，将根据具体目的和要求，选用其他溶剂作为萃取剂和洗脱剂，对煤基有机组分中的中及强极性组分进行分离与分析研究。

（3）本研究提出了关于煤液化技术的新构想，但由于时间所限，这一构想是初步的，没有经过实验和实践的验证。在今后的研究工作中，本人将用更多的和较为充分的实验数据来验证、补充和完善这一构想，使之形成一个科学的和可行的煤综合利用途径。

（4）本研究中，对煤及其液化产物中有机组分的主要分离目的为族组分分离，只分离到少量的纯组分。从煤化工利用的出发点，必须进行进一步的分离，分离到分子特征范围更窄的馏分和更多的纯组分。

参考文献

[1] 魏贤勇，宗志敏，秦志宏，陈茺．煤液化化学 [M]．北京：科学出版社，2002.

[2] Zhao X Y, Zong Z M, Cao J P, Ma Y M, Han L, Liu G F, Zhao W, Li W Y, Xie K C, Bai X F, Wei X Y. Difference in chemical composition of carbon disulfide extractable fraction between vitrinite and inertinite from Shenfu–Dongsheng and Pingshuo coal [J]. Fuel, 2008, 87(5) 565–575.

[3] Liu C C, Chen H, Sun Y B, Wang X H, Cao J P, Wei X Y. Fractionated extraction and composition of coals [J]. Journal of Jilin University (Science Edition),2004, 42(3): 442–446.

[4] Wang X H, Wei X Y, Zong Z M. Study on composition characteristics of Pingshuo coal by solvent fractionated extraction [J]. Coal Convertion, 2006, 29(2): 4–7.

[5] Yoshida T, Li C Q, Takanohashi T, Matsumura A, Sato S, Saito I. Effect of extraction condition on "HyperCoal" production (2)–effect of polar solvents under hot filtration [J]. Fuel Processing Technology, 2004,86 (1): 61–72.

[6] 刘长城，陈红，孙元宝，王晓华，曹景沛，魏贤勇．煤的分级萃取与组成 [J]. 吉林大学学报 (理学版). 2004, 42(7): 442–446.

[7] 王晓华，魏贤勇，宗志敏．溶剂分级萃取法研究平朔煤的化学组成特征 [J]. 煤炭转化，2006, 29(2): 4–7.

[8] Ding M J, Zong Z M, Zong Y, Ou–Yang X D, Huang Y G, Zhou L, Wang F, Cao J P, Wei X Y.

Isolation and identification of fatty acid amides from Shengli coal [J]. Energy & Fuels, 2008, 22 (4): 2419–2421.

[9] Ding M J, Zong Z M, Zong Y, Ouyang X D, Huang Y G, Zhou L, Zheng Y X, Zhou X, Wei Y B, Wei X Y. Group separation and analysis of a carbon disulfide–soluble fraction from Shenfu coal by column chromatography[J]. Journal of China University of Mining and Technology, 2008, 18 (1): 27–32.

[10] Ding M J, Li W D, Xie R L, Zong Y, Cai K Y, Peng Y L, Zong Z M, Wei X Y. Separation and analysis of aromatic hydrocarbons from two Chinese coals [J]. Journal of China University of Mining and Technology, 2008, 18 (3): 432–436.

[11] 王晓华. 煤的溶剂分级萃取研究 [D]. 徐州：中国矿业大学,2002.

[12] Nishioka M. Multistep Extraction of Coal [J]. Fuel, 1991, 70(12): 1413–1419.

[13] M Krzesińska. The use of ultrasonic wave propagation parameters in the characterization of extracts from coals [J]. Fuel, 1998, 77(6): 649–653.

[14] Letellier M, Budzinski H, Bellocq J, et al. Focused microwave–assisted extraction of polycyclic aromatic hydrocarbons and alkanes from sediments and source rocks [J]. Organic Geochemistry, 1999, 30(11): 1353–1365.

[15] 赵小燕，曹景沛，田桂芬，宗志敏，魏贤勇. 微波辐射下神府煤 CS2 萃取物的组成结构分析 [J]. 化工中间体, 2006(6): 20–23.

[16] 杨永清，崔林燕，米杰. 超声波和微波辐射下萃取煤的有机硫形态分析 [J]. 煤炭转化, 2006.29(2):8–11.

[17] 张丽芳，马蓉，倪中海等. 煤的溶胀技术研究进展 [J]. 化学研究与应用, 2003, 15(2): 182–186.

[18] Ona Y, Ceylan K. Low temperature extractability and solvent swelling of Turkish lignites [J]. Fuel Processing Technology, 1997, 53(1–2): 81–97.

[19] Cagniant D, Bimer J, Piotr S D, et al. Structural Studyby Infrared Spectroscopy of Some Pretreated Coal Samples and Their Methanol–NaOH Solubilization Products [J]. Fuel, 1994, 73(8): 871–879.

[20] Mae K, Maki T, Araki J, et al. Extraction of Low–Rank Coals Oxidized with Hydrogen Peroxide in Conventionally Used Solvents at Room Temperature [J]. Energy Fuels, 1997, 11(4): 825–831.

[21] Hayashi J I, Aizawa S, Kumagai H, et al. Evaluation of macromolecular structure of a brown coal by means of oxidative degradation in aqueous phase [J]. Energy Fuels, 1999,13(1): 69–76.

[22] Miyake M, Stock L M.Coal solubilization. Factors governing successful solubilization through C–alkylation [J]. Energy Fuels, 1988, 2 (6): 815–818.

[23] Takanohashi T, Iino M. Decrease of extraction yields after acetylation or methylation of bituminous coals [J]. Energy Fuels, 1990, 4(3): 333 – 335.

[24] Bimer J, Piotr S D, Berlozechi S. Effect of chemical pretreatment on coal solubilization by methanol–NaOH [J]. Fuel, 1993, 72(10): 1063–1068.

[25] Takahiro Yoshida, Chunqi Li, Toshimasa Takanohashi. Effect of extraction condition on "HyperCoal" production (2)–effect of polar solvents under hot filtration [J]. Fuel Processing Technology, 2004, 86 (1): 61–72.

[26] Shui H. Effect of coal extracted with NMP on its aggregation [J]. Fuel, 2005, 84(7–8) 939–941.

[27] Giray E S V, Chen C, Takanohashi T, Iino M. Increase of the extraction yields of coals by the addition of aromatic amines [J]. Fuel, 2000, 79 (13) : 1533–1538.

[28] Stock L M, Obeng M. Oxidation and decarboxylation. A Reaction sequence for the study of aromatic structural elements in pocahontas No.3 coal [J]. Energy Fuels, 1997, 11(5): 987–997.

[29] Wei X Y, Zong Z M, Wu L, et al. LC/MS Analysis of CS2–NMP Soluble Fraction from Upper Freeport Coal [C]. In: Li Baoqing, Liu Zhenyu, eds. Pro spects for Coal Science in the 21st Century. Taiyuan: Shanxi Science and Technology Press, 1999: 263–266.

[30] 王旭珍, 顾永达, 盛国英. GC/MS 分析煤抽出物中的含氮杂环化合物 [J]. 现代科学仪器, 2000（2）:15–17.

[31] 刘颖, 张蓬洲, 吴奇虎. 抚顺烟煤及其抽出物的 FTIR 光谱结构表征 [J]. 燃料化学学报, 1992, 20(1): 96–100.

[32] Sobkowiak M, Painter P. A comparision of drift and KBr pellet methodologies for the quantitative analysis of functional groups in coalby infrared spectroscopy [J]. Energy Fuels, 1995, 9(3): 359–363.

[33] 秦志宏, 袁新华, 宗志敏等. 用 XRD、TEM 和 FTIR 研究镜煤在 CS2-N- 甲基 –2- 吡咯烷酮混合溶剂中溶解行为 [J]. 燃料化学学报, 1998, 26(3): 275–279.

[34] 朱素喻, 李凡, 李香兰等. 用核磁共振和红外光谱构造煤抽提物的结构模型 [J]. 燃料化学学报, 1994, 22(4): 427–432.

[35] 徐秀峰, 张蓬洲, 杨保联等. 用 13C–NMR 及技术分析气煤加氢产物中沥青烯段分的组成结构 [J]. 燃料化学学报, 1995, 23(4): 410–416.

[36] Cerny J. Structural dependence of CH bond absorptivities and consequences for FTIR analysis of coals [J]. Fuel, 1996,75: 1301–1306.

[37] Iion M, Takanohashi T, Ohsuga H, et al. Extraction of coals with CS2−N−methyl−2−pyrroli− dinonemixed solvent at room temperature [J]. Fuel, 1988, 67(12): 1639−1647.

[38] Iion M, Takanohashi T, Ohkawa T, et al. On the solvent soluble constituents originally existing in Zao Zhang coal [J]. Fuel, 1991, 70(11): 1236−1237.

[39] 舒新前, 王祖呐, 徐精求等. 神府煤煤岩组分的结构特征及其差异 [J]. 燃料化学学报, 1996, 24(5): 426−433.

[40] Giri G. G, Sharma D K. Mass−transfer studies of solvent extraction of coals in N−methyl−2−pyrrolidone [J]. Fuel, 2000, 79(5): 577−585.

[41] Takanohashi T, Ohkawa T, Yanagida T, et al. Effect of maceral composition on the extraction of bituminous coals with carbon disulphide−N−methyl−2−pyrrolidinone mixed solvent at room temperature [J]. Fuel, 1993, 7 (1): 51−55.

[42] 袁新华, 范健, 秦志宏. CS2−NMP 混合溶剂中煤萃取率的研究 [J]. 煤炭转化, 1998, 21(2): 60−62.

[43] 陈茏. 煤中非共价键行为的研究 [D]. 上海 : 华东理工大学, 1997.

[44] Stefannove M, Simoneit B R T, Stojanova G, et al. Composition of the extract from a carboniferous bituminous coal:1.Bulk and molecular constitution [J]. Fuel, 1995, 74(5): 768−778.

[45] Larsen J W, Mohammadi M. Structural changes in coals due to pyridine xtraction [J]. Energy & Fuels, 1990, 4 (1): 107.

[46] Mae K, Maki T, Araki J, et al. Examination of relationship between coal structure and pyrolysis yields using oxidized brown coals having different macromolecular networks [J]. Energy Fuels, 1997, 11(2): 417−425.

[47] Painter P C, Sobkowiak M, Gamble V. Concerning the solubility of coal in mixed solvents [J]. Am Chem Soc Div Fuel Chem., 1998, 43 (4): 913−915.

[48] Takanohashi T, Yanagida T, Iino M.Extraction and Swelling of Low−Rank Coals with Various Solvents at Room Temperature [J]. Energy Fuels, 1996, 10(5): 1128−1132.

[49] 傅若农. 色谱分析概论 [M]. 北京 : 化学工业出版社, 2005.

[50] 袁黎明. 制备色谱技术及应用 [M]. 北京 : 化学工业出版社, 2005.

[51] 杨海鹰. 气相色谱在石油化工中的应用 [M]. 北京 : 化学工业出版社.

[52] 廖杰, 钱小红. 色谱在生命科学中的应用 [M]. 北京 : 化学工业出版社.

[53] 田颂九. 色谱在药物分析中的应用 [M]. 北京 : 化学工业出版社.

[54] 国家科学院上海药物研究所. 中草药有效成分的提取与分离 [M]. 上海 : 上海科学.

[55] 邓玉林. 色谱手性分离技术及应用 [M]. 北京 : 化学工业出版社, 技术出版社, 1981.

[56] 王绪卿 , 吴永宁 . 色谱在食品安全分析中的应用 [M]. 北京 : 化学工业出版社 .

[57] 江桂斌 , 牟世芬 . 色谱在环境分析中的应用 [M]. 北京 : 化学工业出版社 .

[58] Lazaro M J, Alan A H, Kandiyoti R. Comparison of the fractionation of a coal tar pitch by solvent solubility and by planar chromatography[J]. Fuel, 1999, 78 (6): 795–801.

[59] Adam P, Schaeffer P, Albrecht P. C40 monoaromatic lycopane derivatives as indicators of the contribution of the alga Botryococcus braunii race L to the organic matter of Messel oil shale (Eocene, Germany) [J]. Organic Geochemistry, 2006, 37 (5) : 584–596.

[60] Li W, Morgan T J, Herod A A, Kandiyoti R. Thin–layer chromatography of pitch and a petroleum vacuum residue relation between mobility and molecular size shown by size-exclusion chromatography[J]. Journal of Chromatography A, 2004, 1024 (2): 227–243.

[61] Alan A. Zhuo H Y, Kandiyot R. Size–exclusion chromatography of large molecules from coal liquids, petroleum residues, soots, biomass tars and humic substances[J]. J. Biochem. Biophys. Methods, 2003, 56 (4):335–361.

[62] Murtia S D S, Sakanishi K, Okuma O, Korai Y, Mochida I. Detailed characterization of heteroatom–containing molecules in light distillates derived from Tanito Harum coal and its hydrotreated oil[J]. Fuel, 2002, 81: 2241–2248.

[63] Taga R, Tang N, Hattori T, Tamura K, Sakai S, Toriba A, Kizu R, Hayakawa K. Direct–acting mutagenicity of extracts of coal burning–derived particulates and contribution of nitropolycyclic aromatic hydrocarbons[J]. Mutation Research, 2005, 581 (1) : 91–95.

[64] Islas C A, Suelves I, Li W, Morgan T J, Herod A A, Kandiyoti R. The unusual properties of high mass materials from coal–derived liquids[J]. Fuel, 2003, 82 : 1813–1823.

[65] 金保升 , 周宏仓 , 仲兆平 , 肖睿 , 党小剑 . 三种不同中国煤中多环芳烃的分布特征研究 [J]. 锅炉技术 , 2004,35(1): 1-4.

[66] 金保升 , 周宏仓 , 仲兆平 , 肖睿 , 黄亚继 . 煤气化多环芳烃初步研究 [J]. 东南大学学报 (自然科学版), 2005, 35(1): 100–104.

[67] Callén M, Hall S, Mastral A M, Garcia T, et.al. PAH presence in oils and tars from coal–tyre coprocessing[J]. Fuel Processing Technology, 2000, 62: 53–63.

[68] Mastral A M, Callén S, García T, Navarro MV. Aromatization of oils from coal–tyre cothermolysis II. PAH content study as a function of the process variables[J]. Fuel Processing Technology, 2000, 68: 45–55.

[69] 张志红 . 煤溶剂抽提物的选择性富集及分析 [D]. 太原 : 太原理工大学 ,2004.

[70] 戴和武 , 谢可玉 . 褐煤利用技术 [M] . 北京 : 煤炭工业出版社 , 1999.

[71] 朱晓苏 . 中国煤炭直接液化优选煤种的研究 [J] . 煤化工 , 1997 (3) : 35 – 39.

[72] FerisL A, Souza M L, Rubio J. Sorption of heavy metals on a coal beneficiation tailing material [J].Coal preparation, 2002, 22 (5): 235–248.

[73] Nishioka M, Gebhard L A, Selbernagel B G. Evidence for change–transfer complexes in high–volatile bituminous coal [J]. Fuel, 1991,70(4): 341–348.

[74] Nishioka M, Larsen J W. Association of Armatic Structures in Coals[J]. Energy Fuels, 1990, 4(1): 100–106.

[75] Painter P C, Sobkowiak M, Youcheff J. FTIR Study of Hydrogen Bonding in Coal [J]. Fuel, 1987,66(8): 973–978.

[76] 秦匡宗, 郭绍辉, 李术元. 煤结构的新概念与煤成油机理的再认识 [J]. 科学通报,1998,43(18):1912–1918.

[77] Wei, X. Y.;　Shen, J. L.;　Takanohashi, T.;　Iino, M. Effect of extractable substances on coal dissolution. Use of a carbon disulfide–N–methyl–2–pyrrolidinone mixed solvent as an extraction solvent for dissolution reaction products [J]. Energy Fuels, 1989, 3 (5): 575–579.

[78] 秦志宏, 宗志敏, 刘建周, 马红梅, 杨美健, 魏贤勇. 煤岩组分在二硫化碳 –N– 甲基 –2– 吡咯烷酮混合溶剂中的可溶性 [J]. 燃料化学学报, 1997, 25 (6): 549–553.

[79] 秦志宏, 袁新华, 宗志敏, 王超, 于冰, 魏贤勇. 用 XRD、TEM 和 FTIR 研究镜煤在 CS–2–N– 甲基 –2– 吡咯烷酮混合溶剂中的溶解行为 [J]. 燃料化学学报, 1998, 26 (3): 275–279.

[80] 秦志宏, 袁新华, 尹学琼, 宗志敏, 魏贤勇. 岩相对煤在 CS_2–NMP 混合溶剂中溶解性的影响 [J]. 中国矿业大学学报,1998, 27 (4): 344–348.

[81] Shui H, Wang Z, Gao J. Examination of the role of CS2in the CS2/NMP mixed solvents to coal extraction [J]. Fuel Process. Technol., 2006, 87 (3): 185–190.

[82] Shui H, Wang Z, Wang G. Effect of hydrothermal treatment on the extraction of coal in the CS2/NMP mixed solvent [J]. Fuel, 2006, 85 (12–13): 1798–1802.

[83] Wang Z, Shui H, Zhang D, Gao J. A Comparison of FeS, FeS + S and solid superacid catalytic properties for coal hydro–liquefaction [J]. Fuel, 2007, 86 (5–6): 835–842.

[84] Zong Z M, Peng Y L, Qin Z H, Liu J Z, Wu L, Wang X H, Liu Z G, Zhou S L, Wei X Y. Reaction of N–Methyl–2–pyrrolidinone with Carbon Disulfide [J]. Energy Fuels, 2000, 14 (3): 734–735.

[85] Zong Z M, Peng Y L, Liu Z G, Zhou S L, Wu L, Wang X H, Wei X Y, Lee C W. Convenient synthesis of N–methylpyrrolidine–2–thione and some thioamides [J]. Korean J. Chem. Eng. 2003, 20 (2): 235–238.

[86] Krzesiń ska M. The use of ultrasonic wave propagation parameters in the character–ization

of extracts from coals [J]. Fuel,1998,77(6): 649–653.

[87] Wei X Y, Zong Z M,Wu L, et al. LC/MS Analysis of CS2–NMP Soluble Fraction from Upper Freeport Coal [C]. In: Li Baoqing, Liu Zhenyu, eds. Pro spects for Coal Science in the 21st Century. Taiyuan: Shanxi Science and Technology Press, 1999: 263–266.

[88] 王旭珍 , 顾永达 , 盛国英 . GC/MS 分析煤抽出物中的含氮杂环化合物 [J]. 现代科学仪器 ,2000（2）:15–17.

[89] 刘颖 , 张蓬洲 , 吴奇虎 . 抚顺烟煤及其抽出物的 FTIR 光谱结构表征 [J]. 燃料化学学报 , 1992, 20(1): 96–100.

[90] Sobkowiak M, Painter P. A comparisionof drift and KBr pellet methodologies for the quantitative analysis of functional groups in coalby infrared spectroscopy [J]. Energy Fuels, 1995, 9: 359–363.

[91] 秦志宏 , 袁新华 , 宗志敏等 . 用 XRD、TEM 和 FTIR 研究镜煤在 CS_2–N– 甲基 –2– 吡咯烷酮混合溶剂中溶解行为 [J]. 燃料化学学报 , 1998,26(3): 275–279.

[92] 秦志宏 , 魏贤勇 , 江春 , 孙昊 , 辛俊娜 , 宗志敏 . 两种烟煤 CS_2 溶剂分次萃取物的 FTIR 分析 . 中国矿业大学学报 ,2005,34（5）:579–584.

[93] 徐秀峰 , 张蓬洲 , 杨保联等 . 用 13C–NMR 及技术分析气煤加氢产物中沥青烯段分的组成结构 [J]. 燃料化学学报 , 1995, 23(4): 410–416.

[94] Cerny J. Structural dependence of C–H bond absorptivities and consequences for FTIR analysis of coals [J]. Fuel, 1996,75: 1301–1306.

[95] Kidena K, Murata S, Nomura M. Fuel Process. Technol., 2008, doi:10.1016/j.fuproc. 2007.11. 005.

[96] 候读杰 , 张林晔 . 实用油气地球化学 [M]. 石油工业出版社 . 2003:148–150.

[97] Eglinton G, Hamilton R J.1963, The distribution of alkanes [C]. In:T. Swain (Editor), Chemical Plant Taxonomy, Academic Press, PP. 187–208.

[98] Han J, Calvin M. Occurrence of C22–C25 isoprenoids in Bell Creek cruid oil [J]. Geochim. Cosmochim. Acta,1969 33(4): 733–742.

[99] Philp R P. Fossil Fuel Biomarkers: Applications and Spectra. Translated by Fu Jia–mo, Sheng Guo–ying [J]. Beijing: Science Press, 1987. [In Chinese].

[100] Schmitter J M, Sucrow W, Arpino P J. Occurrence of novel tetracyclic geochemical markers 8,14–seco–hopanes in a nigerian crude–oil [J]. Geochim Cosmochim Acta, 1982, 46 (11): 2345–2350.

[101] Achari R G, Shaw G, Holleyhead R. Identification of ionene and other caroteroid degradation products from the pyrolysis of sporopoenins derived from some pollen exines, a

spore coal and the Green River shale [J]. Chem.Geol.1973,12: 229–234.

[102] Simoneit B R T. Diterpenoid compounds and other lipids in deep sea sediments and their geochemical significance [J]. Geochim. Cosmochim. Acta, 1977, 41: 463–476.

[103] Ning Y C. Identification of Organic Compounds and Organic Spectroscopy [M]. Beijing: Science Press, 2000: 281 [in Chinese].

[104] Cong P Z, Su K M. Manual of analytical chemistry, Edition 2, Volume 9: Mass spectral analysis [M]. Beijing: Press of Chemical Industry, 2000: 325–327 [In Chinese].

[105] X Y Wei, X H Wang, Z M Zong. Extraction of Organonitrogen Compounds from Five Chinese Coals with Methanol[J]. Energy Fuels, 2009, 23(10):4848–4851

[106] N Tsubouchi, Y Ohtsuka. Nitrogen chemistry in coal pyrolysis: Catalytic roles of metal cations in secondary reactions of volatile nitrogen and char nitrogen[J]. Fuel processing Technology, 2008, 89(4): 379–390.

[107] Stan´czyk K. Temperature–time sieve–A case of nitrogen in coal [J]. Energy Fuels, 2004, 18 (2): 405–409.

[108] Solum M S, Pugmire R J, Grant D M, Kelemen S R, Gorbaty M L, Wind R A. 15N CPMAS NMR of the Argonne Premium coals [J]. Energy Fuels, 1997, 11 (2): 491–494.

[109] Kelemen S R, Gorbaty M L, Kwiatek P J. Quantification of nitrogen forms in Argonne Premium coals [J]. Energy Fuels, 1994, 8 (4): 896–906.

[110] Mitra K S, Mullins O C, Van E J, Cramer S P. Nitrogen chemical structure in petroleum asphaltene and coal by X–ray absorption spectroscopy [J]. Fuel, 1993, 72 (1): 133–135.

[111] Kambara S, Takarada T, Toyoshima M, Kato K. Relation between functional forms of coal nitrogen and NOx emissions from pulverized coal combustion [J]. Fuel, 1995, 74 (9): 1247–1253.

[112] Gorbaty M L, Kelemen S R. Characterization and reactivity of organically bond sulfur and nitrogen fossil fuels [J]. Fuel Process. Technol., 2001, 71 (1–3): 71–78.

[113] Zong Z M, Ni Z H, Cao J P, Zhang L F, Wang X H, Xie K C, Wei X Y. Release of organonitrogen compounds from some bituminous coals by metal–catalyzed hydrothermal treatment[J]. Proceedings of the International Conference on Coal Science and Technology, 2005. October 9–14, 2005, Okinawa, Japan. 1B04.

[114] Zong Z M, Wang X H, Xie K C, Wei X Y. Identification of organonitrogen compounds in some Chinese bituminous coals[J]. Proceedings of the International Conference on Coal Science and Technology, 2005. October 9–14, 2005, Okinawa, Japan. 2P102.

[115] Wei X Y, Ni Z H, Xiong Y C, Zong Z M, et al. Pd/C–Catalyzed release of organonitrogen

compounds from bituminous coals [J]. Energy & Fuels, 2002, 16(2): 527–528.

[116] Walker J M, Krey J F, Chen J S, Vefring E, Jahnsen J A. Targeted lipidomics: fatty acid amides and pain modulation, a review [J]. Prostaglandins & other Lipid Mediators, 2005, 77 (1–4): 35–45.

[117] Gerwick W H, Marquez B, Tan L T, Williamson T. "Plant sources of drugs and Chemicals." In encyclopedia of biodiversity, Volume 4 [M]. Academic Press, 2001: 711–722.

[118] Vajrodaya S, Bacher M, Greger H, Hofer O. Organ–specific chemical differences in Glycosmis trichanthera [J]. Phytochemistry, 1998, 48 (5): 897–902.

[119] Faulds C B, Williamson G. The role of hydroxycinnamates in the plant cell wall [J]. Journal of Science Food and Agriculture, 1999, 79 (3): 393–395.

[120] Ranger C M, Winter R E K, Rottinghaus G E, Backus E A, Johnson D W. Mass spectral characterization of fatty acid amides from alfalfa trichomes and their deterrence against the potato leafhopper [J]. Phytochemistry, 2005, 66 (5) : 529–541.

[121] Gerwick W H, Tan L T, Sitachitta N. Nitrogen–containing metabolites from marine cyanobacteria [M]. In The Alkaloids G. Cordell, ed., San Diego: Academic Press, 2001: 75–184.

[122] Dembitsky V M, Shkrob I, Lev O. Occurrence of Volatile Nitrogen–containing Compounds in Nitrogen–fixing Cyanobacterium Aphanizomenon flos–aquae [J]. Journal of Chemical Ecology, 2000, 26 (6): 1359–1366.

[123] Dembitskya V M Shkrob I, Rozentsvet O A. Fatty acid amides from freshwater green alga Rhizoclonium hieroglyphicum [J]. Phytochemistry, 2000, 54 (8): 965–967.

[124] Sitachitta N,Gerwick W H. Grenadadiene and grenadamide cyclopropyl–containing fatty acid metabolites from the marine cyanobacterium Lyngbya majuscule [J]. Journal of Natural Products, 1998, 61 (5): 681–684.

[125] Tanaka I, Matsuoka S, Murata M, Tachibana K. A new ceramide with a novel branched–chain fatty acid isolated from the epiphytic dinoflagellate Coolia monotis [J]. Journal of Natural Products, 1998, 61 (5): 685–688.

[126] Wu M, Milligan K E, Gerwick W H. Three new malyngamides from the marine cyanobacterium Lyngbya majuscule [J]. Tetrahedron, 1997, 53 (47): 15983–15990.

[127] Xu M Z, Lee W S, Kim M J, Park D S, Yu H, Tian G R, Jeong T S, Park H Y. Acyl–CoA: cholesterol acyltransferase inhibitory activities of fatty acid amides isolated from Mylabris phalerate Pallas [J]. Bioorganic & Medicinal Chemistry Letters, 2004, 14 (16): 4277–4280.

[128] Pohnert G, Jung V, Haukioja E, Lempa K, Boland, W. New Fatty Acid Amides from

Regurgitant of Lepidopteran (Noctuidae, Geometridae) Caterpillars [J]. Tetrahedron, 1999, 55 (37), 11275–11280.

[129] Arafat E S, Trimble J W, Andersen R N, Dass C, Desiderio D M. Identification of fatty acid amides in human plasma [J]. Life Sci,. 1989, 45 (18): 1679–1687.

[130] Cravatt B F, Garcia O P, Siuzdak G, Gilula N B, et al. Chemical characterization of a family of brain lipids that induce sleep [J]. Science, 1995, 268 (16): 1506–1509.

[131] Lerner R A, Siuzdak G, Garcia O P, Henriksen, S J, et al. Cerebrodiene: A brain lipid isolated from sleep–deprived cats[J]. Proc Natl Acad Sci USA, 1994, 91 (20): 9505–9509

[132] Hedlund P B, Carson M J, Sutcliffe J G, Thomas E A. Allosteric Regulation by Oleamide of the Binding Properties of 5–Hydroxytryptamine7 Receptors [J]. Biochemical Pharmacology, 1999, 58(11): 1807–1813.

[133] Zolese G, Bacchetti T, Ambrosini A, Wozniak M, Bertoli E and Ferretti G. Increased plasma concentrations of Palmitoylethanolamide, an endogenous fatty acid amide, affect oxidative damage of human low–density lipoproteins: An in vitro study[J]. Atherosclerosis, 2005, 182 (1): 47–55.

[134] Lambert D M, Vandevoorde S, Jonsson K O, Fowler C J. The palmitoylethanolamide family: a new class of anti–inflammatory agents [J]. Curr Med Chem, 2002, 9 (6): 663–674.

[135] Hughey C A, Rodgersa R P, Marshall A G, Qian K N, Robbins W K. Org. Geochem., 2002, 33 (7): 743–759.

[136] 陈学俊 . 能源工程的发展与展望 [J]. 西安交通大学学报 (社会科学版),2003, 23 (2): 1–7.

[137] 魏贤勇 , 宗志敏 , 孙林兵 , 秦志宏 , 赵炜 . 重质碳资源高效利用的科学基础 [J]. 化工进展 ,2006,25（10）:1134–1142.

[138] Iino M. Network structure of coals and association behavior of coal–derived materials [J]. Fuel Processing Technology, 2000,62(2–3): 89–101.

[139] 肖瑞华 . 煤化学产品工艺学 [M] . 北京 : 冶金工业出版社 ,2003: 281.

[140] 中国科学院学部 . 我国中远期石油补充与替代能源发展战略研究 [J]. 中国科学院院刊 ,2007,22（5）:397–400 .